R 25565

Paris
1724-1725

...selier, Claude-Descartes, René

...qui traitent de plusieurs belle
...stions concernant la morale, la
...hysique, la médecine

Tome 2

LETTRES

DE

MR DESCARTES,

QUI TRAITENT DE PLUSIEURS belles queſtions concernant la Morale, laPhyſique, la Medecine, & les Mathematiques.

Où l'on a joint le Latin de pluſieurs Lettres qui n'avoient été imprimées qu'en François, avec une Traduction Françoiſe de celles qui n'avoient juſqu'à preſent paru qu'en Latin.

Nouvelle Edition enrichie de figures en taille-douce.

TOME SECOND.

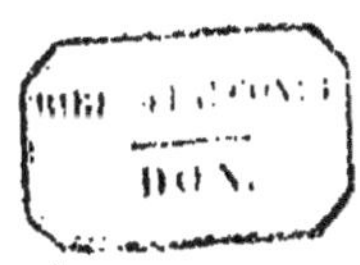

A PARIS,

Par la Compagnie des Libraires.

***

M. DCC. XXIV.

AVEC PRIVILEGE DU ROY.

LETTRES
DE M· DESCARTES.
TOME SECOND.

ILLUSTRISSIMO VIRO,

PRINCIPIQUE PHILOSOPHO,

RENATO DESCARTES,

HENRICUS MORUS.

LETTRE PREMIERE.

Ix me abſtinebam (vir Clariſſime) quin ab acceptis tuis litteris conꞇinuò ad te reſcriberem; quamvis profecto id à me factum fuerit incivilius ; quippe quod ſatis ex iiſdem inꞇelligerem te per ſeptimanas benè mulꞇas negotiis fore diſtrictiſſimum. Quin & mihi ipſi tunc temporis à patris obitu

acciderunt multa , quæ me alio avocarunt,
impediveruntque adeo , ut quod voluif-
fem maximè , præftare haud commodè
potuiffem. Jam verò ad te tuaque rever-
fus , fatifque nactus otii refcribo, gratiaf-
que ago maximas , quod quærendi de tuis
fcriptis quod lubet , objiciendique , plenum mihi jus tam liberè benignéque con-
cefferis.

Cæterùm , ne abuti videar hac fummâ
humanitate tuâ ad prolixiores altercatio-
nes (nam hactenus eo in loco Philofophiæ
verfati fumus , qui λογομαχίαις lubricitque
fubrilitatibus opportunior extitit , in con-
finiis utique Phyfices, Metaphyficæ & Lo-
gicæ) ad ea propero , quæ certum magis
firmumque judicium capiunt.

Obiter tantùm notabo , atque primò ad
Refponfionem ad inftantias primas. Quantùm ad Angelos animafque feparatas , fi
immediatè fuas invicem deprehendant ef-
fentias , id non dici poffe fenfum propriè ;
fi ipfos fingas penitùs incorporeos. Me
verò lubentem cum Platonicis , antiquis
Patribus , magifque fermè omnibus , &
animas & genios omnes tam bonos quàm
malos , planè corporeos agnofcere , ac
proindè fenfum habere propriè dictum
(i. e.) mediante corpore quo induuntur
exortum. Et profectò , cum nihil non
magnum de tuo ingenio mihi pollicear ,

perquàm gratissimum esset, si conjecturas tuas quas credo pro eâ quâ polles sa-
gacitate ac acumine fore ingeniosissimas,
mecum breviter communices super hâc re.
Nam quod quidam magnificè se efferunt
in non admittendo substantias ullas quas
vocant separatas, ut dæmonas, Angelos,
animasque post mortem superstites, &
maximopere hic sibi applaudunt quasi re
benè gestâ, & tanquam eo ipso longè
sapientiores evasissent cæteris mortalibus,
id ego non hujus æstimo. Nam quod sæ-
piùs observavi, hi sunt ut plurimùm, aut
Taurini sanguinis homines, perditéque
melancholici, aut immane quantùm sensibus & voluptatibus dediti, Athei denique, saltem si permitteret religio, quâ sola superstitiosè ficti Deum esse agnoscunt.
Me vero non pudet palam profiteri, me
vel semoto omni Religionis imperio, meâ
sponte agnoscere, genios esse, atque
Deum; nec ullum alium tamen me posse
admittere, nisi qualem optimus quisque
ac sapientissimus exoptaret, si deesset,
existere. Unde semper suspicatus sum,
profligatissimæ improbitatis, summæque
stupiditatis triumphum esse, Atheismum;
Atheorumque gloriationem perindè esse,
ac si stultissimus populus de sapientissi i,
benignissimique principis cæde ovarent inter se, & gratularentur. Sed nescio quo

impetu huc excursum est. Redeo.

Secundò. Quod ad demonstrationem illam tuam attinet, quâ concludis omnem
substantiam extensam esse tangibilem, &
impenetrabilem ; videor mihi hæc posse
regerere : in aliquâ scilicet substantiâ extensâ partes extra partes esse posse, sine
ullâ ἀντιτυπίᾳ, seu mutuâ resistentiâ, atque hinc perit propriè dicta tangibilitas.
Deinde extensionem simul cum substantiâ
in reliquam replicari extensionem & substantiam, nec deperdi magis, quam
illam substantiæ partem quæ retrahitur in
alteram, atque hinc cadit illa impene-
trabilitas ; Quæ profiteor me clarè & distinctè animo concipere. Quod autem aliquod reale claudi possit (sine ullâ sui diminutione) minoribus majoribusque termi-
nis, constat in motu, ex tuis ipsius principiis. Nam idem numero motus nunc majus, nunc minùs subjectum occupat, juxta tuam etiam sententiam ; Ego verò
pari facilitate & perspicuitate concipio
dari posse substantiam, quæ sine ullâ sui
imminutione dilatari & contrahi possit, sive
per se id fiat, sive aliundè.

Postremò igitur ; Et demiror equidem,
quod ne in intellectum tuum cadere possit, quod aut mens humana aut Angelus
hoc fermè modo sint extensi, quasi im-
plicaret contradictionem. Cum ego potiùs

putarem implicare contradictionem, quod
potentia mentis sit extensa, cum mens
ipsa non sit extensa ullo modo. Cum enim
potentia mentis, sit modus mentis intrin-
secus, non est extra mentem ipsam ut patet. Et consimilis ratio est de Deo; unde
me consimilis ferit admiratio, quod in
Responsione ad penultimas instantias concedis eum ubique esse ratione potentiæ,
non ratione essentiæ; quasi potentia Divina, quæ Dei modus est, extra Deum
esset sita, cum modus realis quilibet, intimè semper insit rei cujus est modus:
Unde necesse est Deum esse ubique, si
potentia ejus ubique sit.

Neque suspicari possum per potentiam
Dei intelligere te velle, effectum in materiam transmissum; Quod si hoc intelligas, non video tamen quin eodem res
recidat. Nam hic effectus non transmitti-
tur nisi per potentiam Divinam, quæ attingit materiam suscipientem, hoc est,
modo aliquo reali unitur cum eâ, ac proindè extenditur; nec tamen intereà separa-
tur ab ipsa Divina essentia. Videtur enim,
ut dixi, conspicua contradictio. Sed hisce
statui non immorandum.

Ad quæstiones transvolo, postquam
monuerim, quam contristat animum, con-
tinuationis tuæ Philosophiæ desperatio; sed
æquè refocillat tamen certa spes tractatus

illius defideratiffimi, quem hæc æftas par-
turit ; citò & feliciter in lucem prodeat,
exopto.

Ad Refponf. Ad Quæftiones.

Ad primam & fecundam ; Refpondes
fanè conftanter & convenienter tuis principiis, quod à qualibet, nifi fententia vi-
cerit melior, & expecto, & laudo.

Ad tertiam ; ex navigiolo illo tuo has
mihi comparavi merces. 1. In motu effe
mutuum eorum quæ moveri dicuntur renixum. 2. Quietem effe actionem, nempe
renixum quendam, five refiftentiam. 3.
Moveri duo corpora, effe immediatè feparari. 4. Immediatam illam feparationem
effe motum illum, five tranflationem, præcisè fumptum.

Cum vero duo corpora fe expediunt à fe
invicem, nifi vim in utroque expeditri-
cem & avulforiam adjeceris notioni tranflationis, feu motus, motus hic erit extrinfecus tantùm refpectus, aut aliquid fortaffe levius. Separari enim, vel fignificat
fuperficies corporum, quæ fe modò mutuò
tangebant, diftare à fe invicem (diftantia
autem corporum extrinfecus tantum eft
refpectus) vel fignificat non tangere quæ
modò tangebant, quæ privatio duntaxat
eft, vel negatio. Certè de fententiâ tuâ
hâc in re non fatis clarè mihi conftat.

Ego verò, fi mihi ipfi permitteret, ju-

dicarem motum esse vim illam vel actionem, quâ se à se invicem mutuò expediunt corpora quæ dicis moveri; immediatam autem illam separationem eorum-
dem, esse effectum dicti motus, quamvis
sit vel nudus duntaxat respectus, vel privatio. Sed aliter tibi visum est philosophari
in explicatione definitionis motûs, Art. 25.
part. 2. p. 88. princip. ubi equidem mentem
tuam non plenè capio.

Ad reliquas quæstiones omnes quas proposui, respondisti perspicuè & appositè. Sed
ad pleniorem intelligentiam eorum quæ ad
sextum accumulavi, expecto dum prodeat
exoptatissimus tuus libellus de affectibus.

Cæterùm, quantum ad verba illa mea
ultima, *An ulla res,* &c. Parturibat profectò
mihi mens evanidam aliquam subtilitatem,
quæ jam effugit, nec meâ interest revo-
care.

Hoc tantùm quæram denuò; Utrùm
materia sibi liberè permissa, (id est) nullum aliundè impulsum suscipiens, moveretur an quiesceret. Si movetur à se
naturaliter, cum materia sit homogenea, &
ea propter motus ubique esse æqualis,
sequitur quod tota materia simul ac fuerit,
disjiceretur in partes tam infinè exiles, ut
nihil ullomodo vlteriùs abradi posset ab ullâ
particulâ. Quicquid enim abradendum imaginaris, jam disjectum est, ac dissolutum,

ob intimam vim motûs per universam materiam pervadentis, vel si malles, insiti. Nec partium aliæ aliis magis mutuò adhærescent, aliòve cursum flectent, quàm aliæ, cùm sint omnes prorsus consimiles juxta quamlibet rationem imaginabilem.

Nulla enim figuræ asperitas, vel angulositas fingi potest, quæ non jam contusa sit ad ultimum quod motus poterit præstare; Nec ulla motus inæqualitas in ullis particulis ponenda est, cum materia supponatur perfectè homogenea. Si naturaliter igitur moveretur materia, nec sol, nec cœlum, nec terra esset, nec vortices ulli, nec heterogeneum quicquam, sive sensibile, sive imaginabile, in rerum Natura. Ideoque pariter tuum condendi cœlos, terrasque, cæteraque sensibilia, mirificum artificium.

Quod si materiam quiescere dicis ex se, nisi aliundè movetur, quodque hæc quies sit positivum quid, vim inde materia æternùm pateretur, & affectio naturalis destrueretur in perpetuum, ut contraria dominaretur; Quod videtur duriusculum. Nec tamen tutius forsan esset quietem statuere motûs privationem, sive negationem; caderet enim omnis resistendi actio in materia quiescente, quam tamen agnoscis: Quamvis & id ipsum intellectui meo non nihil negotii facessat. Dum

enim quietem actionem statuis materiæ,
motum etiam eandem esse statuas necesse
est ; siquidem materia non agit nisi movendo, aut saltem conando motum. Malè
profecto me habent isti scrupuli, quos
quàm primùm eximere mihi poteris obfecro ut eximas.

Quin etiam adeo superstitiosè hæc prima principia pensito, ut nova jam mihi
ingeratur difficultas de naturâ motus. Cum
scilicet motus corporis modus sit, ut figura, situs partium , &c. quî fieri posset,
ut transeat ab uno corpore in aliud, magis quam alii modi corporei : Et univer-
sim imaginatio mea non capit, quî possit
fieri, ut quicquam quod extra subjectum
esse non potest (cujus modi sunt modi omnes) in aliud migret subjectum. Deinde
quæram, cum unum corpus in aliud minus, sed quiescens impingit , secumque
defert, an non quies quiescentis corporis
similiter transmigrat indiferens, æquè ac
motus moventis in quiescens : Videtur
enim quies res adeò otiosa ac pigra, ut
tædeat itineris; cum tamen æquè realis sit
ac motus, ratio cogit eam transire.

Postremò, obstupesco planè, dum considero, quod tam levicula ac vilis res ac
n otus, solubilis etiam à subjecto, & trans-
migrabilis , adeòque debilis ac evanidæ
naturæ ut periret protinus, nisi substen-

taretur à subjecto, tàm potenter tamen contorqueret subjectum, & hâc vel illâc tam fortiter impelleret. Equidem pronior sum in hanc sententiam, quod nullus prorsùm sit motuum transitus; sed quod ex impulsu unius corporis, aliud corpus in motum quasi expergiscatur, ut anima in cogitationem ex hac vel illa occasione; quodque corpus non tam suscipiat motum, quàm se in motum exerat, à corpore alio commonefactum; Et quod paulò antè dixi, eodem modo se habere motum ad corpus, ac cogitatio se habet ad mentem, nimirùm neutrum recipi, sed oriri utrofque ex subjecto in quo inveniuntur. Atque omne hoc quod corpus dicitur, stupidè & tumulentè esse vivum, ut pote quod ultimam infimamque divinæ essentiæ, quam perfectissimam vitam æstimo, umbram esse statuo, ac idolum; verumtamen sensu ac animadversione destitutam.

Cæterum, transitus ille tuus motuum à subjecto in subjectum, idque à majori in minus, & viciffim, ut supra monui, op irè repræsentat naturam meorum spirituum extensorum, qui contrahere se possunt, & rursus expandere; penetrare facillimè materiam, & non implere; agitare quovis modo ac movere, & tamen sine machinis ullis & uncorum nexu. Ve-

rùm diutiùs in hoc loco hæsi quam putaram:
sed institutum propero, hoc est, ad novas
quæstiones proponendas, super singulis illis articulis Principiorum tuæ Philosophiæ,
quorum vim nondùm satis intelligo.

Ad partis primæ principiorum, art. 8.
pag. 5. l. 26.

Perspicuè videmus, &c. nec perspicuè videmus extensionem, figuram, & motum
localem, ad naturam nostram pertinere,
nec videmus perspicuè non pertinere; Utinam hic breviter demonstres nullum corpus posse cogitare.

Ad Artic. 37. pag. 25. lin. 27. ibid.

Annon major perfectio est id solùm
velle posse hominem quod sibi optimum
esset, quam posse etiam contrarium; Cum
melius sit semper felicem esse, quam vel
summis aliquando efferri laudibus, vel
etiam semper?

Ad Art. 54. p. 30. lin. 12. ibid.

Hic rursùs repeto, quod oportebat demonstrare, nihil extensum cogitare, aut
quod videbitur facilius, nullum corpus
posse cogitare. Est enim dignum ingenio
tuo argumentum.

Ad art. 60. p. 44 & seq. ibid.

Quamvis mens possit concipere se-
ipsam, ut rem cogitantem, exclusâ omni
corporeâ extensione in hoc conceptu, non
tamen evincit quicquam aliud, illi quod

mens poffit effe corporea vel incorporea,
non quod fit de facto incorporea. Iterum
igitur rogandus es, ut demonftres, ex aliquibus operationibus mentis humanæ, quæ
corporeæ naturæ competere non poffunt,
hanc mentem noftram effe incorpoream.

Ad Partis fecundæ princip. art. 25.
pag. 88. lin. 30.

Non vim vel actionem quâ transfert, ut
oftendam illum femper effe in mobili, &c.
Annon igitur vis ipfa, atque actio motûs,
eft in re motâ ?

Ad artic. 26. ibid. p. 89. l. 11.

Eft-ne igitur in quiefcentibus perpetua
quædam vis ftatoria, vel actio fiftendi fe,
& corroborandi contra impetus omnes,
quibus partes eorun divelli poffint, &
disjici, vel totum corpus alio abripi, &
transferri ? Adeo ut quies rectè definiri
poffit, vis quædam vel actio interna corporis, quâ corporis partes arctè conftrin-
guntur ad fe invicem, & comprimuntur,
adeoque à divifione, vel dirotione, per
impulfum alieni corporis, defenduntur ?
Hinc enim illud confurgeret, quod à meo
intellectu minimè alienum eft : Materiam
utiquè vitam effe quandam obfcuram (ut
pote quam ultimam Dei umbram exiftimo) nec in folâ extenfione partium
confiftere, fed in aliquali femper actione,

hoc est, vel in quiete vel in motu, quorum utrumque reverâ actionem esse ipse
concedis.

Ad art. 30. ibid. p. 91. lin. 13.

Hic articulus videtur continere demonstrationem evidentissimam, quod trans-
latio sive motus localis (nisi extrinsecus sit
corporum respectus duntaxat) non sit re-
ciprocus ullo modo.

Ad artic. 36. ibid. p. 100 lin. 3.

Quæro, annon mens humana, dum spiritus accendit, attentiùs diutiúsque cogitando, corpusque insuper ipsum calefacit,
motum auget universi?

Ad artic. 51. ibid. p. 119. lin. 29.

Nunquid igitur cubus perfectè durus,
perfectéque planus, motus super mensâ,
puta perfectè dura, perfectéque plana, eo
ipso instanti quo à motu sistitur, æquè
firmiter coalescit cum mensa ac cubi
vel mensæ partes cum seipsis; An manet
divisus à mensâ semper, an ad tempus
saltem, post quietem? Nulla enim est com-
pressura cubi in mensam, cum hunc motum tanquam in vacuo factum imagine-
mur super mensam extra mundi parietes,
si fieri posset, sitam, ac proindè ubi nullus locus est gravitati vel levitati; motum-
que sisti ex eâ parte ad quam tendit cubus. Videntur igitur ex lege naturæ, cum
jam divisa sint cubus & mensa, & nulla

actio realis detur quâ conjungantur, mansura super actu divisa.

Ad artic. 56. & 57, ibid. p. 120. & seq. fig. tab. 1.

Non video qui sit opus, ut tam amplos particularium gyros ac lusus circa corpus B. describas, videtur enim satis, si putemus singulas aquæ particulas, si ulli impetu moveri à materia subtili, & æquales, esse particularum magnitudines. Hinc enim, cum B. à quolibet latere, brevissimis gyris vel semigyris, vel alia quæcunque ratione motûs proximè adjacentium particularum, contunditur, necessariò quiescet, nec in unam partem magis quam in aliam promovebitur.

Ad ar. 57. ibid. pag. 124. linea 22.

Nec incedent per lineas tam rectas, &c. Quod? quid jam ad circularem magis accedunt, cum antea ovalem magis referebant figuram? Non plenè capio.

Ad artic. 60. ibid. p. 128. linea 17.

Sed ipsas quatenus celerius aguntur in quaslibet alias partes ferri. Possunt ne igitur celeritas motus & ejusdem determinatio, divortium pati. Perindè enim videtur, ac si fingamus viatorem currentem, cursum quidem dirigere Londinum versus, sed celeritatem cursûs nihilominus ferri Cantabrigiam versus, vel Oxonium. Subtilitas quam neutra universitas

capiet

capiet, nisi forte intelligas per *ferri*, motum moliri, vel niti ut aliquorsum fiat motus.

Ad partis tertiæ principiorum, articulum 16. pag. 143.

Annon juxta Ptolemaicam hypothesin Veneris lumen, ad modum Lunæ, nunc decresceret, nunc cresceret, quamvis non tam ampliter.

Ad art. 35. ibid. pag. 158.

Quî fit ut Planetæ omnes in eodem non circumgyrentur Plano (Videlicet in Plano Eclipticæ) maculæque adeò solares ; aut saltem in planis Eclipticæ paralellis; Ipsaque Luna, aut in Æquatore aut in Plano Æquatori parallelo ; cum à nullâ internâ vi dirigantur, sed externo tantùm ferantur impetu.

Ad art. 36. 37. ibid. pag 160. & 161.

Vellem etiam mihi subindices rationem Apheliorum, & Periheliorum Planetarum, & quam ob causam locum subindè mutent singula, tum maxin.è cum in eodem sint vortice omnia ; cur non iisdem in locis inveniuntur Planetarum omnium Primariorum Aphelia & Perihelia ? Præcessio etiam Æquinoctiorum, quomodo ex tuis oriatur principiis ? Hîc enim tu veras & naturales horum Phænomenon causas explicare poteris, cum alii ficticias tantùm exponant Hypotheses.

Tome II.   B

Ad art. 55. *ibid. pag.* 181.

Quæ in orbem aguntur. Sed quomodo primùm inceperunt tam immensa materiæ spatia in gyros convolvi, vorticesque fierit

Ad art. 57. *ibid. p.* 181. *fig.* 5. *tabula* 1.

Ejus partem qua à funda impeditur, &c. Videtur perceptu difficilius, quod lapis, A. impediatur à motu in D, eum nec de facto illuc unquam feratur, nec si impediri n entum tolleretur, illuc naturaliter pergeret ; Pergeret enim omnino versus C.

Ad art. 59. *ibid. pag.* 183. *fig.* 22. *tabula* 2. *pr. incip.*

Novam vim motûs acquiri, & tamen conatum renovari hîc dicis : Nescio quàm benè cohærent. Nam si nova vis acquiritur & superadditur, non est renovatio motûs, sed augmentatio. Quod si globulus A, movendo motum auget, in eodem puncto baculi existens, cur non semper motus seipsum movendo accedit & auget ? Hoc autem modo jam pridem omnia in flammam abiissent.

Ad art. 62. *ibid. pag.* 187. *fig.* 13. *tabula* 2.

Hîc quæro, cum conatus globulorum, in quo lux & lumen consistit, fiat per integram vorticis amplitudinem, ita ut basis trianguli I.FD multò major esse possit, quam DB., & ab utrinque productæ diametri D.B. decies putà vel centies majoris factæ, extremitatibus, globuli obliquo conatu,

in cuſpidem aliquam ad F , oculum cu-
juſlibet intuentis reprimantur, cur lux, purâ
ſolis, non major videtur , quam quæ ſit
intra circulum DCB ?

Ad art. 72. ibid. pag. 199.

Non penitùs hoc artificium contorquen-
di materiam primi elementi in ſpirales ſive cochleares formas intelligo; præſertim
in locis ab axe paulo re notioribus. Niſi
hoc fiat, non tàm quod globuli torquean-
tur circa particulas primi elementi, quàm
quod ipſum primum elementum, ab ipſis
fortaſſe globulis leviter in gyrationem de-
terminatum , ſe ipſum inter triangularia
illa ſpatia contorqueat , lineaſque ſpirales
in ſe deſcribat. Oro te ut hîc mentem
pleniùs explices. Sed & alia ſubinde hic
oritur dubitatio. Cum particulæ hæ con-
tortæ conſtent ex minutiſſimis particulis ,
& rapidiſſimè agitatis, quomodo illæ mi-
nutiſſimæ particulæ, in ullam formam vel
magnitudinem majorem coaleſcant, præſertim eum in formandis hiſce particulis
ſtriatis, diſtortio illa ſit , motûſque obli-
quitas.

Ad art. 82. ibid. p. 210.

Tam ſupremi quam infim , &c. Prodigii
inſtar mihi videtur rapidus hic globulorum ſupremcum curſus, præſertim ſi eum
mediorum comparetur, & qui cauſas quas in
ſubſequenti articulo profers, largè exce-

dat. Si quid ulteriùs adinvenire poſſis, quó mollius hoc dogma reddatur, gratum, profectò eſſet audire.

Ad art. 84. *ibid. p.* 214.

Cur cometarum cauda, &c. Primam quamque impatienter tibi obtrudo occaſionem explicandi quodlibet: Rogo ut hanc rem etiam hoc in loco breviter expedias.

Ad art. 108. *ibid. p.* 239. *fig.* 20. *tabula ſecunda.*

Per partes vicinas Ecliptica Q. H. in cælum abire coguntur. Quî fit ut non omnes ferè illuc abeant, potiùs quam à polo ad polum migrando vorticem, quem vocas, componant?

Ad art. 121. *ibid. pag.* 260.

A variis cauſis aſſiduè poteſt mutari, &c. A quibus?

Ad art. 129. *ibid. pag.* 269.

Non prius apparere quàm, &c. Cur circumfluxus illius materiæ, cum ſit adeo tranſparens, impedit Cometam ne videatur? Circumfluens enim materia Jovem Planetam non abdit ab oculis noſtris. Et cur neceſſe eſt, ut, nonniſi obvolutus materiâ relicti vorticis, Cometa indè egrediatur?

Ad art. 130. *ibid. p.* 272.

Minuitur quidem, &c. Cur non deletur penitùs, ſi vortex A, E, I, O, fortiùs vel æquè fortiter urget vicinos vortices, quàm ille ab ipſis urgetur?

Ad art. 149. ibid. pag. 300. fig. 24. tab. 3.

Brevi accedet ad A, &c. Cur non ad F usque pergit, impingitque in ipsam terram?

Quia sic à rectâ lineâ minus deflectet. Non mihi conftat lineam, N A, continuatam cum A B, lineam magis rectam conftituere, quam eandem N A cum A D continuatam: Sed cum Luna à centro S, recedat, ad modum globulorum cæleftium, magis naturaliter videtur confurgere verfus. B, quam verfus D defcendere.

Ad partis quartæ ar. 22. pag. 326.

Nec Terra proprio motu cieatur, &c. Non video quid refert unde fit motus ille circularis, modo fit in Terrâ, nec deprehendo quin illi celerrimi gyri telluris impofita omnia rejicerent verfus cælos, quamvis motus non effet proprius, fed ab internâ materiâ cælefti profectus, nifi agitatio circumjacentis ætheris, quam fupponis multo celeriorem, fatum illud præverteret. Nec videtur terra habere rationem corporis quiefcentis, quoad conatum partium recedendi à centro; Videtur enim illud neceffarium in omni corpore circulariter moto: Sed quod fimul circumvolvitur cum ambiente æthere, nec feparantur fuperficies, hac forfan ratione dicatur Terra quiefcere. Hæc autem dico ut ex iis intelligam, annon ratio, quod partes Terræ

non diffiliant, ad folam celeritatem motûs particularum Ætheris referenda fit?

Ad art. 25. ibid. p. 329.

*Propter fuarum particularum motum ineft
levitas.* Quid igitur exiftimas de frigido &
candenti ferro? Utrum præponderat? Præ-
tereà quomodo moles aquæ levior fit ob
motum partium, cum motus harum partium tandem à globulis determinatur deorsùm. Hinc enim videtur magis accelerari
defcenfus corporis, undè major æftimabi-
tur gravitas. Atque hoc modo aqua auro
præponderabit.

Ad art. 27. ibid. p. 332.

Nifi forte aliqua exterior cauf, &c. Quænam fint illæ caufæ, paucis obfecro ut in-
nuas.

Ad art. 133. ibid. p. 433.

Aci parallelo. Parallelifmi mentio hîc
me monet de difficultatibus quibufdam
fere inextricablilibus. Primò. Cur tui vortices non fiant in modum columnæ, feu
cylindri, potius quam ellipfis, cum quodlibet punctum axis fit quati centrum à quo
materia cœleftis recedat, & quantum video æquali prorfus impetu. Deinde, primum elementum (cum ubique ab axe opor-
teat globulos æquali vi recedere) cur non
æqualiter per axem totum in cylindri formam productum jacet, fed in fphæricam
figuram congeftum, ad medium ferè axis

relegetur. Nam occursus hujus elementi
primi, ab utroque polo vorticis nihil impedit quominus totus axis producta flam-
ma luceret. Cum enim ubique cujuslibet
axis æquali vi recedant globuli, facilius
præterlabentur se invicem, rectâque per-
gent ad oppositos polos materiæ subtilis-
simæ irruentia fluenta; quàm excavabunt
vel diffundent sibi, in aliqua axis parte,
spatium majus, quàm præsens, & æqua-
bilis vorticis, circumvolutio lubens admitteret, vel sponte sua offerret. Tertio
deniquè, cum globuli cœlestes circa axem
vorticis ferantur παράλληλοι & axi & sibi
invicem, nec parallelismum perdant, dum
locum aliquatenus inter seipsos mutant,
impossibile videtur ut ulla omninò fiat
particularum striatarum intortio, nisi ipsæ
particulæ striatæ in triangularibus illis spatiis circa proprios axes circumrotentur,
quod quam commodè fieri possit non video, quemadmodum supra monui.

Ad art. 187, ibid. p. 499.

Nulla sympathiæ vel antipathiæ miracula,
&c. Utinam igitur hîc explices, si breviter fieri possit, qua ratione mechanica
evenit, ut in duabus chordis etiam di-
versorum instrumentorum, vel unisonis,
vel ad illud intervallum Musicum quod
δίτονος dicitur attemperatis, si una per-
cutiatur, altera in altero instrumento sub-

filiat, cum quæ propiores & laxiores etiam
sint, immò & in eodem instrumento in quo
chorda percussa, tensæ, non omninò mo-
veantur. Experimentum vulgare est & no-
tissimum. Nulla verò simpathia mihi videtur magis rationes mechanicas fugere;
quàm hic chordarum consensus.

Ad art. 188. ibid. p. 502,

Ac sextam de homine essem, &c. Per-
ge, Divine vir, in isto opere excolendo &
perficiendo. Pro certissimo enim habeo, nihil unquam Reipub. litterariæ aut gratiùs aut
utiliùs in lucem proditurum. Nec est quod
experimentorum defectum hic cauleris.
Nam quantum ad corpus nostrum, accepi
à dignis fide authoribus, te, quæ ad humani corporis Anatomen spectant, accura-
tissimè universa explorasse. Quod autem
ad animam, cum talem ipse nactus sis, quæ
in maximè sublimes amplissimasque operationes evigilavit, spiritusque habeas agil-
limos & subtilissimos, generosa tua mens,
innatâ suâ vi cælestique vigore, tanquam
igni Chymicorum aliquo freta, ita excutiet
se, variasque in formas transmutabit, ut
ipsa sibi facile esse possit infinitorum experimentorum officina.

Ad art. 195. ibid. 510.

Et Meteoris explicui, &c. Pulcherrimam
sanè colorum rationem in Meteoris expli-
cuisti. Est tamen eâ de re improba quædam

dam difficultas, quæ magnum imaginationi
meæ negotium facessit. Quippe quod cum
colorum varietatem statuas oriri, ex p o-
portione quam habet globulorum motus
circularis ad rectilinearem, eveniet neceffario ut aliquando etiam in iifdem globulis,
& motus circularis rectilinearem, & recti-
linearis circularem eodem tempore fupe-
ret. Verbi gratia, in duobus parietibus
oppofitis, quorum unus rubro, alter cæru-
leo colore obductus est ; Interjacentes
globuli ob rubrum parietem, celeriùs movebuntur in circulum quàm in lineam
rectam ; ob parietem tamen cæruleum
celeriùs in lineam rectam movebuntur
quàm in circulum, & eodem prorfus
tempore ; quæ funt plane ἀσύστατα, vel
fic. In eodem pariete, cujus pars, putà
dextra rubet, media nigra est, finistra cæ-
rulea, cum ad oculum femper fiat decuf-
fatio, omnes globuli, ob radiorum con-
curfum, fingulorum globulorum motûs
proportionem, circularis nimirum ad rectum, fufcipient; adeò ut necefse fit colores omnes in imo oculi permifceri & con-
fundi. Neque ullam rationem folvendi
hunc nodum excogitare poffum, nifi fortè
fupponendum fit motum hunc circularem
efse duntaxat conatum quendam ad circulationem, non plenum motum, ut reverà
fit in motu recto dictorum globulorum. Et

ad plerafque omnes alias difficultates quas tibi jam propofui, aliquales faltem folutiones, vel proprio marte, eruere forfan potuero; Sed cum humanitas tua hanc veniam mihi conceflerit, & fingularis tua dexteritas in folvendis hujufmodi nodis, quam in nuperis tuis litteris perfpexi, me infuper invitaverit; (quamvis enim breviter pro anguftiis temporis, in quas conjectus tunc eras, egifle te video, tam plenè, tamen mihi fatisfacis, tamque fortiter animi fenfus mihi moves, ac fi præfens digitum digito premeres.) Cum denique majorem præ fe laturæ fint auctoritatem elucidationes tuæ, tum apud me ipfum, tum apud alios, fi ufus fuerit; è re noftra putavi fore, hafce omnes difficultates tibi ipfi proponere, quas cum folveris, nifi magnoperè fallor, penitiffimè tuæ Philofophiæ principia intelligam univerfa. Quod equidem quanti facio vix credibile eft. Hofce autem præfentes gryphos mihi cum expediveris (quod quantò citiùs fit, propter impotentem illum amorem quo in tua rapior, eò gratiùs futurum eft) queftiones alias è Dioptrice tuâ petitas, mox accipies à

Philofophiæ tuæ ftudiofiffimo.
HENRICO MORO.

LETTRE

DE

MONSIEUR MORUS

A

MONSIEUR DESCARTES.

LETTRE PREMIERE.

Verſion nouvelle.

Monsieur,

J'eus toutes les peines du monde, quand j'eus reçû vôtre derniere lettre, de m'empêcher de vous récrire ſur le champ, bien que ç'eût été à moy une incivilité de le faire, ayant compris par les termes de vôtre lettre, que vous ſeriez occupé durant pluſieurs ſemaines. De plus je me trouvai dans un tel embarras depuis la mort de mon pere, que malgré tout mon empreſſement, je n'aurôis pû trouver un moment commode pour cela. Aujourd'hui que j'ai aſſez de loiſir, je reviens à vous, &

à vôtre Philofophie, & je vous rends mille graces de la bonté que vous avez euë de m'accorder plein pouvoir de faire fur vos écrits toutes les queftions & toutes les objeations qu'il me plairoit.

Mais pour ne pas abufer de vôtre honnêteté par des altercations éternelles (car jufques icy nous n'avons touché que cette partie de la Philofophie, qui eft toute dans les combats des mots, & dans des fubtilitez épineufes, nous étant toujours tenus fur les frontieres de la Phyfique, de la Metaphyfique & de la Logique,) je me hâte prefentement d'arriver à des queftions qui demandent un jugement plus foïde & plus ferme. Je remarquerai feulement en paffant fur la réponfe que vous avez faite à mes premieres inftances, pour ce qui regarde les Anges, & les ames feparées du corps, fi elles connoiffent immediatement & par elles-mêmes quelle eft leur effence ; cette connoiffance ne peut être appellée proprement un fentiment, fi nous les fuppofons abfolument incorporels. J'aimerois donc mieux dire avec les Platoniciens, les anciens Peres, & prefque tous les Philofophes, que les ames humaines, tous les genies tant bons que mauvais, font corporels, & que par conféquent ils ont un fentiment réel, c'eft-à-dire qui leur vient du corps dont ils font revétus; & en effet, com-

me je ne me promets rien que de grand de
vôtre esprit, vous me feriez unsensible plaisir si vous vouliez me communiquer en peu
de mots ce que vous pensez là-dessus ; cette penetration & cette force d'esprit que je
reconnois en vous, me sont un gage assuré que vos conjectures sur ce sujet ne
peuvent être que très-ingenieuses : car,
quant à l'ostentation de certains Philosophes, qui nient hardiment l'existence de
toute substance separée du corps , comme
celle des démons , des Anges, & des
ames après la mort, & qui semblent s'ap-
plaudir là-dessus comme d'une heureuse
découverte, & d'un effort de l'esprit humain qui les plus rend plus habiles que
tous les autres hommes , je ne fais aucun
cas de ce sentiment , car j'ai remarqué plusieurs fois que ces sortes de gens estoient
pour la pluspart des ames de sang & de
bouë, de noirs & d'affreux melancoliques
livrez aux sens & à la volupté, & enfin des
athées veritables ; car ce que la Religion
leur apprend de la necessité d'un Dieu,
n'opere en eux que comme une vaine su-
perstition ; pour moy je veux bien faire
cette profession publique de foy , que
toute Religion à part , je reconnois volontiers qu'il y a des génies , & un Dieu
tel, que les plus honnêtes gens & les plus
sensez desireroient qu'il fût , si par im-

poſſible il n'y en avoit point ; ce qui m'a
toûjours fait regarder l'athéiſme comme le
comble de la méchanceté la plus debor-
dée, & de la ſtupidité la plus brutale, &
la gloire que les athées retirent de leur
impieté, aſſez ſemblable à ſla fauſſe joye
d'un peuple inſenſé , qui ſe feliciteroit,
& ſe ſçauroit bon gré du meurtre d'un
Roy très-ſage & très-humain : mais je reviens de l'écart que mon zele m'a fait
faire.

2. A l'égard de vôtre démonſtration, à
la faveur de laquelle vous concluez que
toute ſubſtance étenduë eſt capable d'être
touchée, & qu'elle eſt impenetrable, il me
ſemble qu'on peut dire contre, que dans
la ſubſtance étenduë, les parties peuvent
être les unes hors des autres , ſans une
mutuelle reſiſtance ; ce qui détruit cette
faculté d'être touché : ｜d'ailleurs que l'é-
tenduë avec la ſubſtance, ſe replie ſur le
reſte de l'étenduë & de la ſubſtance, &
qu'elle ne périt pas davantage que cette
partie de la ſubſtance qui retourne dans
l'autre, & de là tombe ſon impenetrabilité. Je vous proteſte que je conçois clairement & diſtinctement toutes ces choſes.
Quant à ce que quelque choſe de réel peut
être renfermé ſans aucune diminution de
ſa part dans des bornes plus ou moins
étroites , cela ſe prouve par le mouve-

ment même selon vos Principes, car selon vous le même mouvement specifique
occupe aussi tantôt un plus grand, tantôt
un moindre sujet. Pour moy je conçois
avec la même facilité & la même clarté
qu'il peut y avoir une substance qui se
dilate ou se resserre sans aucune diminution, soit que cela arrive par soi-même,
ou d'autre part. Enfin je suis, je vous assure, surpris que vous ne puissiez pas
comprendre que l'ame humaine ou l'Ange soient presque étendus de cette maniere, comme si cela impliquoit contradiction. Je croirois plûtôt qu'il y auroit contradiction, que la puissance de l'ame fût
étenduë, lors que l'ame elle-même ne le
seroit en aucune façon ; car la puissance
de l'ame étant un mode intrinseque de
l'ame, elle n'est pas hors de l'ame même,
comme cela est clair. Il faut dire la même
chose de Dieu, ce qui fait que je suis dans
un pareil étonnement de ce que dans vôtre
réponse à mes penultiémes instances vous a-
voüez qu'il est par tout à raison de sa puissance, & non à raison de son essence, comme si la
puissance divine qui est un mode de Dieu,
étoit située hors de Dieu, puisque chaque
mode réel est toujours intimement uni à
la chose dont il est mode; d'où il s'ensuit necessairement que Dieu est par tout,
si sa puissance est par tout.

C iiij

Et je ne fçaurois foupçonner que par puiffance divine vous vouliez entendre un effet
tranfmis à la matiere. Si vous entendiez
même cela, la chofe felon moy revien-
droit au même ; car cet effet n'eft tranfmis
que par la puiffance divine, qui touche la
matiere qui reçoit fon impreffion, c'eft-à-
dire qui eft unie à elle par quelque mode
réel, & par conféquent cette puiffance eft
étenduë, fans être pour cela feparée de
l'effence divine ; car il femble, comme j'ay
dit, qu'il y a là une contradiction manifefte, mais je ne veux pas m'arrêter fur cela
davantage.

Je me hâte de paffer aux queftions,
aprés vous avoir dit la peine que je fens
de ne plus efperer d'avoir la fuite de vôtre
Philofophie, ce qui me foutient, c'eft l'efperance certaine de ce traité fi defiré que
nous verrons mettre au jour cet efté, Je
fouhaite qu'il vienne bien-tôt & heureufe-
ment.

Aux réponfes fur les Queftions.

A la premiere & à la feconde, vous répondez tojours conftamment & conformément à vos Principes, ce que j'attens &
j'approuve de chacun, fi un meilleur fentiment ne l'emporte. A la troifiéme voici
le gain que j'ay fait avec vôtre petit bat-

teau. 1. Que par rapport au mouvement il y a une resistance mutuelle entre les deux corps qu'on dit être mûs. 2. Que le repos est une action, je veux dire un effort pour resister. 3. Que deux corps qui se meuvent sont immediatement separez. 4. Que cette separation immediate est ce mouvement, ou ce transport précis ; mais lors que deux corps se séparent l'un de l'autre , si vous n'ajoutez à l'idée de ce transport ou de ce mouvement une force dans l'un & dans l'autre, qui les separe & qui les divise , ce mouvement sera seulement un rapport extrinseque ou quelque chose même de moins ; car être separé, signifie ou que la surface des corps, qui se touchoient mutuellement auparavant, est à present éloignée l'une de l'autre ,(or la distance des corps est seulement un rapport extrinseque) ou signifie ne pas toucher ce qui étoit touché auparavant ; ce qui est seulement une privation ou une negation. Je ne comprens pas bien vôtre pensée là-dessus.

Pour moi , si je voulois m'en croire , je dirois que le mouvement est cette force ou cette action par laquelle les corps que vous dites se mouvoir, se détachent mutuellement l'un de l'autre, & que leur separation immediate est l'effet dudit mouvement, quoique cette séparation soit seulement ou un rapport ou une privation; mais vous avez raisonné autrement dans l'explication de la définition du mouvement à l'article 25. de la seconde partie p. 88. où pour vous dire le vrai, je n'entens pas bien vôtre pensée. Vous avez répondu d'une maniere claire & précise aux autres questions que je vous ay proposées: mais pour avoir une plus parfaite intelligence de celles que j'ay faites en assez grand nombre à la sixiéme, j'attens avec empressement vôtre livre des Passions.

Au reste, sur mes dernieres paroles, *Si quelque chose, &c.* il m'étoit venu dans l'esprit une vaine subtilité qui m'est échappée, & que je ne me soucie pas de rappeller. Je demande seulement derechef si la matiere abandonnée à elle-même, c'est-à-dire, ne recevant aucune impulsion d'ailleurs, seroit en mouvement ou en repos. Si elle se meut naturellement d'elle-même, la matiere étant homogene, & par conséquent le mouvement étant par tout égal, il s'ensuit que la matiere seroit divisée en des parties si infiniment petites qu'on ne sçauroit rien ôter absolument d'aucune petite parcelle; car toutce que l'on conçoit pouvoir être ôté est déja fait à cause de la force intime du mouvement qui penetre toute la matiere, ou si vous voulez qui luy est naturel, & les parties ne s'at-

tacheroient pas davantage les unes aux autres, & les unes ne prendroient pas un
cours different des autres , puifqu'elles
font entierement femblables , felon toutes les manieres qu'on peut imaginer ; car
on ne fçauroit s'imaginer dans une figure
aucune âpreté ou aucun angle qui n'ait été
brifé , jufqu'au dernier point où le mouvement peut aller , & il ne faut admettre aucune inégalité de mouvement dans
aucune petite parcelle, puifque la matiere eft fuppofée parfaitement homogeue.
Si la matiere fe mouvoit donc naturellement, il n'y auroit ni foleil, ni ciel , ni
terre, ni tourbillons, ni rien d'heterogene
ou de fenfible, & qui pût tomber fous
l'imagination dans la nature : ainfi vous
verriez perir cet art merveilleux par lequel vous voulez que fe 'puiffent former
les cieux , la terre, & toutes les autres
chofes fenfibles.

Que fi vous dites, que la matiere eft de
foy-même en repos , à moins qu'elle ne
reçoive le mouvement d'ailleurs, & que
ce repos eft quelque chofe de pofitif , il
s'enfuivroit que la matiere fouffriroit une
violence éternelle, & qu'un de fes modes
naturels feroit détruit pour toûjours. & ce-
deroit à fon contraire, ce qui paroît un
peu difficile à admettre. Je ne fçai même
s'il feroit plus fûr de dire que le repos.

eſt la privation ou la negation du mouvement; car on aneantiroit par là toute cette
force de reſiſter que vous reconnoiſſez
dans la matiere en repos, bien que cela
produiſe encore quelque embarras dans
mon eſprit ; car en diſant que le repos
eſt une action de la matiere, il faut neceſſairement reconnoître que le mouvement n'eſt que cette même force ; en effet,
la matiere n'a point d'autre action que le
mouvement actuel, ou bien un effort pour
le mouvement. J'ai donc là-deſſus de fu-
rieux ſcrupules que vous me ferez plaiſir de m'ôter le plûtôt que vous pourrez.
Bien plus, j'examine ſi rigoureuſement ces
principes, qu'il me vient une nouvelle
difficulté ſur la nature du mouvement ;
car ſi le mouvement eſt un mode du corps,
comme la figure, l'arrangement, les parties, &c. Comment ſe pourra-t-il faire
qu'il paſſe plûtôt d'un corps dans un autre,
que les autres modes corporels ? Et en
general je ne ſçaurois concevoir comment
il ſe peut faire que quelque choſe qui ne
peut pas être hors du ſujet, tels que ſont
tous les modes, paſſe pourtant dans un
autre ſujet. Je demanderay enſuite ſi lors
qu'un corps heurte un moindre corps qui
eſt en repos, & qu'il l'emporte avec ſoy,
le repos du corps qui étoit en repos, ne
paſſe pas indifferemment dans celuy qui

étoit en mouvement , comme le mouvement eſt paſſé dans ceſuy qui étoit en repos ; car il ſemble qre le repos eſt quelque choſe d'oiſif, & de ſi pareſſeux qu'il
plaint le chemin qu'il auroit à faire ; cependant comme il n'eſt pas moins réel que
le mouvement, la raiſon veut qu'il paſſe
à l'autre corps ; enfin je ſuis dans un vrai
étonnement lors que je conſidere qu'une
choſe auſſi legere & auſſi vile que le
mouvement , qui peut être ſeparée du ſujet & paſſer dans un autre corps, qui d'ailleurs eſt d'une nature ſi foible & ſi paſſa-
gere , qu'il periroit entierement s'il n'é-
toit ſoutenu par ſon ſujet, ſoit pourtant
capable de luy donner un ſi grand branle,&
le pouſſer avec autant de force de côté &
d'autre.

J'avouë que je me ſens plus porté à croire qu'il n'y a point de communication de
mouvement : mais que par la ſeule impul-
ſion d'un corps , un autre corps ſort pour
ainſi dire de ſon état d'indolence pour entrer en mouvement, comme l'ame a une
telle penſée par telle & telle occaſion , &
que le corps ne reçoit pas tant le mouvement , qu'il s'y détermine , étant averti par
un autre ; & comme j'ay dit cy-deſſus , le
mouvement eſt par rapport au corps , ce
que la penſée eſt par rapport à l'ame ; ni
l'un ni l'autre n'eſt reçû dans ſon ſujet ;

mais ils naiſſent du ſujet dans lequel ils
ſe trouvent; & veritablement tout ce qu'on
appelle corps, n'a qu'une vie, pour ainſi
dire, pleine de ſtupidité & d'yvreſſe, & je
ne le regarde que comme la derniere &
la plus infime ombre de l'eſſence divine
qui eſt la veritable vie & la vie très-par-
faite : enfin il eſt comme une idole qui n'a
ni ſentiment, ni reflexion. Au reſte ce
paſſage des mouvemens d'un ſujet à un autre, ſoit du plus grand au moindre, ou
reciproquement, comme j'ay dit ci-deſſus,
repreſente tout-à-fait bien la nature de mes
eſprits étendus qui peuvent ſe ramaſſer,
& puis s'étendre, pénétrer facilement la
matiere ſans la remplir, l'agiter en tous
ſens, & la mouvoir, & le tout ſans aucu-
ces machines, & ſans liens ni crochets ;
mais je me ſuis arrêté icy plus long-tems
que je ne penſois. Je me hâte d'arriver à
mon but, je veux dire à ces nouvelles queſtions que j'ay à vous propoſer ſur chaque
article des principes de vôtre Philoſophie,
dont je ne comprens pas encore aſſez bien
la force.

Sur l'art. 8. de la premiere partie des Principes
page 5. lig. 26.

Nous connoiſſons maniſeſtement , &c.
Nous ne voyons pas manifeſtement que
l'étenduë, la figure & le mouvement local,
appartiennent à nôtre nature, mais nous ne

voyons pas aussi le contraire; plût à Dieu
que vous pussiez me donner icy une bonne démonstration qu'un corps ne sçauroit
penser.

Sur l'art. 37 p. 25. l. 27. ibid.

N'est-ce pas une plus grande perfection
que l'homme puisse seulement vouloir ce
qui luy seroit le plus avantageux, que de
pouvoir aussi le contraire, puisqu'il vaut
mieux être toujours heureux, que d'être
quelquefois, ou même toujours comblé
de loüanges.

Sur l'art. 54. p. 39. l. 12. ibid.

Je repete ici derechef qu'il faut nous démontrer que rien d'étendu ne pense, ou
ce qui paroîtra plus facile, qu'aucun corps
ne peut penser, c'est là un sujet digne de
vôtre esprit.

Sur l'art. 60. ibid. p. 44. & suiv.

Quoi que l'ame puisse se considerer elle-
même comme une chose qui pense, en
excluant toute extension corporelle de cette pensée, on ne peut conclure de là, sinon que l'ame peut être corporelle, ou incorporelle, mais non pas que de fait elle soit
incorporelle; il faut donc vous prier derechef de démontrer par quelques operations de l'ame qui ne puissent convenir à la
matiere corporelle, que nôtre ame est incorporelle.

40 **LETTRES**

Et non pas la force ou l'action qui tranf-
porte, afin de montrer que le mouvement eft
toujours dans le mobile, &c. Eft-ce que la
force elle-même, & l'action du mouvement, ne font pas dans la chofe mûë.

Su l'art. 16. *ibid. p.* 89. *l.* 11.

Y a-t'il donc dans les chofes qui font en
repos une certaine force continuelle qui
fait qu'elles fe tiennent dans la même fituation, ou une action de s'arrêter & de
fe fortifier contre toutes les forces qui
pourroient féparer leurs parties & les dis-
joindre ou entraîner, & emporter tout le
corps autre part; enforte qu'on peut très-
bien définir le repos une certaine force,
ou une action interne du corps qui lie
étroitement les parties du corps entre elles & les comprime, & qui par là les ga-
rantit de la divifion ou de la féparation, par
l'impulfion d'un corps étranger; car il s'enfuivroit de là naturellement ce que je
croirois volontiers, que la matiere eft une
efpece de vie obfcure, que je regarde comme la derniere ombre de la divinité, & qui
ne confifte pas dans la feule extenfion des
parties, mais dans quelque action qu'elle
a toûjours, c'eft-à-dire, ou dans le repos,
ou dans le mouvement, aufquels vous ac-
cordez vous-même le nom d'action.

Sur

Sur l'art. 30. ibid. pag. 92. lig. 23.

Cet article paroît contenir une demonstration très-évidente, que le transport ou
le mouvement local, n'est reciproque en
aucune maniere, à moins qu'on ne veüille
faire seulement attention au rapport extrinseque des corps voisins.

Sur l'art. 36. ibid. p. 100. l. 3.

Je demande si l'ame humaine, quand
elle remuë violemment ses esprits, par une
longue & penible attention, ce qui ne manque pas même d'échauffer le corps, n'augmente point le mouvement de l'Univers.

Sur l'art. 55. ibid. p. 119. l. 29.

Un cube parfaitement dur & plan étant
mû sur une table parfaitement dure &
parfaitement plane dans le même instant
qu'on arreste son mouvement, se réünit-il
aussi fermement avec la table que les parties du cube ou de la table le sont entre
elles, ou reste-t-il toûjours divisé de la table ou du moins pour un temps après le repos? Car il n'y a aucune compression du
cube vers la table ; puisque nous imaginons ce mouvement comme fait dans le
vuide sur la table située hors des murs du
monde s'il estoit possible, & par conséquent dans un endroit où il n'y a pas lieu,
à la pesanteur, ou à la legereté, & que
nous supposons que le mouvement est ar-

resté du costé auquel tend le cube : il paroît
donc par la loy de la nature, que le cube &
la tub'e étant divisés & n'y ayant aucune
action réelle qui les unisse, il paroît, dis-
je, qu'ils demeureront toûjours actuellement divisés.

Sur l'art. 56, & 57. ibid. p. 120. & suiv.

Je ne vois point la necessité de tout ce
jeu des parties autour du corps B. & pourquoy vous faites decrire de si grands cercles aux petites parties de l'eau. Il suffiroit
d'observer que toutes ces petites parcelles
sont égales entr'elles, soit par le mouvement
que leur donne la matiere subtile, soit par
rapport à leur masse. Car il suivra de là que
le corps B. étant frappé de tous côtez par
les petites parties les plus voisines, par des
lignes circulaires, ou autres, il se tiendra
necessairement en repos, n'étant pas plûtôt
poussé d'un côté que d'un autre.

Sur l'art. 57. ibid. p. 124. l. 22.

*Et ne continuent plus de se mouvoir selon
des lignes si droites, &c.*

Quoi ? parce qu'auparavant elles décri-
voient une ligne presque ovale, & qu'elles suivent presentement une ligne qui approche davantage de la circulaire ? je ne
comprens pas bien cela.

Sur l'art. 60. ibid. p. 128. l. 17.

*Mais seulement qu'elles emploient l'agita-
tion qu'elles ont de reste à se mouvoir en plusieurs autres façons.*

La vîtesse du mouvement & sa détermination peuvent-elles donc souffrir un di-
vorce ; car c'est la même chose que si on
supposoit un voyageur courant qui diri-
geât sa course vers Londres, & que cependant la vîtesse de sa course fût portée
vers Cantorbery ou vers Oxfort, subtilité
qu'aucune de ces Universitez ne compren-
dra jamais, à moins que vous ne compre-
niez peut-être, par le mot de *se mouvoir* un
effort de mouvement pour tendre quelque
part.

*Sur l'art. 16. de la troisième partie des Prin-
cipes pag. 143.*

Est-ce que dans le sistême de Ptolomée
on ne s'appercevroit pas des changemens
de lumiere qu'on remarque dans Venus,
un peu moins sensibles à la verité que ceux
qu'on apperçoit dans la Lune.

Sur l'art. 35. ibid. pag. 158.

D'où vient que toutes les Planetes, &
même les tâches du Soleil ne font pas em-
portées dans un même plan, je veux dire
dans ce plan de l'Ecliptique, ou du moins
dans des plans paralleles à l'Ecliptique?d'où
vient pareillement que la Lune n'est pas
emportée ou dans le plan de l'Equateur,ou
dans un plan parallele à l'Equateur, puisque
tous ces corps ne font point dirigez par aucune action interieure, mais qu'ils font
tous entraînez par une force étrangere.

Sur l'art. 36. & 37. ibid. 160. & 161.

Je voudrois aussi que vous m'expliquassiez la raison des Aphelies, & les Perihelies des Planetes, & la cause pourquoi ces points changent de lieu, sur tout puisqu'elles sont dans le même tourbillon ? pourquoi on ne trouvera pas dans le même lieu les Aphelies & les Perihelies de toutes les grandes Planetes ? comment l'avance des équinoxes naît de vos Principes ; car vous pourrez expliquer icy les causes veritables & naturelles de ces Phenomenes, tandis que les autres ne donnent que des hypotheses feintes.

Sur l'art. 55. ibid. p. 181.

Tous les corps qui se meuvent en rond.

Mais comment ces espaces immenses de matiere ont-ils d'abord commencé à tourner en rond, & à former des tourbillons.

Sur l'art. 57. ibid. p. 181.

Mais seulement à cette partie dont l'effet est empêché par la fronde.

Il paroît plus difficile à concevoir que la pierre A soit empêchée de se mouvoir vers D, puisqu'en effet elle n'y est jamais portée, & qu'elle ne continueroit pas son chemin vers D, si l'empêchement étoit ôté, car elle continuëroit son chemin vers C.

Sur l'art. 59. ibid. p. 183.

Vous dites icy qu'une nouvelle force de mouvement est acquise, & que cependant

l'effort est renouvellé : je ne sçai si cela qua-
dre bien ; car si une nouvelle force est acquise & surajoûtée, ce n'est pas un renou-
vellement de mouvement, mais une augmentation. Que si la boule A en se mouvant
augmente son mouvement étant dans le
même point du bâton , pourquoy le mouvement en se mouvant toûjours ne s'enflâ-
me & ne s'augmente-t-il pas ? Or de cette
maniere tout seroit allé depuis long-temps
en flamme.

Sur l'rt. 62. ibid. p. 62.

Puisque la pression & l'effort des globules , en quoi consiste l'action de la lumiere,
se fait selon toute l'étenduë du tourbillon,
de façon que la base du triangle B F D ,
peut être dix ou cent fois plus grande que
D B , & que les extrémitez de cette grande base B D fassent un effort oblique sur
les globules pour les pousser vers l'œil du
spectateur qui sera au sommet du triangle
en F. je vous demande pourquoy la lumiere du Soleil ne paroît pas plus grande que
si elle ne venoit que du petit cercle
D C B.

Sur l'art 72. ibid. pag. 199.

Je n'entends point du tout la maniere
ou l'art de tourner la matiere du premier élement en formes spirales , ou en
limaçon , sur tout dans les lieux un peu
éloignez de l'axe , à moins que cela ne se

faſſe non tant parce que les globules ſont tournés autour des parties du premier élement, que parce que le premier élement peut être déja déterminé par les globules à tourner autour d'eux, ſe gliſſant enſuite dans ces petits eſpaces triangulaires, prenne de lui-même cette figure ſpirale. Je vous ſupplie d'expliquer icy plus pleinement vôtre penſée ; mais il naît de là un autre doute. Comment ces petites parties ſpirales ſont compoſées de particules très-deliées & très-rapidement agitées ? comment ces parties très-petites s'aſſemblent - elles en une forme, ou en une maſſe plus conſiderable, ſur tout cette contorſion & cette obliquité du mouvement ſervant à former ces petites parties canelées?

Sur l'art. 82. ibid. pag. 211.

Celles qui ſont plus hautes & celles qui ſont plus baſſes.

Cette courſe rapide des globules d'en-haut me paroît un eſpece de prodige, ſur tout ſi on la compare avec celles de ceux qui ſont au milieu, & qu'on faſſe reflexion qu'elle excede de beaucoup les cauſes que vous apportez dans l'article ſuivant. Si vous pouvez trouver quelque autre choſe qui rende cette doctrine plus recevable, vous me ferez certainement un grand plaiſir de me l'apprendre.

Sur l'art. 84. ibid. pag. 214.

Pourquoy les queuës des cometes, &c.

Dans l'impatience où je suis d'avoir vos explications sur toutes ces matieres, je me saisis de la premiere occasion que je trouve pour vous pousser à le faire ; je vous prie de vouloir bien m'expedier pareille-ment cette matiere en deux mots.

Sur l'art. 108 ibid. pag. 239.

Ou bien sont chassées vers les parties du Ciel qui sont proches de l'ecliptique G H.

D'où vient qu'elles n'y sont presque pas toutes chassées plûtôt que de composer ce que vous appellez un tourbillon en passant d'un pole a un autre.

Sur l'art. 121. pag. 260.

Et cette détermination peut être continuel-lement changée par diverses causes.

Par quelles ?

Sur l'art 119. ibid. pag. 260.

Et même nous ne pouvons l'y appercevoir que quand, &c.

Pourquoy le flux de cette matiere étant si transparent empêche-t'il la comete d'être aperçuë ; car la matiere de nôtre tourbillon ne cache pas à nos yeux la Planete de Jupiter ; & pourquoi est-il necessaire que la Planete n'en sorte qu'enveloppée de la matiere du tourbillon qu'elle vient de quitter.

Sur l'art. 130. ibid. pag. 272.

*La force des rayons est veritablement dimi-
nuée.*

Pourquoy pas entierement 'perduë, si le
tourbillon A E I O presse avec plus de force ou également les tourbillons voisins qu'il
n'en est pressé ?

Sur l'art. 149. ibid. pag. 300.

Elle a dû venir bien-tôt vers A, &c.

Pourquoy n'avance-t-elle pas jusqu'à F,
& ne heurte-t'elle pas même la terre ?

*Parce qu'en cette façon le cours qu'elle a
pris a été moins éloigné de la ligne droite.*

Je ne vois pas bien que la ligne N A continuée avec A B, forme plûtôt une ligne
droite que la même N A, continuée avec
A D ; mais puisque la Lune s'éloigne du
centre S selon le cours des globules de la
matiere etherée, elle doit plus naturellement selon moy s'élever vers B que de descendre vers D.

*Sur l'art. 22. de la quatriéme partie, ibid.
pag. 326.*

*Et que la Terre n'a pas de soi-même la
force qui fait qu'elle tourne en 24 heures sur son
essieu, &c.*

Je ne vois pas qu'il soit necessaire de
sçavoir d'où vient ce mouvement circulaire, pourvû qu'il soit dans la terre, & je
ne comprens pas pourquoy ces mouvemens circulaires & si prompts de la terre

ne repousseroient pas vers les cieux toute
la matiere qui l'environne, quand même
son mouvement ne luy seroit pas propre ;
mais qu'il luy viendroit de la matie e cele-
ste interne, si l'agitation de la substance
étherée qui l'entoure & à qui vous accor-
dez un mouvement plus rapide, ne l'em-
pêchoit de le faire ; & il me semble qu'il
ne faut pas considerer la terre comme un
corps en repos par rapport à l'effort continuel de ses parties pour s'éloigner du centre. Cela paroît necessaire en tout corps
mû circulairement ; mais la terre peut être
dite en repos entant qu'elle est emportée
avec la substance étherée qui l'entoure ; &
que leurs superficies ne sont point sépa-
rées. Je dis ceci pour sçavoir de vous si
la raison pour laquelle les parties de la terre ne sont point élancées de tous côtez, ne
doit point être attribuée à la seule vîtesse
du mouvement des parties de la matiere
étherée.

Sur l'art. 25. ibid. pag. 329.

Elles ont quelque legereté à cause du mou-
vement de leurs parties.

Que pensez-vous donc du fer qui est
froid, & de celuy qui est chaud, lequel
pese davantage ? Outre cela, comment
une certaine quantité d'eau est-elle plus
legere à cause du mouvement des parties, puisque le mouvement de ces parties

Tome II.   E

eſt enfin determiné en bas par les globules;
car on doit juger que la peſanteur d'un
corps eſt d'autant plus grande que ſa chûte eſt plus rapide ; & ainſi l'eau ſeroit plus
peſante que l'or.

. Sur l'art. 27. ibid. pag. 332.

A moins peut-être que quelque cauſe exte-
rieure, &c.

Quelles ſont ces cauſes ? faites - moi la
grace de me le dire en deux mots.

Sur l'art. 133. lig 12. ibid. pag. 443.

Penſons qu'il y a en la moyenne region plu-
ſieurs pores, ou petits conduits parallelles à
ſon eſſieu.

Le mot de parallelifme me fait ſouvenir
ici de quelques difficultez preſque inſur-
montables. 1. Pourquoy vos tourbillons ne
ſont-ils pas en forme de colomne ou de cylindre, plûtôt que d'ellipſe, puiſque chaque point de l'axe eſt comme un antre duquel la matiere celeſte ſe retire, & autant
qu'il me le ſemble avec un mouvement
entierement égal : d'ailleurs (puiſqu'il faut
par tout que les globules s'écartent de l'a-
xe avec une force égale) pourquoy le premier élement n'eſt-il pas également étendu
tout le long de l'axe en forme de cylindre,
plûtôt que d'être repouſſé preſque vers le
milieu de l'axe, & d'y être ramaſſé en forme de globe ; car ce qui entre du premier
élement par les deux poles du tourbillon,

n'empêche point que tout l'axe ne doive paroître lumineux ; en effet, comme les globules s'éloignent avec une force égale de
tous les points de l'axe, les courants de la
matiere très-subtile, qui entre avec impetuosité, trouveront beaucoup plus de facilité à se glisser les uns sur les autres pour
arriver aux poles opposez, qu'à se former
& à se creuser en quelque endroit de l'axe
un espace plus grand que le tournoyement
actuel & uniforme du tourbillon ne pourroit leur permettre & leur ceder.

3. Enfin, comme les globules celestes
font emportez autour de l'axe du tourbillon d'une maniere parallele à l'axe & à
eux-mêmes, & ne perdent point le paral-
lelisme, lors qu'ils changent en quelque
façon de lieu entr'eux, il paroît impossible qu'il se fasse absolument aucune con-
tortion des parties canelées, si ces parties
canelées ne tournent autour de leurs propres axes dans ces espaces triangulaires ; or
je ne vois pas que cela se puisse faire commodément, comme j'ay dit cy-dessus.

Sur l'art. 187. ibid. pag. 499.

*On ne remarque aucuns effets de sympathie
ou d'antipathie si merveilleux, &c.*

Plût à Dieu que vous expliçassiez ici, si
cela se pouvoit faire en peu de mots, par
quelle raison mechanique il arrive que si
de deux cordes de divers instrumens, qui

font ou à l'uniſſon, ou à cet intervalle que
les Muſiciens appellent temperez ; l'on en
touche une, l'autre trémouſſe dans un autre inſtrument, tandis que celles qui ſont
p'us proches, & même qui ſont tenduës
d.ns le même inſtrument, où la corde a
été ébranlée, ne ſe remuent point du
tout ; aucune ſimpathie ne me paroît plus
difficile à expliquer mechaniquement que
cet accord des cordes, ce qui eſt une experience vulgaire & très commune.

Sur l'art. 188. ibid. p. 502.
L'autre touchant celle de l'homme, &c.

Continuez, Monſieur, à éclaircir & à
achever cette matiere. Je ſuis très-perſua-
dé qu'on n'a jamais rien mis au jour qui
ſoit plus agreable & plus utile à tous les
ſçavans. Vous ne devez pas vous excuſer
ſur le défaut d'experiences; car pour ce
qui regarde vôtre corps, j'ay appris par
des auteurs dignes de foy, que vous avez
examiné avec une exactitude infinie tout
ce qui regarde l'anatomie du corps humain. Pour ce qui regarde l'ame, vous en
avez reçû une en partage, dònt les operations ſont ſi lumineuſes, & dont la vivacité & l'égalité ſont telles que par le ſeul
ſecours de cette force & vigueur celeſte,
comme par un feu chimique, elle ſe
changera en toutes les formes, & tiendra
lieu d'une infinité d'experiences.

Sur l'art. 195. ibid. p. 510.

Comme j'ai déja expliqué dans les meteores.

Vous avez certainement donné une très-belle raison des couleurs dans les meteores. Il réste pourtant là-dessus une méchante difficulté qui embarasse beaucoup mon imagination ; car disant que la varieté des couleurs naît de la proportion qu'a le mouvement circulaire des globules, au mouvement rectilinaire, il arrivera necessairement que quelquefois dans les mêmes globules le mouvement circulaire surpassera en même temps le rectilinaire, & le rectilinaire le circulaire. Par exemple, dans deux murailles opposées, dont l'une est teinte en rouge & l'autre en bleu, les globules qui sont entre seront mûs plus vîte en cercle, qu'en ligne droite à cause de la muraille rouge ; & plûtôt en ligne droite qu'en cercle, à cause de la muraille bleuë, & tout cela en même temps ; ce qui ne sçauroit arriver : ou bien de cette autre maniere ; dans la même muraille dont, si vous voulez, la partie droite est rouge, celle du milieu noire, & la gauche bleuë. Comme il se fait toûjours un croisement par rapport à l'œil, tous les globules, à cause du concours des rayons, prendront la proportion du mouvement de chaque globule en particulier, c'est-à-dire du circulaire au

droit, enforte qu'il eſt neceſſaire que toutes les couleurs ſe mêlent au fond de l'œil,
& qu'elles s'y confondent ; & je ne ſçaurois inventer aucune maniere de lever
cette difficulté , à moins qu'il ne faille
peut-être ſuppoſer que le mouvement circulaire n'eſt pas un mouvement plein,
mais une tendance au mouvement circulaire , comme il arrive en effet dans le mouvement droit des mêmes globules. J'aurois bien pû de moi-même donner une
ſolution telle quelle à preſque toutes les
difficultez que je vous ay propoſées ;
mais vôtre bonté m'ayant permis de vous
les expoſer, & y ayant été invité par deſſus cela, par cette dexterité admirable
que vous avez à reſoudre ces difficultez, & que j'ay reconnu dans vos dernieres lettres (car bien que je voye que
vous avez eſté fort court dans vos réponſes à cauſe du peu de temps que vous
aviez) cependant vous me ſatisfaites ſi
pleinement , & vous me fortifiez auſſi-
bien dans mes penſées, que ſi j'étois
animé par vôtre preſence , & que vous-
même montraſſiez les choſes au doigt ;
(ajoutez à cela que vos explications auront plus de poids auprès de moy , &
& auprès des autres dans le beſoin ;)
j'ai donc crû qu'il eſtoit de mon intereſt
de vous propoſer toutes ces difficultez :

après vôtre décision, j'aurai (si je ne me
trompe) une connoissance parfaite de
tous les principes de vôtre Philosophie ;
vous ne sçauriez croire combien j'estime
ce bonheur ; & lorsque vous m'aurez servi de sphinx sur ces questions, ce qui me
sera d'autant plus agréable, que vous le
ferez plus promptement, à cause de la
passion extrême qui me porte à vos ouvrages, vous recevrez sur la Dioptrique
les autres difficultez qui vous seront proposées par le plus affectionné de vôtre
Philosophie. Je suis, &c.

HENRY MORUS.

CLARISSIMO VIRO,

SUMMOQUE PHILOSOPHO,

RENATO DESCARTES.

HENRICUS MORUS.

LETTRE II.

EQuidem impensè doleo, Vir Clariſſi-
me, quod tam ſubitò à viciniâ noſtrâ
abreptus ſis, & in tam longinquas abductus
oras. Habeo tamen, ut nihil diſſimulem,
quo hanc animi ægritudinem ac moleſtiam
mitigare poſſim, meque ipſum conſolari.
Et certè non minimum eſt, quod is ho-
nor tibi optimè merenti habitus ſit, etiam
apud gentes remotiſſimas, nominiſque tui
claritudo ad Septentrionales uſque ſpiſſitu-
dines, craſſaſque nebulas, tam potenter
penetraverit ; Neque id (quod caput rei
eſt) fruſtrà. Cum tantus litterarum & litte-
ratorum amor, generoſum pectus Illuſtriſ-
ſimæ Heroinæ, Sereniſſimæ Reginæ Sue-
corum inceſſerit, ut famâ libriſque tuis
non contenta, à ſcribendo ad te, ut eam
inviſeres, numquam deſtiterit, donec voti

facta fit compos. Quod cefturum credo in magnum illius regni commodum & ornamentum. Quas ob caufas, fateor, me minùs inclementer tuliffe tuum ab hifce regionibus noftris abfceffum, jacturamque itidem exoptatiffimæ illius Epiftolæ, quam, prout promififti, ante abitum tuum à te expectabam. Cujus jam recuperandæ fpem omnem, tantùm abeft ut abjiciam, ut è contra fortiter confidam, te non folùm illis quas ante fcripfi, fed & præfentibus litteris, cum ad manus tuas pervenerint, brevi refponfurum. Quâ fretus confidentiâ ad Dioptricem tuam pergo, mox ad Meteora, fi quid forte ibi occurrerit difficultatis profecturus: ut tandem animam meam iis omnibus exonerare poffim, quæ in rem noftram putabam fore, tibi pleniùs proponere. Spero enim hoc modo me, cum omnia ex meâ parte perfecta fint, quæ præftare oportebat, molliorem animæ meæ conciliaturum quietem, minùfque in pofterùm me anxiè habiturum.

Ad Dioptrices. cap. 2. p. 10. lin. 24. fig. 7
Tabula prima.

Nullo modo illi oppofitum. Linteum C E, videtur opponi B pilæ, aliquo faltem modo, etiam quatenus pila dextrorfum fertur. Quod fic patebit.

Nam G H (*V. fig. 1. to. 2.*) plenè opponitur pilæ B, perfectéque impedit curfum ejus, tam versus H E quam versus C E, seu deorsum. Cum igitur tam propè accedat C E, ad posituram G H, ut desit tantum angulus HBE, sive GBC, ad perfectam oppositionem tendentiæ versus H E. C E etiam suam servans posituram, aliquatenus opponetur pilæ B, etiam quatenus cursum tendit versus H E. Quod insuper manifestiùs apparebit, si fingamus CE udæ argillæ planitiem, & pilam puta æneam ab A ferri ad B, ubi aliquò usque penetrabit; sed statim suffocabitur vis cursûs tam versus HE, quam versus CE; quod tamen non fieret, si pila ferretur secundum lineam CB E, sed sine impedimento pergeret versus HE; præsertim si nulla inesset pilæ gravitas: unde patet planitiem C E opponi pilæ B, descendenti ab A, etiam quatenus fertur versus HE, quod opponebat demonstrare.

Dimidiam suæ velocitatis partem amittat, ibid. p. 21. l. 1. Partem hîc aliquam velocitatis amissam esse lubens concedam; sed quod & in hoc articulo & in proximè sequenti supponis, hanc partem velocitatis deperdi tantum versus CE (*V. fig. 2. tom. 1.*) non versus F E, nullus capio. Cum enim nnicus realis motus sit pilæ, (quamvis varias imaginari possimus pro libitu tendentias hujus motus, sive metas;) si minuitur hic motus, quacumque pergere fingis pilam,

tardiùs incedet quam ante motum minu-
tum. Causa igitur tendentiæ pilæ ad I potius quam ad D, non petenda est à tardita-
te vel celeritate motûs, sed à resistentiâ
magni illius anguli CBD, & à debilitate
minoris illius anguli cujus EBD, acies ob
exilitatem suam, & materiæ fluiditatem,
faciliùs cedet pilæ projectæ, quam obtusus
angulus CBD. Alioqui si causa referenda
esset ad celeritatem, vel tarditatem, pila
descendens ab A in B, cursum etiam in-
deflecteret. Hic schema tuum consule, si
opus est.

Ad caput 2. pag. 22. lin. 24. Diopt.

Tam obliquè incumbat, ut linea FE ducta,
&c. Perpetua hæc tua demonstrandi ratio,
quo pila profectura sit, lepidam profecto
in se habet subtilitatem, sed quæ causam rei non videtur attingere. Vera enim
& realis causa intelligenda est ex ampli-
tudine anguli C B D, (*V. fig. 3 tom. 2.*) &
exilitate EBD anguli, & magnitudine etiam
pilæ, quæ quo major est, eo minorem de-
pressionem lineæ AB, versus CE requirit,
ad resiliendum versus aërem L. Major
enim pila non tam commodè levat atque
aperit cuspidem acutioris anguli, quo in-
tret in ipsam putà aquam, sed contunden-
do potius transvolat reflexa.

Quod vim ejus motûs augeat, ibid p. 23. lin.
13. Augmentum motûs nihil efficiet, ad

detorquendum cursum pilæ inceptum , nisi
sit positura alicujus corporis quod dictum
cursum pilæ versus partem aliam determi-
net. Quod ego hoc modo fieri auguror ,
in mediis illis, quæ tu fingis radium facilius admittere , qualia sunt Chrystallus, vitrum , &c. Nempe cum acies anguli EBD
(*Vid.fig.4.tom.1.*) in istiusmodi substantiis
adeo dura sit , & pervicax , ut nihil cedat ,
radius impingens in constipam & inclinan-
tem anguli aciem , non nihil avertitur ab
incepto cursu , & introrsùm perpendicu-
lum versus abigitur. Utraque igitur refra-
ctio reflexio quædam mihi videtur, vel saltem reflexionis quædam inchoatio. Atque
quemadmodum in plenâ liberâ reflexione determinatio tollebatur , sine ulla re-
tardatione cursûs pilæ , ita hîc ad minuen-
dam vel mutandam determinationem, nova
tarditas vel celeritas non videtur necessaria. Sola igitur determinatio minuta vel
aucta sufficit ad utramvis refractionem. Neque enim B cum ad CE superficiem perve-
nerit , quatenus celerior vel tardior cursum
flectit, sed quatenus impingit in corpus determinationem mutans. Alioqui , si nuda
duntaxat accesserit celeritas vel tarditas , A
semper pergeret à B in D.

In priori igitur refractione , videlicet à
perpendiculo , determinatio deorsùm minuitur necessariò , pila autem retardatur

per accidens, ob mollitiem curfum immu-
tantem. In potteriori determinatio deorfum
augetur ; pila autem fi acceleratur, acceleratur per accidens, ob novi medii facilio-
rem tranfitum. Determinationis igitur mutatio, ejufque caufa, ad refractiones juxta ac reflexionem, funt planè neceffariæ, ve-
locitas & tarditas ipfius motûs funt duntaxat acceffloriæ, vel potius planè fuperva-
caneæ. Immò verò, novam quod pilæ feu
globuli acceleracionem attinet, in medio
faciliori, videtur quidem illa perceptu per
quàm difficilis ; propterea quod novum
illud medium, non fuppeditat novos gradus motûs, fed tantum permicti pilæ,
quos etiamnum habet fuperftites, fir e ul-
teriori ullâ diminutione, integros poffide-
re, cum nullos ad fe arripiat, vel imbibat.
Æquèque abfurdum videtur, novos, vel fi
males priftinos, gradus reftitui pilæ medium facilius intr ndi, ac concede e in puncto reflexionis pram aliquo momento hærere, priufquàm refilia, quod meriò ex-
plodis. In hac cap. pag. 17. fig. 9.

   Cap. 6. p. 61. Diopt. lin. 6. fig. 19.
       Tabula 4.

   Sed ex folo fitu exiguarum partium cerebri,
&c. Sunine igitur injufmodi, in cerebri
diffectione, particulæ vifibiles, an ratione
duntaxat colligis iftiufmodi effe oportere,
in hunc ufum deftinatas ? Mihi verò nihil

erpus harum effe videtur, fed eadem organa quæ motum tranfmittunt, animam
etiam commonefacere neceffariò, unde illa
fiat motûs tranfmiffio, fi nullum interjacet
impedimentum.

Ibid. p. 64. lin. 19.

*Similem illi, qua Geometra per duas ftatio-
nes,* &c. Duriufcula hæc videtur obfcurior-
que compatatio, in nihiloque confentiens,
nifi quod utrobique binæ fumuntur ftationes. Geometræ enim, vel fi malles Geo-
dætæ, ftationes fumunt, in lineâ ab arbore
putâ vel turri rectâ productâ ; Oculus locum mutans in lineâ tranfversâ, & fermè
objecto parallelâ, fi rectè rem capio.

Pag. 66. lin. 6. Diopt. cap. 6.

*Ex cognitione feu opinione quam de diftan-
tiâ habemus,* &c. Adæquatas fortaffe caufas apparentis corporum magnitudinis explicare, perquàm difficilè effet. Sed in uno
hoc maximè confiftere opinor, nimirum in
magnitudine & parvitate decuffationis anguli ; ille enim quo major eft, major apparebit ejufdem corporis magnitudo, quo
minor, minor. Deinde quod obfervatu
digniffimum eft, cum objectum aliquod,
pollicem puta tuum, intra grani unius di-
ftantiam, oculo admoveris, hic decuffationis angulus quater aut quinquies major
erit, quam ille qui fit ad oculum à pollice
diftantem decem fermè grana, & fi adhuc

amovebitur pollex ab oculo, per aliquot
dena grana , femper anguftior reddetur
angulus decuffationis , fed minori femper
proportione , per dena quæque grana , &
minori , femper tamen aliquantò anguftior
evadit quam antea , donec tandem fiat tam
anguftus , ut rationem unius lineæ rectæ
habere intelligatur. Hinc nemo mirabitur,
fi multò majorem pollicem deprehendat
unico grano ab oculo diftantem , quam cum
decem abeft ab oculo , & poftea per multa
dena grana remotum , ad fingula grana dena , non multùm magnitudinis depeidere :
Tam longinquè tamen removeri poffe , ut
prorfus definat ulterius apparere. Diftautia
enim crurum interni decuffationis anguli ,
minor effe poterit quam unius capillamenti
nervi optici diameter. Quid autem hîc facit opinio de diftantia , cum imaginis magnitudine comparatâ , parum intelligo. Neque certò fcio quomodo aut oculus aut
anima iftam comparationem fecum infti-
tuat. Deprehenfionem autem magnitudinis
ex dicto angulo , quo modo oriri concipio ,
fic videor mihi poffe explicare.

HI, & KL (*Vid.fig.5.tom.2.*) fint fundi
duorum oculorum, majoris fcilicet & minoris. CD fit objectum majus & remotius,
EF objectum minus fed propinquius, EGF
vel KGL angulus decuffationis.

Primùm , hîc ftatuo effe nifum quen-

dam, seu transmissionem motûs à C in L
& à D in K. Et animadversionem me m
rectà excurrentem per lineam KGFD offendere unam extremitatem objecti C D, videlicet D, eo reverà quo inest loco ; & per
lineam LGEC offendere alteram extremitatem objecti C D, videlicet ,C, in suo
itidem loco, & sic de cæteris partibus tam
extimis quam intermediis objecti CD. Recto igitur excursu hoc animadversionis
meæ, obversam objecti magnitudinem deprehendo. Cujus diametri apparentis men-
sura est angulus E G F. Servatis igitur eis-
dem rectis lineis per quas excurrat mea ani-
madversio, & eadem anguli magnitudine,
in oculo HI, quæ modo in K L, dico objectum DC æquè magnum apparere ac in
oculo KL. Unde postea colligo, magnitudinem objecti apparentem, ad anguli
decussationis magnitudinem, non ad magnitudinem imaginis referri. Postremò, ut
magnitudo apparens objecti, non sit ex
magnitudine imaginis in oculi fundo (uti
porrò patet ex eo quod eadem sit imaginis
magnitudo objecti minoris EF, quæ majoris CD, tam in HI oculo, quam in KL)
ita neque simpliciter ex magnitudine anguli decussationis : alioquin objectum EF
æquè magnum appareret, ac objectum
CD, cum idem sit decussationis angulus.
Sed amoto EF minore objecto, objectum
CD

CD reverà multò magis apparebit, quàm
apparebat modo objectum EF, cum tamen utraque cernerentur sub eodem decussationis angulo. Unde meritò concludi
potest apparentem cujusque objecti magnitudinem, partim ex anguli decussationis,
partimque ex reali corporis magnitudine
oriri. Neque mirum est animadversionem
meam, per lineas rectas nisûs illius, sive
motûs transmissi pergentem, eò usque penetrare, ibique se sistere ubi motus hic
primùm incipit, videlicet ad C & D, nec
mirum etiam est (cum reverà magis distant quam EF, nec sub minori angulo videntur) apparere magis distantes quàm E
& F, totum adeò objectum C D majus
simpliciter apparere, quàm objectum totum EF.

Ibid. p. 68. lin. 18.

Quoniam sumus assueti judicare, &c. Quid
igitur censes de cæco illo à nativitate suâ
quem sanavit Christus, si speculum planum ipsi objectum fuisset, antequam consuetudo judicium depravasset? Nunquid
ille vultum suum citra speculum, non ultra, vel pone speculum deprehendisset?
Mirificè torsit & fatigavit imaginationem
meam hic imaginis pone speculum lusus,
cujus causas nondum me satis percepisse
fateor. Neque enim mihi ullo modo satisfacit hæc depravata judicandi consuetudo.

Si rationes reales magis magifque mechanicas excogitare poteris, & nobifcum communicare , rem fanè gratiffimam præftabis.

Ibid. pag. 70. lin. 28.

Indè fequitur diametrum illorum , &c.
Cur non diameter Solis vel Lunæ videatur
pedalis vel bipedalis, ob angulum decuffatorium , ad eam rationem diminutum ,
quæ apta fit , corpora ejufdem realis magnitudinis cujus funt Sol & Luna , fub hanc
pedalem vel bipedalem magnitudinem apparentem , ad iftas diftantias , reprefentare ?

Ibid. p. 71. lin 9.

*Quia tam verfus Horizontem quam verfus
verticem ,* &c. Igitur majores Sol & Luna
ad Horizontem apparent , quam pro diftantiâ oportet apparere. Et ea potius eft
dicenda vera magnitudo apparens , five
non fallax quæ certæ legi fubjicitur, quam
quæ externis aliquibus adjunctis alteratur.

Ad caput 7. Dioptr. p. 93. lin. 23.

Quâ ar e ob alias caufas , &c. Quam invertendi artem hîc intelligis ? Et quas ob
caufas ab ipfâ abftines ?

Aut diverfis partibus parallelos. Quid fibi
hîc velint radii diverfis partibus paralleli ,
nullo modo intelligo. Nihil enim hujufmodi quicquam exhibetur in fchemate hoc,

(*Pag.*120.*Diopt.fig.*16.*tab.*3.) de picto. Ut
mentem hic apertiùs explices oro. Obscurif-
simum etiam illud est, nisi ego sim tardif-
simus, quod habetur ad calcem hujus articuli, de decussatione radiorum duo vitra
convexa D B Q, & d b q, (*Vid. fig.* 51. *pl.*
8. *Diopt.*) permeantium. Sed ad marginem
hujus loci in editione tuâ Gallicâ relegas
nos ad paginam 108. id est ad figuram illam, quæ in nova editione habetur pagina 112. Ego verò ibi in vitris illis, nullam
omninò video radiorum decussationem,
sed tantum inter vitra, ad communem
focum I. Nulli enim ibi radii apparent, nisi
paralleli, qui parallelismum servant donec
ad convexitates vitrorum BD, & b d, pervenerint, ubi demùm ita incipiunt inflecti,
ut omnium tandem fiat decussatio, in foco
I, non alibi. Hic autem dicis radios etiam
in illis vitris D B Q, & d b q, primò de-
cussari in superficie Prioris, putà D B Q.
Deinde in alterâ posterioris, putà d b q.
Quam autem intelligis superficiem, pla-
nam an convexam ? Et an eandem in utrâ-
que ? Pergis porro. *Ii sal·em qui ex diversis*
partibus allabuntur. Quid est, *ex diversis*
partibus allabi ? Nunquid intelligis ex ad-
versis sive oppositis. Nam paralleli etiam
qui ab eodem objecto emanant rectè dici possunt allabi ex diversis partibus. Hic
prorsus in luto hæreo.

F ij

Ad cap. 9. ibid. p. 136. lin. 9.

Quò magis hæc perspicilla objectorum imagines augent, eò pauciora simul repræsentant. Cum perfectiora hæc perspicilla aperturam vitri exterioris majorem habent, eaque plures proindè parallelos radios ab objecto suscipit, quàm imperfectiorum minor apertura, omnesque illi radii ad fundum oculi, à convexa dicti vitri superficie contorquentur, cur non plura etiam objecta, æquè ac majores imagines, in oculo poterunt depingere ?

Ad cap. 10. ibid: pag. 149. lin. 11.

Hyperbole omnino similis & æqualis priori deprehendetur. Supponis igitur Hyperbolas omnes, quarum foci æquidistant à verticibus, quamvis hæ per conum, illæ per funem & regulam describantur per ἰσαρμόγ η coincidere : Imo hîc ipsam verticum æquidistantiam supponis ; quod ut falsum non video, ita puto tamen veritatem illius, cum fundamentum sit totius, quam mox expositurus es, machinæ, fuisse operæ pretium demonstrasse. Quod quidem si facili negotio mihi efficere poteris, lubens audiam : Sin res operosior fuerit, tanto auctori mallem credere, quàm mihi ipsi multum negotium in intelligendo constare.

Ibid. p. 157. lin. 13.

Habebit enim & aciem & cuspidem. Aciem habeat, sed quam cuspidem habere poterit non video, præsertim cum acies hujus instrumenti fabricanda sit recta, non concava, sic enim esset sphæriea ; Quæ si contingat extremos circulos latitudinis rotæ, ad interiores tamen non adaptabitur ; Major enim erit quam ut cum illis conveniat. Unde nec tanget instrumenti hujus cuspis circumductam rotam in mediis latitudinis spatiis.

Ibid. pag. 158. lin. 8.

Tantam esse non debere, ut ejus semidiameter distantiâ, quæ erit inter lineas 12. & 55. &c. Hujusce rei rationem autumo, quod tunc concava vitri superficies sphærica fieret, non Hyperbolica.

Ibid. p 162. lin. 26.

Ut nonnullos ex maximè industriis & curiosis, &c. Lubenter ex te audirem nunquis ex peritioribus illis artificibus, periculum fecerit adhuc in ingeniosissimo hoc tuo invento, & quo successu. Nam quod quidem hic mussitant aliquos tentasse, operamque lusisse, id aut falsum arbitror, aut opifices illos qui tentarunt ex peritioribus non fuisse.

Quod ad Meteora attinet, difficultates quæ ibi occurrunt, pauciores sunt, & levioris opinor momenti. Quales autem sint mox audies.

Meteorum caput 1. Pag. 167. lin. 27.

Et denique prope terram quàm prope nubes.
Hoc asseris de radiis tàm rectis quàm reflexis. Quî autem fieri possit, ut recti, nisi quatenus reflectuntur & replicantur iterùm in se prope Terram, vim caloris augeant, non video. Tum verò non sunt simpliciter recti, sed recti cum reflexis conjuncti. Sed & altior scrupulus mihi animo hîc inhæret, de tuâ radiorum reflexione. Nam juxtà vulgatam Philosophiam, simplicissima hujusce rei ratio est : Quod fili instar radius solaris reducitur & replicatur, adeo ut geminatam vim, aut duplam quasi crassitiem, reflexio necessariò conciliet calori. Quod locum non habet in tuâ Philosophiâ. Neque enim duplicatur filum, sed pila repercussa tuum reflexionis modum rectiùs explicat. Unde vix videtur possibile ut calor geminetur. Quoniam pila descendens, putà ab A in B (*Vid. fig. 7. tom. 2. epist.*) simplicem duntaxat motus lineam constituit, qui motus prorsus desiit, prius quàm eadem pila ascenderit à B, ad D. Quapropter, cum unica linea motûs unâ vice existat, nequaquam videtur vis caloris duplo major fieri posse. Immò verò potius minui in aëre terræ vicino, cum non nihil motûs sui globulus seu pila communicet cum particulis terrestribus, unde in BD tardior motus erit & languentior quam fuit in AB. Non

igitur abs re esset, si hîc explices, cur ca-
lescat aër prope Terram, magis quàm prope nubes. Et annon fieri possit, ut quamvis
motus minor sit prope Terram quàm in al-
tioribus aëris regionibus, major tamen calor sentiatur, ob inæqualitatem hujusce
motûs.

Caput 7. pag. 268. lin. 1.

*Sed etiam inferiores adeò raras atque exten-
sas,* &c. At cum tam raræ sint, quî possunt alias in se cadentes nubes excipere, ibique sistere. Videntur potiùs præ suâ tenui-
tate, ad Terram transmissuræ, si eò, aliàs,
profecturæ essent.

Ibid. pag. 268. lin. 9.

Ob aëris circumquaque positi resonantiam,
&c. Ita sane fingit Paracelsus tonitru tam
immaniter boare & mugire, ob arcuata
cæli templa, non absimili ratione, atque
si quis æneam machinam, nitrato pulvere
onustam disploderet sub tecto testudinea-
to. Tu verò, sat scio, nullis laquearibus
ætherem claudi sustines, ac proindè videatur verisimiliùs, quod quò magis ictus dis-
tat à terrâ, eò debilior futurus sit sonitus.
Cum nec tàm commodè fiat resonantia,
quòd quò reverberetur sonus, tam longe
absit ab aliis corporibus.

Cap. 9. p. 301. lin. 30.

Pauci quippe tantummodo radii, &c.
Nunquid igitur radiorum paucitas cœu-

leum colorem generat. Videtur hoc haud
ita consonum præcedentibus. Quippe quod
cum supra statueris, colores oriri ex variâ
proportione rotationis sphærularum ad motum earundem rectum , & particulatim
cæruleum ex rotatione minore, quàm pro-
greſſu , proficisci ; quaſi in eo ipso conſta-
ret ipsa cærulei coloris ratio ; nunc tamen
cauſam refers, non tàm ad rotationis defectum , quàm paucitatem radiorum reſi-
lientium à superficie maris. Hîc igitur quæro,
utrum ſentias , nullam aliam eſſe colorum rationem , præter eam quam ipse tam
subtiliter & ingeniosè expoſuiſti , an &
aliis modis colores oriri poſſint , nullâ ha-
bitâ ratione rotationis globulorum , mo-
tuſque rectilinei : præsertim cum & ipse
innuis aquam marinam cæruleam videri ob
paucitatem duntaxat radiorum. Et certè
explicatu haud facile eſt, cum globuli in
æquoris superficiem impingunt, cur non
aut albeſcat mare , aut rubeſcat cum fortiùs impingunt, aut illis reſiſtitur fortiùs in
superficie maris , quam in cælo præ vaporibus albeſcente.

Proposui jam omnia quæ in scriptis tuis
Phyſicis mihi viſa ſunt aut intellectu diffi-
cilia , aut intellectu difficulter vera. In
quibus legendis mirati non immeritò tibi
ſubeat, ingenii mei conditionem & fatum : qui cum profiteri auſu me cætera
                              omnia.

omnia in tuis scriptis satis intimè intelligere, (ubi plurima tamen reperiuntur, quæ multò difficiliora videri possint quàm de quibus sæpius hæsito) ista tamen quæ tibi proposui explicanda aut munienda, non æquè ac illa cætera intelligerem. Ego verò hanc naturam meam atque indolem, quam à puero usque in me observavi,(quâ nempe maxima sæpe-numerò fæliciter vinco, victus interim à minimis) ad hunc usque diem emendare non potui. Humanitatis tuæ erit ignoscere, quod nefas est corrigere, nulloque pacto aut affectatæ ignorantiæ, aut disputandi prurigini imputare, quod tam multa congesserim. Feci enim non ex effræni aliquo disputandi desiderio, sed potius ex religioso quodam erga tua studio,

Non tam certandi cupidus, quàm propter amorem

Quod te imitari aveo.

Quod scitè quidem ille. Ego vero hac in causâ verissimè. Quod reliquum est, clarissime Cartesi, exorandus es, ut ista omnia quæ scripsi, æque bonique consulas, & cum primo tuo otio rescribas. Quod si dignatus fueris, peritissimum illum tandem efficies, qui semper fuit hactenùs Philosophiæ tuæ studiosissimus, HENRICUS MORUS.

Cantabrigiæ è Collegio Christi
3. Nonarum Martii 1649.

Tome II.   G

LETTRE

DE

MONSIEUR MORUS.

A

MONSIEUR

DESCARTES

LETTRE II.

Version nouvelle.

Monsieur,

Je reſſens une douleur bien vive de ce qu'on vous a enlevé ſi ſubitement de nô-tre voiſinage, & qu'on vous a emmené en un païs ſi éloigné : mais pour ne vous rien déguiſer, j'ay de quoy adoucir ce déplai-ſir & cette triſteſſe, & de quoy me con-ſoler moi-même ; en effet, ce n'eſt pas un petit avantage pour vous que les nations les plus reculées ayent rendu un tel hon-

neur à vôtre mérite, & que l'éclat de vôtre réputation ai penetré avec tant de
force, jufqu'aux fombres climats & aux
broüillards épais du Septentrion ; & ce
qui eft le plus important, que ce n'ait pas
été fans fruit, puifque l'amour des belles
lettres, & de ceux qui les cultivent, a
fait une fi forte impreffion fur le cœur
genereux de la Sereniffime Reine de Suede, cette illuftre Heroïne ; que non contente de vos écrits & de vôtre réputation,
elle n'a ceffé de vous engager par fes Lettres d'aller la voir, jufqu'à ce qu'elle ait
été au comble de fes vœux : empreffement qui ne manquera pas de tourner,
comme je le crois, à l'avantage & à l'ornement de fon Royaume. Ces confidera-
tions m'ont fait fupporter, je vous l'avouë,
avec moins d'impatience vôtre départ, &
en même temps la perte de cette lettre fi
defirée que j'attendois comme vous l'aviez
promis avant vôtre départ. Bien loin de renoncer à l'efperance que j'avois conçûë
de la recevoir, j'ay au contraire une ferme efperance que non-feulement vous
honorerez d'une de vos réponfes, celle que
je vous ai écrite auparavant, mais encore
les prefentes dès que vous les aurez reçûës. Plein de cette confiance, je paffe à
vôtre Dioptrique, pour venir enfuite aux
Meteores, s'il y a quelque difficulté qui

m'y arrête, afin que je puisse décharger une fois pour toutes mon esprit de tout ce que j'avois résolu de vous proposer pour mon avantage ; j'espere par là qu'après avoir fait de ma part tout ce qui étoit en moy, je me procureray une plus grande tranquilité, & que je seray delivré de bien des doutes.

Sur la Dioptrique, discours 1. p.20. lig.24. fig.7. planche 1.

A cause que cette toile ne luy est aucunement opposée en ce sens là.

Il me paroît que la toile C E, s'oppose en quelque façon à la balle B, même par rapport à la détermination qui la fait tendre vers la main droite, ce que je prouve ainsi.

G H (*V. fig. 1. tom. 2.*) est opposé à plein à la balle B, & l'empêche entierement de s'avancer tant du côté H E, que du côté I E, c'est-à-dire vers le bas ; car comme C E ne differe de G H, qui est opposé à plein au mouvement vers H E, que de la quantité de l'angle HBE, ou GBC, il est manifeste que C E, dans la position qu'on luy donne, s'opposera toûjours avec une certaine force au mouvement de la balle vers H E ; nous en serons convaincus davantage, si nous supposons que C E est une superficie d'argile fort molle, & qu'une balle, si vous voulez de cuivre,

est poussée d'A vers B , elle s'enfoncera un
peu dans l'argile; mais elle perdra tout d'un
coup tout son mouvement , tant vers H E,
que vers C E, ce qui n'arriveroit point si
la balle étoit poussée selon la ligne C B E,
elle s'avanceroit vers H E, sans aucun embarras , sur tout si nous imaginons que
cette balle n'a aucune pesanteur : donc la
superficie C E s'oppose à la balle qui
vient de A vers B par rapport à la détermination qui la porte vers H E, ce qu'il
falloit démontrer.

Ibid. p. 21. lig. 2.

*Car puisqu'elle perd la moitié de sa vi-
tesse.*

Je veux bien qu'elle perde quelque degré de vitesse : mais je ne puis comprendre ce que vous supposez dans cet article , & dans le suivant, que ce degré de
vitesse n'est perdu que par rapport à C E,
(*V. fig. 2. tom. 2.*) & non par rapport à FE ;
car comme cette balle n'a qu'un mouvement réel, quoi que nous puissions l'imaginer composé de plusieurs détermina-
tions differentes ; si ce mouvement est diminué, quelque part que la balle s'avance, son mouvement sera plus lent après
cette diminution ; ainsi ce qui porte la
balle en I, & non point en D, n'est pas
son plus ou moins de vitesse , mais la résistance qui est plus forte dans le grand an-

g'e CBD, & plus petite dans l'angle E
BD, parce que la poine de l'angle aigu
EBD, jointe à la fluidité du liquide, doit
moins refifter à la balle que la pointe
émouffée de l'angle CBD; fans cela, s'il
falloit avoir recours au plus ou moins de
vîteffe, la balle qui eft pouffée de A
vers B, feroit portée vers D, vous n'avez
qu'à confiderer pour cela vôtre figure de
la Dioptrique s'il eft befoin.

Sur le Difcours fecond de la Dioptrique, p. 22.
ligne 24.

Mais fi elle eft pouffée fuivant une ligne
comme A B, qui foit fi fort inclinée fur la fuper-
ficie de l'eau, ou de la toile CBE, que la li-
gne FE étant tirée, &c.

Il faut avoüer qu'il y a beaucoup de fub-
tilité dans vôtre maniere de montrer le chemin que doit tenir cette balle : mais il me
paroît que vous n'arrivez point au but.
La veritable & unique caufe que vous
auriez dû rapporter, eft la grandeur de
l'angle CBD, (*V fig. 3. tom. 2.*) la petiteffe de
l'angle E B D ; & la groffeur de la balle
qui pour fe reflechir en l'air vers L, doit
d'autant moins faire baiffer la ligne A B,
vers CE, que fa groffeur eft plus grande ;
car une groffe balle a plus de peine à ouvrir & écarter la pointe d'un angle aigu,
qu'à la froiffer en fe refléchiffant.

Page 23. ligne 13.
Qui augmente la force de son mouve-
ment.

L'augmentation du mouvement ne sert à
rien pour détourner la balle , s'il ne se rencontre quelque corps , qui par sa position
en change la détermination ; ce qui arrive
ainsi , selon que je me l'imagine , sur tout
dans un lieu que vous dites admettre plus
facilement les rayons de la lumiere , tel
qu'est le cristal , le verre , &c. comme
dans ces matieres la pointe de l'angle. E
BD est si dure & si inflexible , qu'elle ne
peut ceder , le rayon qui tombe sur le sommet incliné de cet angle dont la matiere est
si serrée , se détourne de la ligne droite ,
& est chassée dedans en s'approchant de
la perpendiculaire ; ainsi ces deux refractions me paroissent une veritable reflexion commencée : or comme dans une vé-
ritable & libre reflexion il n'arrive du
changement que dans la determination , &
non dans la quantité du mouvement , il
paroît qu'il ne faut pas avoir recours ici
au plus ou au moins de vitesse , pour di-
minuer ou changer la determination ; donc
la seule détermination diminuée ou augmentée suffit pour les deux refractions ;
car quand la balle B est arrivée à la superficie C E , elle ne se détourne point de son
chemin , parce qu'elle a plus ou moins

de vîteſſe, mais parce qu'elle tombe ſur
un corps qui change la déterminaton,
car autrement s'il n'y a qu'une vîteſſe plus
ou moins grande, la balle après avoir paſſé de A en B, iroit en D.

C'eſt pourquoy dans la premiere refra-
ction où la balle s'éloigne de la perpendiculaire, ſa détermination vers le bas eſt
diminuée, & ſi elle perd du mouvement,
c'eſt par accident à cauſe de la molleſſe
du milieu qui réſiſte; dans la ſeconde où
la balle s'approche de la perpendiculaire,
ſa détermination vers le bas eſt augmentée; ſi elle acquiert de la vîteſſe, c'eſt par
accident, à cauſe qu'elle penetre un nouveau milieu qui luy donne un paſſage plus
libre. La cauſe & le changement de la
détermination ſont donc neceſſaires pour
les deux refractions, comme pour la reflexion; & le plus ou moins de vîteſſe ne
ſont qu'acceſſoires, & même entierement
inutiles pour ces effets; même il eſt difficile. d'imaginer la cauſe qui donne à la balle un nouveau degré de vîteſſe quand
elle paſſe dans un milieu plus aiſé; car
tout ce que ce milieu peut faire, c'eſt de
laiſſer à la balle toute la celerité qu'elle
avoit eu ne recevant par la communication aucune partie de ſon mouvement,
mais il ne peut lui rien donner de nouveau;
& il me paroît qu'il ſeroit auſſi abſurde

de dire que la balle quand elle entre dans
un milieu plus aifé acquiert de nouveaux
degrez de vîteffe, foit par pure liberalité,
foit fi vous l'aimez mieux, par reftitution
de ceux qu'elle avoit perdu, que d'accorder qu'il y a un inftant de repos dans
le point de la reflexion, ce que vous avez
eu raifon de rejetter dans l'art. 2 de ce
difcours.

Difcours fixiéme de la Dioptrique page 61.
lig. 6. fig. 19. pl. 14.

Mais feulement de la fituation des petites
parties du cerveau, d'où les nerfs prennent
leur origine.

Ces petites parties font - elles vifibles
dans quelques parties du cerveau, ou les
fuppofez-vous feulement par une fimple
conjecture ; pour moy il me paroît qu'on
peut s'en paffer ; mais que les mêmes organes qui tranfmettent le mouvement font
connoître neceffairement à l'ame d'où
vient cette tranfmiffion, s'il ne fe trouve
èn chemin aucun empêchement.

Page 64. ligne 19.

Un raifonnement tout femblable à celuy que
font les Arpenteurs, lorfque par le moyen de
deux differentes ftations ils mefurent des diftan-
ces inacceffibles.

Cette comparaifon me paroît obfcure,
pour ne pas dire un peu forcée ; je n'y vois
rien de commun que ces deux ftations ;

car les Geometres , ou fi vous l'aimez
mieux les Geodetes prennent leurs ftations
fur une ligne droite tirée depuis quelque
arbre ou quelque tour , & l'œil prend les
fiennes en changeant de place fur une ligne à peu près parallele à l'objet ; il me
paroît que c'eft tout ce qu'on peut déduire
de cette comparaifon.

Au même difcours fixiéme p. 66. ligne 6.

*Leur grandeur s'eftime par la connoiffance ,
ou l'opinion qu'on a de leur diftance.*

Il feroit très difficile de donner une raifon exacte de la grandeur apparente des
corps ; mais je crois que le jugement que
nous en portons, dépend principalement
de la grandeur ou de la petiteffe de l'angle
où les rayons fe croifent : plus cet angle
eft grand , plus l'objet paroîtra grand ;
plus il eft petit, plus l'objet paroîtra petit : de plus , ce qui merite attention , fi
vous approchez de vôtre œil quelque objet , par exemple vôtre pouce à la diftance
d'une ligne , l'angle où les rayons fe croifent , fera quatre ou cinq fois plus grand
que fi vôtre pouce étoit diftant de l'œil de
dix lignes. Si vous l'éloignez encore de
quelques dixaines de lignes , l'angle diminuera , mais en moindre proportion,
jufqu'à ce qu'il devienne fi petit, qu'on
puiffe le confondre avec une feule ligne
droite ; c'eft pourquoy perfonne ne doit

être surpris si son pouce luy paroît beaucoup plus grand , quand il n'est éloigné
de son œil que d'une ligne, que quand il est
éloigné de dix ; & si après cela il paroît
toûjours à peu près de la même grandeur,
quoi qu'il l'éloigne de 30 , 40 lignes , &
même davantage : cependant il peut si
fort l'éloigner qu'il ne paroîtra plus , car
l'ouverture de l'angle peut être plus petit , que le diametre d'un des filamens du
nerf optique ; mais je ne comprens pas
ce que peut produire en cela l'opinion de
la distance comparée à la grandeur de
l'image de l'objet; comment l'œil ou l'a-
me peuvent faire cette comparaison : mais
il m'est aussi aisé d'expliquer que de concevoir comment par le moyen de l'angle , où
les rayons se croisent , nous jugeons de la
grandeur des corps. Soient H , I & K, L,
(V. sg. 5. tom. 2.) le fond de deux yeux, d'un
grand & d'un plus petit , C D le plus grand
objet, mais plus éloigné ; E F le plus petit
objet, mais plus voisin E G F, ou K G L ,
l'angle où les rayons se croisent. D'abord
j'établis qu'il y a un effort, ou une transmission de mouvement de O en L , & de
D en K , & que ma reflexion se prome-
nant sur la ligne droite KGFD , parvient
à D extrêmité de l'objet C D , dans la place où il est veritablement ; tandis que par
une autre ligne droite L G E C , elle par-

vient à l'autre extrêmité C , dans l'endroit où elle eſt veritablement : autant
en eſt-il de toutes les parties de l'objet
c d. Je dis donc que c'eſt par cette courſe de ma reflexion , que je découvre la
grandeur de l'objet qui eſt devant mes
yeux , & que la meſure de ſon diametre
apparent eſt l'angle E g f ; je dis pareillement que ſi l'on conſerve les mêmes
lignes droites que parcourt ma reflexion,&
la même ouverture de l'angle à l'égard de
l'œil H I, l'objet D C doit luy paroître
auſſi grand qu'à l'œil K l : d'où je conclus
enſuite que la grandeur apparente de l'objet dépend non de la grandeur de l'image ,
mais de la grandeur de l'angle où les rayons
ſe croiſent : Enfin de même que la grandeur apparente de l'objet ne vient pas de
la grandeur de l'image peinte au fond de
l'œil , puiſque le petit objet E f peint ,
ſoit dans l'œil h i , ſoit dans l'œil x l une
image d'égale grandeur à celle du grand
objet c d ; ainſi elle ne vient pas de la
grandeur de l'angle formé par la rencontre des rayons , autrement l'objet E f, pa-
roîtroit auſſi grand que c d , cet angle
étant le même pour les deux : mais en re-
tirant le petit objet E f, c d , paroîtra
beaucoup plus grand , que ne paroîtroît
e E f, quoi qu'on les vît tous deux ſous un
même angle , d'où l'on conclura avec rai-

son que la grandeur apparente d'un objet,
vient en partie de la grandeur réelle de
l'objet. Il n'est pas non plus surprenant que
ma reflexion qui se promene sur ces lignes
formées par l'effort ou par la transmission
du mouvement penetre & s'arrête où le
mouvement a commencé , c'est-à-dire en
c & en d, & qu'ils paroissent plus distans
que E & f, puisqu'en effet ils sont plus
éloignez que E f, & qu'on ne les voit point
sous un angle plus petit, & qu'enfin tout
l'objet c d, paroisse simplement plus grand
que tout l'objet e f.

Ibid. pag. 68. ligne 18.

De plus, à cause que nous sommes accou-
tumez de juger, &c.

Que pensez-vous donc de l'aveugle né
que Jesus-Christ guerit ; si on luy eût pre-
senté un miroir plan avant qu'une mauvaise
hadimude eût depravé son jugement, au-
roit-il vû son visage en deça du miroir ,
& non au-delà ou derriere ? Ce petit jeu
de l'image derriere le miroir dont j'avoüe
que je ne connois pas jusques ici le manege,
a donné de terribles entraves à mon imagination ; car je ne me contente point de
cette mauvaise habitude de juger ; vous
me feriez grand plaisir de faire agir pour
cela la bonne mechanique, & de m'en faire part quand vous l'aurez decouverte.

Ibid. p. 70. ligne 28.

Il suit de là, que leur diametre, &c.

Qui empêche que le diametre du Soleil
ou de la Lune ne nous paroisse d'un ou de
deux pieds au plus, à cause de l'angle formé par la rencontre des rayons, diminuë
d'une maniere propre à nous faire paroître
à cette distance des corps de la grandeur
réelle du Soleil ou de la Lune sans une image d'un ou deux pieds?

Pag. 71. ligne 11.

*Car ordinairement ces astr s semblent plus
petits, lorsqu'ils sont fort hauts vers le midy,
&c.*

Donc le Soleil & la Lune paroissent plus
grands près de l'horizon qu'ils ne devroient, eu égard à leur distance ; & moy
je dis qu'une grandeur apparente, soumise
à des loix constantes, doit plûtôt être appellée veritable & non trompeuse, de celle qui dépend de quelques circonstances
étrangeres & variables.

Sur le Discours 7. de la Dioptrique p. 93.
ligne 23.

*Si ce n'est peut-être de fort peu en la ren-
versant, &c.*

Quel est cet art de renverser ? & pourquoi n'en dites-vous rien ?

Sur le discours 8. p. 120. lig. 6.

Ou paralleles de divers côtez.

Je ne comprends point ces rayons pa-

ralle'es de plusieurs divers côtez, car je ne
vois rien d'approchant dans vôtre figure
110. de la Dioptrique, c'est pourquoi je
vous prie de vous expliquer plus nettement; si je n'ai pas l'esprit bouché, ce
que vous avez mis à la fin de cet article
n'est guere plus clair; vous parlez des
rayons qui se croisent en traversant les
deux verres convexes DBQ, & d b q (*Voy.
fig. 51. pag. à . e la D. ptr.*) dans vôtre édition
françoise vous renvoiez en marge à la page
108. c'est-à-dire à la figure qui est à la p. 112.
de la nouvelle édition. Pour moy je ne
vois pas que les rayons se croisent dans
ces verres, mais seulement au de là en i
qui est leur foyer commun; il paroît que
tous ces rayons gardent un grand paralle-
lisme, jusqu'à ce qu'ils soient parvenus à
la superficie convexe des deux verres BD,
b d, c'est là qu'ils se courbent pour se
croiser en i, & non ailleurs; au lieu que
vous dites que ces rayons se croisent deux
fois dans ces deux verres. Premierement,
dans la superficie D B Q, secondement,
dans la superficie d b q, quelle superficie
entendez-vous? La plane ou la convexe
est-ce la même dans tous les deux verres?
Vous ajoûtez : *Du moins les rayons qui viennent de differentes parties.* Qu'est-ce que
venir de differentes parties? entendez-
vous parties opposées, car les paralleles

qui partent du même objet, peuvent être dits venus de differentes parties ; tirez-moi de ces tenebres ?

Sur le difcours 9. p. 136. fig. 9.

Pour ce que, d'autant que ces lunettes font que les objets paroiffent plus grands, d'autant en peuvent-elles faire moins voir à chaque fois.

Puifque ces lunettes plus parfaites ont une plus grande ouverture du côté du verre exterieur, qui par conféquent reçoit de l'objet plus de rayons paralleles que les imparfaites, qui ont cette ouverture grande, & la convexité de ce verre renvoyant tous ces rayons au fond de l'œil, d'où vient qu'il ne fe peint pas dans cet œil un plus grand nombre d'objets, comme il s'y peint de plus grandes images.

Sur le difcours 10 p. 149. lig. 11.

Sera une hyperbole toute femblable, & égale à la précedente.

Vous fuppofez donc que toutes les hyperboles dont les foyers font également diftants des fommets, quoi que les unes ayent été decrites par le moyen du cône, & les autres avec la corde & la regle, ont neanmoins les mêmes proprietez, & même vous fuppofez cette égalité de diftance des fommets ; quoi que je n'apperçoive en tout cela aucune fauffeté, vous auriez dû cependant le démontrer ; puifque c'eft

le

le fondement de la machine que vous allez expliquer ; si vous voulez en prendre la peine vous me ferez plaifir , pourvû que cela foit aifé à comprendre , finon j'aime mieux en croire un auffi grand homme que vous , que de donner la torture à mon efprit pour en venir à bout.

Ibid. p. 157. ligne 13.

Car il doit avoir un tranchant , & une pointe.

Paffe qu'il ait un tranchant : mais comment aura-t'il une pointe , fur tout puifque le tranchant de cet outil doit être fabriqué droit , & non concave ; car de cette façon il feroit fpherique. Si ce tranchant peut faire quelque chofe vers l'extrémité de la rouë , il ne fervira à rien vers le milieu ; car il fera trop grand pour pouvoir y entrer , c'eft pourquoi la pointe de cet outil ne touchera point la matiere voifine du centre de la rouë.

Ibid. p. 158. lig. 8.

Doit être fi petite que lors que fon centre eft vis-à-vis de la ligne 55. de la machine qu'on employe à la tailler, la circonference ne paffe pas au deffus de la ligne 12. de la même machine.

N'eft-ce point à caufe que pour lors la fuperficie concave du verre deviendroit fpherique & non hyperbolique.

Ibid. p. 162. l. 26.

Pour obliger quelques-uns des plus curieux & des plus industrieux de nôtre siecle à en entreprendre l'execution.

Je voudrois sçavoir si quelque ouvrier industrieux a essayé d'executer ce projet ingenieux, & quel en a esté le succez; quand à ce qu'on dit icy que quelques-uns l'ont tenté inutilement, je n'en crois rien, ou ces ouvriers n'étoient que de simples artisans : voicy quelques difficultez que j'ay aussi trouvées dans vos meteores, mais elles sont en petit nombre & peu considerables.

Discours premier des Meteores p. 167. lig. 27.

Et contre la Terre que vers les nuées.

Ce que vous dites des rayons du soleil, tant droits, que refléchis; mais je ne vois pas comment les rayons droits peuvent augmenter la chaleur, si ce n'est qu'étant refléchis ils sont renvoyez une seconde fois vers la terre; pour lors ce ne sont pas seulement des rayons droits, mais des rayons droits joints avec des refléchis. J'ai encore une bien plus grande peine par rapport à la reflexion que vous donnez à ces rayons; la Philosophie ordinaire nous en rend une raison très-simple : le rayon solaire se remplit comme un fil, d'où resulte necessairement l'augmentation de la

chaleur, ce qui ne peut avoir lieu dans
vos Principes; selon vous ce n'est plus un
fil qui se plie en double, mais une balle
qui refléchit: mais comment prouverez-
vous l'augmentation de la chaleur portée
au double quand la balle descend de A
en B. (*V. fig. 7. tom. 2. des Lettres.*) elle décrit une ligne par son mouvement, & cette ligne n'est plus, quand la bale se dispo-
se à remonter de B en D; nous n'avons
donc qu'une ligne de mouvement qui ne
peut doubler la chaleur; au contraire, la
chaleur diminuera dans l'air voisin de la
terre, puisque le globule ou la balle com-
munique quelque chose de son mouvement
aux particules terrestres qui l'environnent;
c'est pourquoy le mouvement sera plus lent
en BD, qu'en AB; il faut donc que vous
expliquiez pourquoy l'air s'échauffe plus
contre la terre que vers les nuës, & s'il ne
se peut pas faire, que quoi que le mouvement soit plus lent contre la terre que vers
les plus hautes regions de l'air, on y sent
cependant une plus grande chaleur à cause de l'inégalité de ce mouvement.

Discours 7. p. 63. lig. 1.

Mais aussi les plus basses demeurant fort
rares.

Si les nuës inférieures sont si rares ou
si peu compactes, comment peuvent-elles recevoir les plus hautes qui tombent

fur elles, & les arrêter ; il paroît 'au contraire qu'elles font fi minces, qu'elles devroient être entraînées à terre avec les
dernieres, fi celles là avoient déja pris ce
chemin-là.

Ibid. p. 168. lig. 9.

A caufe de la raifonnance de l'air , &c.

C'eſt l'opinion de Paracelſe , que le
bruit affreux du tonnerre vient des voûtes
du ciel ; c'eſt ainſi qu'on entend un grand
bruit lorſque quelqu'un décharge une arme
à feu dans une ſalle voûrée: mais pour vous
qui ne reconnoiſſez ni voûte ni plat-fond
au deſſus de l'air , vous devez trouver
plus vrai-ſemblable que plus le coup eſt
éloigné de la terre, plus il doit être foible , le bruit étant d'autant moins ſenſible
qu'on eſt éloigné des corps qui l'ont produit.

Difcours 9. p. 301. lig. 30.

*Car il ne ſe refléchit de ſa fuperficie que
peu de rayons.*

Voulez-vous donc que le petit nombre
de rayons produiſe le bleu. Vous ne ferez pas d'accord avec ce que vous avez dit
d'abord : vous avez dit plus haut, que les
couleurs font produites par la differente
proportion qui ſe trouve entre leur mouvement en ligne droite, & le tournoyement ſur leur propre centre, & particulierement que le bleu paroît quand les glo-

bules tournoyent moins vîte sur leur centre, eu égard à leur mouvement en ligne
droite. Presentement vous avez recours
au petit nombre des rayons ; je voudrois
donc sçavoir si vous pensez qu'il n'y a autre cause des couleurs , que celle que
vous avez si ingenieusement expliquée ci-
dessus , ou si vous croyez qu'elles peuvent
être encore produites d'autre façon sans
aucun égard au tournoyement & au mouvement direct des globules , sur tout
puisque vous avancez que l'eau de la
mer paroît bleuë à cause du peu de rayons
qui sont refléchis ; & certes il n'est pas
aisé de dire pourquoy la mer ne paroît pas
blanche ou rouge , lorsque les globules
viennent à frapper sa superficie , puisque
ces globules y trouvent quelquefois plus
de résistance que dans l'air chargé de vapeurs qui vous paroît blanc pour lors.

Voilà, Monsieur, tout ce que j'avois à
vous proposer sur vos écrits de Physique,
& qui m'a paru ou difficile à comprendre ,
ou dont la verité souffriroit quelques difficultez , surquoi vous aurez sujet d'être
surpris du caractere & du tour de mon esprit, qui entrant assez à fond dans tout le
reste de vos écrits où se trouvent cependant
bien des choses plus difficiles que celles qui
l'arrêtent en plusieurs endroits, n'a pas la
même pénétration pour ce dont je vous de-

mande l'explication, ou que je vous prie
de fortifier par de nouvelles preuves quelques efforts que j'aye fait pour corriger
cette disposition de mon esprit, que j'ay re-
marquée dès mon enfance, je veux dire de
surmonter souvent très-heureusement les
choses les plus difficiles, & d'être arrêté
par les plus petites ; je n'ay pourtant jamais pû en venir à bout. J'espere que
vôtre bonté excusera ce qui ne m'est pas
possible de corriger, & elle n'imputera ni à
une ignorance affectée, ni à une sotte dé-
mangeaison de disputer tant de difficultez
que j'ai entassées les unes sur les autres; car
je ne l'ay pas fait par un desir effrené de
disputer, mais par un zele religieux pour
tout ce qui vient de vous.

C'est moins dans le desir d'obtenir la victoire,
Que par le zele ardent d'acquerir vôtre gloire.
Comme le dit élegamment le Poëte, &
comme je le repete dans la derniere since-
rité.

Au reste, Monsieur, je vous prie de
prendre en bonne part tout ce que je vous
ay écrit, & d'y faire réponse à vôtre loisir :
si vous me faites cette grace, vous aurez la
consolation d'avoir rendu très-sçavant celui qui a été jusques icy le plus fidele parti-
san de vôtre Philosophie. Je suis, &c.

HENRY MORUS.

A Cambrige du College de Chrilt
le 11. Oct. 1649.

Ce qui suit a été trouvé parmy les papiers de Monsieur Descartes, comme un projet ou commencement de la réponse qu'il préparoit aux deux précedentes Lettres de Monsieur Morus.

LETTRE III.

CUm tuam Epistolam decimo Calendas Augusti datam accepi, parabam me ad navigandum Sueciam versus, &c.

1. *An sensus Angelorum sit propriè dictus, & an sint corporei, nec ne.*

RESP. Mentes humanas à corpore separatas sensum propriè dictum non habere; de Angelis autem non constare ex sola ratione naturali an creati sint instar mentium à corpore distinctarum, an vero etiam earumdem corpori unitarum; nec me unquam de iis de quibus nullam habeo certam rationem quicquam determinare, & conjecturis locum dare. Quod Deum dicas non esse considerandum nisi qualem omnes boni esse cuperent, si deesset, probo.

Ingeniosa instantia est de acceleratione motûs, ad probandum eandem substantiam nunc majorem nunc minorem locum posse occupare; sed tamen est magna disparitas, in eo quod motus non sit substantia, fed modus, & quidèm talis modus, ut intimè concipiamus quo pacto minui vel augeri poffit in eodem loco. Singulorum autem entium quædam funt propriæ notiones, de quibus ex iis ipfis tantum, non autem ex comparatione aliorum eft judicandum : Ita figuræ non competit quod motui, nec utrique quod rei extenfæ. Qui autem femel benè profpexit nihili nullas effe proprietates, atque ideo illud quod vulgo vocatur fpatium vacuum non effe nihil, fed verum corpus, omnibus fuis accidentibus (five iis quæ poffunt adeffe & abeffe fine fubjecti corruptione) exutum; notaveritque quomodo una quæque pars iftius five fpatii, five corporis, fit ab omnibus aliis diverfa, & impenetrabilis, facilè percipiet nulli alteri rei eandem divifibilitatem, & tangibilitatem, & impenetrabilitatem poffe competere. Dixi Deum extenfum ratione potentiæ, quod fcilicet illa Potentia fe exerat, vel exerere poffit, in re extensâ; certumque eft Dei effentiam debere ubiquè effe præfentem, ut ejus potentia ibi poffit fe exerere, fed nego illam ibi effe per modum rei extenfæ, hoc eft, eo modo quo paulò ante rem extenfam defcripfi.

Inter merces quas ais te ex navigiolo meo tibi comparaffe, duæ mihi videntur adulteratæ; una eft, quod quies fit actio

five

five renixus quidam ; etfi enim res quief-
cens , ex hoc ipfo quod quiefcat , habeat
illum renixum , non ideo ille renixus eft
quies. Altera eft , quod moveri duo corpora fit immediatè feparari ; fæpe enim
ex iis quæ ita feparantur, unum dicitur
moveri,& aliud quiefcere,ut in art.25.p.88.
& art.30.p.92. 2.part.princ. explicui.

Tranflatio illa , quam motum voco, non
eft res minoris entitatis quam fit figura ,
nempe eft modus in corpore. Vis autem
movens poteft effe ipfius Dei confervantis
tantumdem tranflationis in materiâ, quantùm à primo creationis momento in ea pofuit ; vel etiam fubftantiæ creatæ , ut mentis noftræ , vel cujufvis alterius rei , cui
vim dederit corpus movendi ; Et quidem
illa vis in fubftantiâ creatâ eft ejus modus,
non autem in Deo ; quod , quia non ita
facilè ab omnibus poteft intelligi , nolui
de iftâ re in fcriptis meis agere, ne viderer
favere eorum fententiæ , qui Deum , tanquam animam mundi materiæ unitam,con-
fiderant.

Confidero materiam fibi liberè permif-
fam & nullum aliundè impulfum fufcipien-
tem , ut planè quiefcentem ; Illa autem im-
pellitur à Deo , tantumdem motus five
tranflationis in eâ confervante , quantùm
ab initio pofuit ; neque ifta tranflatio magis violenta eft materiæ , quam quies :

quippe, nomen violenti non refertur nisi
ad noftram voluntatem , quæ vim pati
dicitur , cum aliquid fit quod ei repugnat.
In natura autem nihil eft violentum , fed
æquè naturale eft corporibus , quod fe mutuò impellant , vel elidant , quando ita
contingit, quam quod quiefcant. Tibi autem puto ea in re parare difficultatem ,
quod concipias vim quandam in corpore
quiefcente per quam motui refiftit , tanquam fi vis illa effet pofitivum quid ,
nempe actio quædam , ab ipfa quiete di-
ftinctum, cum tamen nihil planè fit à mo-
dali entitate diverfum.

Rectè advertis motum , quatenùs eft
modus corporis , non poffe tranfire ex uno
in aliud ; fed neque etiam hoc fcripfi,
quin imo puto motum, quatenus eft talis
modus , affiduè mutari. Alius eft enim modus in primo puncto corporis A , quod
à primo puncto corporis B feparetur, &
alius quod feparetur à fecundo puncto , &
alius quod à tertio, &c. Cum autem dixi
tantumdem motus in materia femper manere , hoc intellexi de vi ejus partes im-
pellente , quæ vis nunc ad unas partes materiæ, nunc ad alias fe applicat , juxta leges in art. 45. p. 110. & fequentibus partis fecundæ principiorum propofitas. Non itaque opus eft ut fis follicitus de tranfmi-
gratione quietis ex uno fubjecto in aliud ,

cum ne quidem motus, quatenus est modus quieti oppositus, ita transmigret.

Quæ addis, nempe tibi videri corpus
stupidè & tumulentè esse vivum , &c. tanquam suavia considero ; & pro libertate
quam mihi concedis , hic semel dicam,
nihil magis nos à veritate invenienda revo-
care , quam si quædam vera esse statuamus,
quæ nulla positiva ratio , sed sola voluntas nostra nobis persuadet ; quando scilicet
aliquid commentati sive imaginati sumus ,
& postea nobis Commentum placet ; ut
tibi , de Angelis corporeis , de umbra divinæ essentiæ, & similibus ; quale nihil quis-
quam debet amplecti ; quia hoc ipso viam
ad veritatem sibi præcludat.

Ce qui suit a esté trouvé parmi les papiers de M. Descartes comme un projet ou commencement de la réponse qu'il préparoit aux deux précedentes lettres de Monsieur Morus.

LETTRE III.

J'Etois sur mon départ pour le voyage de Suede, lorsque je reçûs vôtre Lettre datée du 23 Juillet, &c.

1. *Si le sentiment dans les Anges est proprement un sentiment, & s'ils sont corporels ou non?*

Je réponds que l'ame humaine separée du corps n'a point proprement de sentiment ; qu'à l'égard des Anges, nous n'avons aucune raison naturelle qui nous fasse connoître s'ils sont créés comme les ames separées des corps, ou comme les mêmes ames qui sont unies au corps, & que je ne détermine jamais rien sur les choses dont je n'ay aucune raison certaine pour donner lieu à des conjectures. J'approuve ce que vous dites, que nous ne devons point nous former d'autre idée de Dieu, que celle que tous les gens de bien souhaiteroient; s'il n'y avoit point de Dieu.

Vôtre instance sur l'acceleration du mou-

vement, pour prouver que la même substance peut occuper tantôt un plus grand,
tantôt un moindre lieu, est ingenieuse ;
cependant la disparité est grande, parce
que le mouvement n'est pas une substance,
mais un mode, & un mode tel en effet
que nous concevons intimement comment
il peut être diminué ou augmenté dans le
même lieu ; car tous les êtres ont certaines notions propres par lesquelles seules
il en faut porter jugement, & non par
comparaison des êtres les uns aux autres;
c'est ainsi que les qualitez de la figure ne
conviennent pas au mouvement, & que
les qualitez de l'une & de l'autre ne conviennent point à l'étenduë. Quand or aura une fois bien compris que le néant n'a
aucune proprieté, & que par conséquent
ce qu'on apelle communément espace vuide n'est pas un rien, mais un vrai corps dé-
poüillé de tous ses accidens, je veux dire de
ceux qui peuvent se trouver, & ne se pas
trouver sans la corruption du sujet, & qu'on
aura remarqué comment chaque partie ou
de cet espace ou de ce corps est differente
de toutes les autres, & impenetrable, on
verra facilement que la même divisibilité,
la même faculté d'être touché, & la même impenetrabilité ne peuvent convenir
à aucune autre chose. J'ai dit que Dieu est
étendu en puissance, parce que cette puis-

fance fe fait voir ou fe peut faire voir dans la chofe étenduë ; & il eft certain que l'ef-fence de Dieu doit être prefente par tout, afin que fa puiffance s'y puiffe mettre au jour ; mais je dis qu'elle n'y eft pas à la ma-niere des chofes étenduës, c'eft-à-dire de la maniere que j'ai décrit ci-deffus la cho-fe étenduë. Il me paroît que parmi les marchandifes que vous dites avoir gagnées fur mon petit batteau, il y en a deux qui font de contrebande ; la premiere, que le repos foit une action ou une efpece de refiftance ; car bien que la chofe qui eft en repos ait cette réfiftance, de cela même qu'elle eft en repos ; ce n'eft pas à dire pour cela que cette réfiftance foit en re-pos. La feconde eft que mouvoir deux corps, c'eft les feparer immediatement, car fouvent entre les chofes qui font ainfi feparées, l'une eft dite être muë, & l'autre être en repos, comme j'ai expliqué dans les art. 25. p. 88. & 30 p. 92. de la feconde partie des Principes.

Ce tranfport que j'appelle mouvement n'eft point une chofe de moindre entité que la figure, c'eft-à-dire elle eft un mode dans le corps, & la force mouvante peut venir de Dieu qui conferve autant de tranfport dans la matiere, qu'il y en a mis au premier mouvement de la créa-tion, ou bien de la fubftance créée, com-

me de vôtre ame, ou de quelque autre
chofe que ce foit, à qui il a donné la force de mouvoir le corps, & cette force
dans la fubftance créée eft fon mode,
mais elle n'eft pas un mode en Dieu ; ce
qui étant un peu au deffus de la portée du
commun des efprits, je n'ai pas voulu
traiter cette queftion dans mes écrits, pour
ne pas fembler favorifer le fentiment de
ceux qui confiderent Dieu comme l'ame
du monde unie à la matiere, je confidere
la matiere laiffée à elle-même, & ne recevant aucune impulfion d'ailleurs, comme
parfaitement en repos ; & elle eft pouffée
par Dieu qui conferve en elle autant de
mouvement ou de tranfport qu'il y en a
mis dès le commencement, & ce tranfport ne caufe pas plus de violence à la
matiere que le repos ; car le nom de violence ne fe rapporte qu'à nôtre volonté, qui
fouffre, dit-on, violence, lorfque quelque chofe fe fait qui y repugne : or dans la
nature il n'y a rien de violent, mais il eft
auffi naturel aux corps de fe pouffer mutuellement, ou de fe brifer quand cela arrive,
que de fe tenir en repos ; mais ce qui a été
la caufe, à ce que je crois, de la difficulté
que vous avez propofée, eft que vous con-
cevez une certaine force dans le corps qui
eft en repos, par laquelle il refifte au mouvement, comme fi cette force étoit quel-

que chofe de pofitif, c'eft-à-dire une certaine action diftincte du repos même,
quoi que ce ne foit qu'une entité modale.

Vous remarquez fort bien que le mouvement en tant qu'il eft mode du corps,
ne peut paffer d'un corps dans un autre,
& je ne l'ai pas dit auffi. Bien plus, je crois
que le mouvement en tant qu'il eft un tel
mode, reçoit des changemens continuels;
car autre chofe eft le mode dans le premier point du corps A, qui eft feparé du
premier point du corps B, & autre celui
qui eft feparé du deuxième & du troifième,
&c.

Or lorfque j'ai dit qu'il reftoit toûjours
autant de mouvement dans la matiere,
j'ai entendu cela de la force qui pouffe
fes parties, laquelle force s'applique tantôt à une partie de la matiere, tantôt s'applique aux autres, felon les loix propofées
dans l'art. 45. p. 110. & dans les fuivantes de
la feconde partie. Il ne faut donc pas s'em-
barraffer du tranfport du repos d'un fujet à
un autre, puifque le mouvement même,
en tant qu'il eft mode oppofé au repos ne
paffe point ainfi. A l'égard de ce que vous
ajoûtez que le corps vous femble joüir
d'une vie, mais ftupide & pleine d'yvreffe,
&c.

Je regarde cela comme de fort belles

paroles ; mais permettez-moi une fois pour
toutes, avec cette liberté dont vous m'a-
vez permis d'ufer à vôtre égard, que rien
ne nous éloigne plus du chemin de la verité, que d'établir certaines chofes comme
veritables, qu'aucune raifon pofitive, mais
nôtre volonté feule nous perfuade, c'eft-
à-dire, lorfque nous avons inventé ou imaginé quelque chofe,& qu'après cela nos fic-
tions nous plaifent, comme vous faites à
l'égard de ces Anges corporels, de cette
ombre de l'effence divine, & autres chofes femblables que perfonne ne doit admettre, parce que c'eft le vrai moyen de fe
fermer tout chemin à la verité.

AU REVEREND PERE

MERSENNE,

Touchant la Question, sçavoir : Si un Corps pese plus ou moins étant proche du centre de la Terre, qu'en étant éloigné.

LETTRE IV.

MON REVEREND PERE,

Pour satisfaire à la promesse que je vous ai faite par mes précedentes, de vous envoyer la premiere fois mon sentiment touchant la question proposée , je remarque qu'il faut Icy distinguer deux sortes de pesanteurs, l'une qu'on peut nommer vraye ou absoluë, & l'autre qu'on peut nommer apparente ou relative. Comme lors qu'on dit qu'en prenant une pique par l'un de ses bouts elle pese beaucoup davantage qu'en la prenant par le milieu, cela s'entend de sa pesanteur apparente ou relative, car c'est-à-dire qu'elle nous semble plus pesante en cette façon, ou bien qu'elle est plus pesante à nôtre égard, mais non

pas qu'elle l'est en soi davantage. Or avant
que de parler de cette pesanteur relative,
il faut déterminer ce qu'on entend par la
pesanteur absoluë. La plûpart la prennent
pour une vertu, ou qualité interne en chacun des corps qu'on nomme pesants, qui
le fait tendre vers le centre de la terre;
& les uns pensent que cette qualité dépend de la forme de chaque corps, ensorte que la même matiere qui est pesante
ayant la même forme de l'eau, perd cette
qualité de pesante & devient legere, lorsqu'il arrive qu'elle prend la forme de l'air.
Au lieu que les autres se persuadent qu'elle ne dépend que de la matiere, ensorte
qu'il n'y a aucun corps qui ne soit pesant,
à cause qu'il n'y en a aucun qui ne soit
composé de matiere, & qu'absolument
parlant chacun l'est plus ou moins, à raison
seulement de ce qu'il entre plus ou moins
de matiere en la composition; bien que selon que cette matiere est plus ou moins
pressée, & s'étend en un moindre ou plus
grand espace, les corps qui en sont composez paroissent plus ou moins pesants à
comparaison des autres, ce qu'ils attri-
buent à la pesanteur relative; & ils imaginent que si on pouvoit peser dans le vuide, par exemple, une masse d'air contre
une masse de plomb, & qu'il y eust justement autant de matiere en l'une qu'en

l'autre , elles demeureroient en équilibre.

Or suivant ces deux opinions, dont la premiere est la plus commune dans toutes les écoles , & la seconde est la plus reçûë entre ceux qui pensent sçavoir quelque chose de plus que le commun, il est évident que la pesanteur absoluë des corps est toûjours en eux-mêmes, & qu'elle ne change point du tout, à raison de leur diverse distance du centre de la terre.

Il y a encore une troisiéme opinion, à sçavoir de ceux qui pensent qu'il n'y a aucune pesanteur qui ne soit relative , & que la force ou vertu qui fait descendre les corps qu'on nomme pesants , n'est point en eux , mais dans le centre de la terre, ou bien en toute sa masse , laquelle les attire vers soy , comme l'aimant attire le fer, ou en quelqu'autre façon. Et selon ceux-cy, comme l'aimant & tous les autres agens naturels qui ont quelque sphere d'activité agissent toujours davantage de près que de loin , il faut avoüer qu'un même corps pese d'autant plus qu'il est plus proche du centre de la terre.

Pour mon particulier, je conçois veritablement la nature de la pesanteur d'une façon qui est fort differente de ces trois ; mais pour ce que je ne la sçaurois expliquer qu'en déduisant plusieurs autres cho-

les dont je n'ai pas icy deſſein de parler ;
tout ce que j'en puis dire, eſt, que par
elle je n'apprens rien qui appartienne à la
queſtion propoſée , ſinon qu'elle eſt purement de fait, c'eſt-à-dire qu'elle ne ſçauroit être déterminée, par les hommes ,
qu'entant qu'ils en peuvent faire quelque
experience , & même que des experiences
qui ſe feront icy en nôtre air, on ne peut
pas connoître ce qui en eſt beaucoup
plus bas vers le centre de la terre, ou beaucoup plus haut au-delà des nuës , à cauſe
que s'il y a de la diminution , ou de l'augmentation de peſanteur, il n'eſt pas vrai-
ſemblable qu'elle ſuive par tout une même proportion.

Or l'experience que l'on peut faire eſt ,
qu'étant au haut d'une tour , au pied de laquelle il y ait un puits fort profond, on peut
peſer un plomb attaché à une longue corde , premierement en le mettant avec toute
ſa corde dans l'un des plats de la balance,
& après en y attachant ſeulement le bout
de cette corde , & laiſſant pendre le poids
juſqu'au fond du puits ; car s'il peſe fort
notablement plus ou moins étant proche
du centre de la terre qu'en étant éloigné,
on l'appercevra par ce moyen. Mais parce
que la hauteur d'un puits & d'une tour eſt
fort petite à comparaiſon du diametre de la
terre, & pour d'autres conſiderations que

j'obmets , cette experience ne pourra servir , si la difference qui est entre un même
poids , pesé à diverses hauteurs , n'est fort
notable.

Une autre experience qui est déja faite,
& qui me semble très-forte , pour persuader que les corps éloignez du centre de la
terre , ne pesent pas tant que ceux qui
en sont proches , est que les Planettes qui
n'ont point en soy de lumiere , comme la
Lune , Venus , Mercure , &c. étant comme
il est probable des corps de même matiere
que la terre , & les cieux étant liquides,
ainsi que jugent presque tous les Astrono-
mes de ce siecle , il semble que ces Planettes devroient être pesantes & tomber
vers la terre , si ce n'étoit que leur grand
éloignement leur en ôte entierement l'inclination. De plus nous voyons que les gros
oiseaux , comme les gruës , les cycognes,
&c. ont beaucoup plus de facilité à voler
au haut de l'air , que plus bas , & cela ne
pouvant être entierement attribué à la
force du vent , à cause que le même arrive aussi en temps calme , nous avons occasion de juger que leur éloignement de
la terre les rend plus legers. Ce que nous
confirment aussi ces dragons de papier que
font voler les enfans , & toute la neige
qui est dans les nuës. Et enfin si l'experience que vous m'avez mandé vous - même

avoir faire, & que quelques-uns ont aussi
écrite, est veritable, à sçavoir, que les
balles des pieces d'artilierie tirées directement vers le Zenith ne retombent point,
on doit juger que la force du coup les por-
tant fort haut, les éloigne si fort du centre
de la terre, que cela leur fait entierement
perdre leur pesanteur.

Voilà tout ce que je puis dire icy de
Physique sur ce sujet. Je passe mainte-
dant aux raisons Mathematiques, lesquelles ne se peuvent étendre qu'à la pesanteur relative, & il faut à cet effet déterminer l'autre par supposition, puisque
nous ne l'avons sçû faire autrement. A
sçavoir, nous prendrons s'il vous plaît
pour la pesanteur absoluë de chaque corps
la force dont il tend à descendre en ligne
droite étant en nôtre air ordinaire à certaine distance du centre de la terre, &
n'étant ni poussé, ni soutenu d'aucun autre corps, & enfin n'ayant point encore
commencé à se mouvoir. Je dis en nôtre
air ordinaire, à cause que s'il est un air
plus subtil, ou plus grossier, il est certain
qu'il sera quelque peu plus ou moins pesant, & je le mets à une certaine distance de la terre, afin qu'elle soit prise pour
regle des autres ; & enfin je dis qu'il ne
doit point être poussé, ni soutenu, ni
avoir commencé à se mouvoir, à cause

que toutes ces choses peuvent changer la
force dont il tend à descendre.

Outre cela nous supposerons, que chaque partie d'un même corps pesant, re-
tient toujours en soi une même force
ou inclination à descendre nonobstant qu'on
l'éloigne, ou qu'on l'approche du centre
de la terre, ou qu'on le mette en telle
situation que ce puisse être : car encore
que, comme j'ai déja dit, cela ne soit
peut-être pas vrai, nous devons toutefois
le supposer, pour faire plus commodément nôtre calcul : ainsi que les Astrono-
mes supposent les moyens mouvemens
des Astres, qui sont égaux, pour avoir
plus de facilité à supputer les vrais, qui sont
inégaux.

Or cette égalité en la pesanteur absoluë
étant posée, on peut démontrer que la
pesanteur *relative* de tous les corps durs,
étant considerez en l'air libre, & sans
être soutenus d'aucune chose, est quelque
peu moindre lors qu'ils sont proches du
centre de la terre, que lors qu'ils en sont
éloignez, bien que ce ne soit pas le même des corps liquides : Et au contraire que
deux corps parfaitement égaux étant opposez l'un à l'autre dans une balance parfaitement exacte, lors que les bras de cette balance ne seront pas paralleles à l'horizon, celuy de ces deux corps qui sera le
plus

plus proche du centre de la terre pesera le
plus, & ce d'autant justement qu'il en sera plus proche. D'où il suit aussi que hors
de la balance, entre les parties égales d'un
même corps les plus hautes pesent d'autant moins que les plus basses, qu'elles
sont plus éloignées du centre de la terre.
De façon que le centre de gravité ne peut
être un centre immobile en aucun corps,
non pas même lorsqu'il est spherique.

Et la preuve de cecy ne dépend que d'un
seul principe, qui est le fondement general de toute la Statique ; à sçavoir,

Principe general.

*Qu'il ne faut ni plus ni moins de force pour
lever un corps pesant à certaine hauteur, que
pour en lever un autre moins pesant à une
hauteur d'autant plus grande, qu'il est moins
pesant, ou pour en lever un plus pesant à une
hauteur d'autant moindre.*

Comme par exemple, que la force qui
peut lever un poids de 100 livres à la hauteur de deux pieds, en peut aussi lever un
de 200 livres à la hauteur d'un pied, ou un
de 50 livres à la hauteur de quatre pieds,
& ainsi des autres, si tant est qu'elle leur
soit appliquée.

Ce qu'on accordera facilement, si on

confidere que l'effet doit toujours être
proportionné à l'action qui est neceffaire
pour le produire, & ainfi que s'il est neceffaire d'employer la force par laquelle
on peut lever un poids de 100 livres à la
hauteur de deux pieds, pour en lever un
à la hauteur d'un pied feulement, cela témoigne que celui-ci pefe 200 livres; car
c'est le même de lever 100 livres à la hauteur d'un pied, & derechef encore 100 livres à la hauteur d'un pied, que d'enlever 200 livres à la hauteur d'un pied, &
le même auffi que d'enlever 100 livres
à la hauteur de deux pieds. Il fuit évidemment de cecy que la pefanteur relative de chaque corps, ou ce qui est le
même, la force qu'il faut employer pour
le foutenir, & empêcher qu'il ne defcen-
de lors qu'il est en certaine pofition, fe doit
mefurer par le commencement du mouvement que devroit faire la puiffance qui
le foutient, tant pour le hauffer, que pour
le fuivre s'il s'abaiffoit ; enforte que la
proportion qui est entre la ligne droite que
décriroit ce mouvement, & celle qui
marqueroit de combien ce corps s'appro-
cheroit du centre de la terre, est la même
qui est entre fa pefanteur *abfoluë* & la *rela-*
tive ; mais cecy peut mieux être expliqué
par le moyen de quelques exemples.

Premier Exemple de la Poulie.

Le poids E étant attaché à la poulie D, (*V. fig. 8. tom. 2.*) autour de laquelle est passée la corde ABC, si on suppose que deux hommes soutiennent, ou haussent également chacun l'un des bouts de cette corde, il est évident que si ce poids pese 200 livres, chacun de ces hommes n'employera pour le soutenir ou soulever, que la force qu'il luy faut pour soutenir ou soulever 100 livres ; car chacun n'en portera que la moitié. Puis si l'on suppose que A, l'un des bouts de cette corde, soit attaché ferme à quelque clou, & que l'autre C, soit derechef soutenu par un homme, il est évident que cet homme en C, n'aura besoin non plus que devant, pour soutenir ce poids E, que de la force qu'il faut pour soutenir 100 livres, à cause que le clou qui sera vers A, y fera le même office, que l'homme que nous y supposions auparavant. Enfin supposant que cet homme qui est vers C, tire la corde pour faire hausser le poids E, il est évident que s'il y employe la force qu'il faut pour lever 100 livres à la hauteur de deux pieds, il fera hausser ce poids E, qui en pese 200 de la hauteur d'un pied. Car la corde ABC, étant doublée comme elle est, on la doit

tirer de deux pieds par le bout C, pour
faire autant hauſſer ce poids E , que ſi
deux hommes la tiroient l'un par le bout
A, & l'autre par le bout C , chacun de la
longueur d'un pied ſeulement.

Et il faut remarquer que c'eſt cette ſeule raiſon , & non point la figure ou la
grandeur de la poulie, qui cauſe cette force; car ſoit que la poulie ſoit grande ou
petite , elle aura toûjours le même effet.
Et ſi on en attache encore un autre vers
A, par laquelle on paſſe la corde ABCH ,
(*V.fig.9.tom.2.*) il ne faudra pas moins de
force pour tirer H vers K , & ainſi lever le
poids E , qu'il en falloit auparavant pour
tirer C vers G;à cauſe que tirant deux pieds
de cette corde , on fera hauſſer ce poids
d'un pied comme devant.Mais ſi à ces deux
Poulies on en ajoute encore une autre vers
D , à laquelle on attache le poids , & dans
laquelle on repaſſe la corde , en même façon qu'en la premiere , on n'aura pas beſoin de plus de force pour lever ce poids
de 200 livres que pour en lever un de 50
livres ſans poulie, à cauſe qu'en tirant deux
pieds de la corde, on ne le fera hauſſer
que d'un demi pied. Et ainſi en multipliant
les poulies on peut lever les plus grands
fardeaux, avec les plus petites forces , ſans
qu'il y ait aucune choſe à rabattre de ce
calcul, ſinon la peſanteur de la poulie, &

la difficulté qu'on peut avoir à faire couler
la corde & à la porter ; & outre cela
qu'il faut toujours tant soit peu plus de
force pour lever un poids, que pour le
soutenir. Mais ces choses-là ne se con-
tent point, lors qu'il est question d'examiner le reste par des raisons Mathematiques.

Exemple II. Du Plan incliné.

Soit A C un plan incliné sur l'horizon
BC (*V. fig.* 10. *tom.* 2.) & que A B tende
à plomb vers le centre de la terre. Tous
ceux qui écrivent des Mechaniques assurent que la pesanteur relative du poids
F, en tant qu'il est appuyé sur ce plan AC,
a même proportion à sa pesanteur absoluë,
que la ligne A B à la ligne A C, ensorte
que si A C est double de A B, & que le
poids F étant en l'air libre pese 200 livres, il n'en pesera que 100 au regard de
la puissance H, qui le traîne ou le soutient
sur ce plan A C; & la raison en est évidente par le principe proposé; car cette puissance H fera la même action pour lever
ce poids à la hauteur de BA, qu'elle feroit
en l'air libre pour le lever à une hauteur
égale à la ligne C A. Ce qui n'est pas
toutefois entierement vrai, sinon lorsqu'on
suppose que les corps pesans tendent en

bas fuivant des lignes paralleles , ainfi
qu'on fait communément, lors qu'on ne
confidere les Mechaniques que pour les
rapporter à l'ufage ; car le peu de difference que peut caufer l'inclination de ces
lignes , en tant qu'elles tendent vers le
centre de la terre , n'eft point fenfible.
Mais pour faire que ce calcul fût entierement exact , il faudroit que la ligne C B
fût une partie de cercle , & CA une partie de fpirale qui euffent pour centre le
centre de la terre. Et lors qu'on fuppofe
que la fuperficie A C eft toute plate, la
pefanteur relative du poids F, n'a pas même proportion à l'abfoluë, que la ligne
A B , à la ligne A C , finon pendant
qu'il eft tout au haut vers A ; car lorfqu'il
eft tant foit peu plus bas, comme vers D,
ou vers C, elle eft un peu moindre, ainfi
qu'il paroîtra clairement , fi on imagine
que ce plan foit prolongé jufqu'au point
où il peut être rencontré à angles droits
par une ligne droite tirée du centre de la
terre. Comme fi M eft le centre de la terre , & que M K foit perpendiculaire fur
A C. Car il eft évident que le poids F,
étant mis au point K , n'y pefera rien du
tout au regard de la puiffance H. Et pour
fçavoir combien il pefe en chacun des autres points de ce plan , au regard de cette
puiffance, par exemple au point D, il faut

tirer une ligne droite, comme D N vers
le centre de la terre, & du point N, pris
à difcretion en cette ligne, tirer NP perpendiculaire fur D N, qui rencontre A C
au point P ; car comme D N eft à D P,
ainfi la pefanteur relative du poids F en
D, eft à fa pefanteur abfoluë. De quoi la
raifon eft évidente, vû que pendant qu'il
eft en ce point D, il tend en bas fuivant
la ligne D N, & toutefois ne peut commencer à defcendre que fuivant la ligne
D P. Notez que je dis commencer à defcendre, non pas fimplement defcendre,
à caufe que ce n'eft qu'au commencement
de cette defcente à laquelle il faut prendre
garde, enforte que fi par exemple ce poids
F, n'étoit pas appuyé au point D fur une
fuperficie plate, comme eft fuppofée ADC,
mais fur une fpherique, ou courbée en
quelque autre façon, comme EDG, pourvû que la fuperficie plate, qu'on imagine-
roit la toucher au point D, fût la même
que ADC, il ne peferoit ni plus ni moins
au regard de la puiffance H, qu'il fait
étant appuyé fur ce plan A C. Car bien
que le mouvement que feroit ce poids
en montant ou defcendant du point D
vers E, ou vers G, fur la fuperficie courbe EDG, fût toute autre que celuy qu'il
feroit fur la fuperficie plate ADC ; toutefois étant au point D, fur EDG, il fe-

roit determiné à se mouvoir vers le même côté que s'il étoit sur ADC , à sçavoir vers A , ou vers C. Et il est évident
que le changement qui arrive à ce mouvement si-tôt qu'il a cessé de toucher le
point D , ne peut rien changer en la pesanteur qu'il a , lors qu'il le touche. Notez
aussi que la proportion qui est entre les lignes DP,DN ,est la même qu'entre les lignes DM & DK , pource que les triangles rectangles DKM & DNP sont semblables , & par conséquent que la pesanteur relative du poids F en D , est à sa
pesanteur absolue , comme la ligne D K
est à la ligne DM. C'est-à-dire en general , que tout corps qui est soutenu par un
plan incliné pese moins que s'il n'en estoit
point soutenu , d'autant justement , que la
distance qui est entre le point où il touche
ce plan , & celuy où la perpendiculaire du
centre de la terre tombe sur ce même plan,
est moindre que celle qui est entre ce poids
& le centre de la terre.

Exemple III. Du Levier.

Que CH , (*Voy. fig.* 11. *tom.* 2) soit un
levier , tellement soutenu par le point O,
que lors qu'on le hausse ou qu'on le baisse ,
sa partie C décrive le demi cercle ABCLE,
& sa partie H , le demi cercle FGHIK ,
desquels

defquels demis cercles le point O foit le
centre, & du refte qu'on n'ait aucun égard
à fa groffeur ou pefanteur, mais qu'on le
confidere comme une ligne droite Mathematique en laquelle foit le point O. Puis
remarquons que pendant que la force ou
la puiffance qui le meut décrit tout le demy-cercle ABCDE, & agit fuivant cette
ligne ABCDE, bien que le poids, lequel je fuppofe être à l'autre bout, décrive auffi le demy-cercle FGHIK, il ne fe
hauffe pas toutefois de la longueur de cette ligne courbe FGHIK, mais feulement
de la longueur de la ligne droite FK. De
façon que la proportion, qui eft entre la
force qui meut ce poids & fa pefanteur,
ne fe mefure pas par celle qui eft entre les
deux diametres de ces cercles, ou entre
leurs deux circonferences, mais plûtôt par
celle qui eft entre la circonference du premier, & le diametre du fecond. Confiderons outre ce a qu'il s'en faut beaucoup
que cette force ait befoin d'être fi grande pour mouvoir ce levier lors qu'il eft
vers A ou vers E, que lors qu'il eft vers
B ou vers D, ni fi grande lorfqu'il eft
vers B ou vers D, que lorfqu'il eft vers
C. Dont la raifon eft que le poids y monte moins, ainfi qu'il eft aifé à voir, fi
ayant fuppofé que la ligne COH eft parallele à l'horifon, & que AOF la coupe

à angles droits, on prend le point G également distant des points F & H ; & le point B également distant des points A & C, & qu'ayant tiré G S parallele à l'horison, on regarde que la ligne F S, qui marque combien monte ce poids, pendant que la force agit le long de la ligne AB, est beaucoup moindre que la ligne SO, qui marque combien il monte, pendant que la force agit le long de la ligne B C.

Or pour mesurer exactement quelle doit être cette force en chaque point de la ligne courbe ABCDE, il faut penser qu'elle y agit tout de même que si elle traînoit le poids sur un plan circulairement incliné, & l'inclination de chacun des points de ce plan circulaire ou spherique, se doit mesurer par celle de la ligne droite qui touche le cercle en ce point-là. Comme par exemple, quand la puissance est au point B, pour trouver la proportion qu'elle doit avoir avec la pesanteur du poids qui est alors au point G, il faut tirer la tangente G M, & une autre ligne du point G, comme G R, qui tende tout droit vers le centre de la terre, puis du point M, pris à discretion en la ligne GM, tirer M R à angles droits sur G R ; & penser que la pesanteur de ce poids au point G, est à la force qui seroit requise

en ce lieu là pour le foutenir ou pour le
mouvoir fuivant le cercle FGH , comme
fi la ligne GM eft à GR. De façon que
la ligne BO, eft fuppofée double de la
ligne OG, la force qui eft au point B,
n'a befoin d'être à ce poids qui eft au
point G, que comme la moitié de la ligne
GR, eft à la toute GM ; & fi BO &
OG font égales, cette force doit être à
ce poids comme la toute GR à la toute
GM, &c.

Tout de même quand la force eft au
point D, pour fçavoir combien pefe le
poids qui eft alors au point I , il faut
tirer la tangente IP, & la droite IN,
vers le centre de la terre, & du point P,
pris à difcretion dans la tangente , tirer
PN à angles droits fur IN, afin d'avoir
la proportion qui eft entre la ligne IP, &
la moitié de la ligne IN, (en cas que DO
foit pofée double de OI) pour celle qui
eft entre la pefanteur du poids , & la force
qui doit être au point D, pour le mouvoir, & ainfi des autres.

Or il me femble que ces trois exemples fuffifent pour affurer la verité du
principe que j'ai propofé , & montrer que
tout ce dont on a coutume de traiter en
la Statique en dépend. Car le coin & la
vis ne font que des plans inclinez, & les
rouës dont on compofe diverfes machines

ne font que des leviers multipliez. Et enfin la balance n'eft rien qu'un levier qui eft foutenu par le milieu. Si bien qu'il ne me refte plus icy qu'à expliquer, comment les deux conclufions que j'ay propofées en peuvent être déduites.

Demonftration, qui explique en quel fens on peut dire qu'un corps pefe moins étant proche du centre de la terre , qu'en étant éloigné.

Soit A (*V. fig.12. tom.2.*) le centre de la terre, & B C D un corps pefant, que je fuppofe être en l'air tellement pofé, que fi rien ne le foutient il defcendra de H vers A, fuivant la ligne HFA , tenant toujours fes deux parties B & D également diftantes de ce point A, & même aufli de cette ligne H F. Et confiderons que pendant que ce corps defcend en cette forte, fa partie D ne fe peut mouvoir que fuivant la ligne D G , ni fa partie B que fuivant la ligne B E, & ainfi que ces deux lignes D G & B E reprefentent les deux plans inclinez fur lefquels fe meuvent les deux points B & D. Car ce corps B C D étant dur, fa partie D eft toujours foutenuë, pendant qu'il fe meut de B D jufqu'à E G, par toutes les autres parties qui font entre D & C, aufli-bien que cue

pourroit l'être par un plan d'une matiere
très-dure qui seroit où est la ligne D G,
(sçavoir dans le 2. Exemple qui est du plan
incliné.) Mais il a déja été demontré que
tout corps pesant soutenu par un poids
incliné, pese moins étant proche du point
ou la perpendiculaire du centre de la terre
rencontre ce plan, qu'en étant éloigné;
d'où il suit évidemment que lors que le
corps BCD, est vers H, la partie D pese
plus, que lors qu'il est vers F. Et le même suit aussi de sa partie B, & de toutes
les autres, pourvû seulement qu'on excepte celles qui se trouvent en la ligne
H F, & même cette ligne H F n'étant
prise que pour une ligne Mathematique,
les parties n'ont pas besoin d'être com-
ptées, si bien que tout ce corps pese moins
étant proche du centre de la terre, que
lors qu'il en est éloigné, qui est ce qu'il
falloit démontrer.

Il est vrai que cecy ne se peut entendre
que des corps durs ; car pour ceux qui
sont liquides, il est évident que leurs parties ne se peuvent ainsi soutenir les unes
les autres, ni même celle des corps qui
sont mous & plians. Comme par exemple, si on suppose que B D (*V. fig. 13. to.*
2.) soit une corde, j'entens une corde Mathematique, dont toutes les parties se puissent plier également sans aucune difficul-

té , & qu'elle soit toute droite , lors qu'elle est vers H , la laissant descendre vers
A, ses parties se courberont peu à peu à
mesure qu'elles approcheront de ce point
A. Ensorte que lors que son milieu sera
au point F , ses deux bouts seront au point
I & K , que je suppose être tels que la difference qui est entre les lignes I A & B A,
ou bien KA & DA, est égale à C F.

Mais si on considere les corps liquides,
comme contenus en quelques vaisseaux ,
il y a derechef une autre raison qui montre qu'ils pesent quelque peu moins étant
proche du centre de la terre , que lors
qu'ils en sont éloignez. Car il faut considerer que la superficie de la liqueur qui est
contenuë, par exemple, dans le vaisseau
BC, laquelle chacun sçait être spherique, se
trouve beaucoup plus voutée lors que ce
vaisseau est fort proche du centre de la
terre , que lors qu'il en est plus éloigné, &
que selon qu'elle est plus voutée le centre de gravité de cette liqueur est plus
éloigné du fond du vaisseau. Ensorte que
si par exemple A (*V. fig. 14. tom. 2.*) est le
centre de la terre, N le fond du vaisseau,
& M le centre de gravité de la masse d'eau
qu'il contient, & que la ligne N M ait justement un pied de longueur , lors que
le fond de ce vaisseau est tout joignant
le centre de la terre , il peut être ima-

giné de telle grandeur, & contenir telle
quantité d'eau, que lors qu'on l'en aura
éloigné de la hauteur d'une toise, la ligne
N M n'aura plus que justement un demy
pied de longueur. Mais cela étant, si on
l'en éloigne derechef de la hauteur d'une
toise, la ligne N M ne pourra pas s'a-
courcir derechef d'un demy pied ; car par
ce moyen elle deviendroit nulle, puis qu'elle n'a déja qu'un demy pied, & elle diminuera seulement, par exemple, d'un
pouce ; puis derechef le vaisseau étant
haussé d'une toise, cette ligne N M diminuera de beaucoup moins que d'un pouce, &c.

Or pour mesurer de combien on fait
hausser la masse d'eau pendant qu'on hausse le vaisseau, il faut seulement considerer
de combien on fait hausser son centre de
gravité ; car c'est toujours le point où se
rencontre le centre de gravité des corps
pesans qui détermine l'endroit où ils sont
en tant que pesans ; Et pource que la puissance qui éleve ce vaisseau en la premiere toise, ne fait hausser ce centre que de
cinq pieds & demy, au lieu que l'élevant
en la seconde toise, elle le fait hausser de
six pieds moins un pouce, il est évident
que cette puissance doit être d'autant plus
grande pour l'élever en la seconde toise
qu'en la premiere, que la distance de six

pieds moins un pouce est plus grande que
celle de cinq pieds & demy. Et tout de
même en élevant le vaisseau en la troisiéme toise, on élevera le centre de gravité de l'eau un peu davantage qu'en la
seconde, & ainsi de suite. De façon que
cette eau pese de cela moins étant proche
du centre de la terre qu'en étant éloignée,
ainsi qu'il falloit démontrer.

Autre démonstration , qui explique en quel
sens on peut dire qu'un corps pese plus
étant proche du centre de la terre , qu'en
étant éloigné.

Soit A le centre de la terre (*V.f.19.15.t.2.*)
& que BD soit une balance dont le centre
soit C, ensorte que ses deux bras BC & CD
soient égaux , & qu'il y ait deux poids, l'un
au point B , & l'autre au point D, qui
soient parfaitement égaux entr'eux ; lorsque la ligne BD n'est pas parallele à l'horison , le poids qui est le plus bas, comme en D, pese plus que l'autre qui est
en B, d'autant justement que la ligne B
A est plus longue que la ligne DA. Car
si on tire la ligne DE , qui touche au point
D le cercle BSD , & du point E la ligne
EF, perpendiculaire sur DA, la pesanteur du poids mis en D, est à sa pesanteur absoluë , comme la ligne DF est à

la ligne DE, ainſi qu'il eſt prouvé cy-
deſſus en l'exemple 3. du levier.) Puis
ſi du centre de la balance on mene la ligne CG, perpendiculaire ſur ADG, les
deux triangles rectangles DFE & DGC
ſont ſemblables ; c'eſt pourquoy comme
DE eſt à DF, ainſi DC eſt à CG, c'eſt-
à-dire, que comme la perpendiculaire
menée du centre de la balance ſur la ligne
qui paſſe par D, l'extremité de l'un de
ſes bras, & par le centre de la terre,
eſt à la longueur de ce bras, ainſi la peſanteur relative du corps en D, eſt à ſa
peſanteur abſoluë. Tout de même ayant
mené BH, (V. fig.15.tom.2) qui touche
au point B le cercle BSD, & CIH qui
coupe AB, au point I, à angles droits, il
eſt prouvé cy-deſſus en l'exemple 3. du levier) que la peſanteur relative du poids
en B, eſt à l'abſoluë, comme la ligne
BI eſt à BH, c'eſt-à-dire, comme CI
eſt à CB ; car les triangles BIH & CIB
ſont ſemblables. Et il ſuit de cecy, que
ſi les deux corps qui ſont en B & en D
ſont parfaitement égaux, la peſanteur relative de celuy qui eſt en B, eſt à la peſanteur relative de celuy qui eſt en D,
comme la ligne CI eſt à la ligne CG.
De plus, des points B & D ayant mené
BL & DK perpendiculaires ſur AC, elles ſont égales l'une à l'autre, & le re-

étangle C I, B A, eſt auſſi égal au rectangle B L, C A ; car prenant C A pour
la baze du triangle A B C, c'eſt B L qui
en eſt la hauteur ; puis prenant BA pour
la baze du même triangle, c'eſt C I qui
eſt ſa hauteur. Et pour pareille raiſon le
rectangle G C, D A, eſt égal au rectangle KCDA. Et pour ce que B L & K D
ſont égales, le rectangle C I, B A, eſt
égal au rectangle C G, DA. D'où il ſuit
que comme DA, eſt à BA, ainſi CI eſt
à CG. Or le poids en B eſt à celuy qui
eſt en D, comme C I eſt à C G, donc
il eſt auſſi comme DA, eſt à AB.

Enſuite de quoi il eſt évident que le
centre de gravité des deux poids B & D
joints enſemble par la ligne B D, n'eſt
pas au point C, mais entre C & D, par
exemple, au point R, où je ſuppoſe que
tombe la ligne qui diviſe l'angle BAD en
deux parties égales. Car on ſçait aſſez en
Geometrie que cela étant, la ligne B R
eſt à R D, comme A B eſt à D A, de
façon que les poids B & D doivent être
ſoutenus par le point R, pour demeurer
en équilibre en l'endroit où ils ſont. Mais
ſi on ſuppoſe la ligne BD, tant ſoit peu plus
ou moins inclinée ſur l'horiſon, ou bien
ces poids à une autre diſtance du centre de
la terre, il faudra qu'ils ſoient ſoutenus par
un autre point pour être en équilibre, &

ainſi leur centre de gravité n'eſt pas toujours
un même point.

Au reſte, il eſt à remarquer que toutes
les parties égales d'un même corps, priſes deux à deux, ont même rapport l'une
à l'autre, en ce qui regarde leur peſanteur, & leur commun centre de gravité,
que ſi elles étoient oppoſées dans une balance; enſorte que, par exemple, en la
ſphere BEG (*V. fig. 16. tom. 1.*) dont le centre eſt C, ſi on la diviſe par imagination
en pluſieurs parties égales, comme BEG,
&c. le centre de gravité des deux parties
B & D conſiderées enſemble, eſt au même lieu qu'il ſeroit, ſi la ligne BCE étoit
une balance dont C fuſt le centre, à ſçavoir
il eſt entre C & D, pource que D eſt poſé
plus proche du centre de la terre que n'eſt
B. Et le centre de gravité de ces deux parties G & F, eſt auſſi entre C & F, & celuy des deux E & H, entre C & H, & ainſi
des autres. D'où il ſuit clairement que le
centre de gravité de toute cette ſphere n'eſt
pas au point C, qui eſt le centre de ſa figure, mais quelque peu plus bas, en la
ligne droite qui tend de ce centre de ſa
figure vers celuy de la terre. Ce qui ſemble veritablement fort paradoxe lors qu'on
n'en conſidere pas la raiſon, mais en la conſiderant on peut voir que c'eſt une verité
Mathematique très-aſſurée.

Et même on peut démontrer que ce centre de gravité, lequel change de place à mesure que cette sphere change de situation, est toujours en la superficie d'une autre petite sphere décrite du même centre qu'elle, & dont le rayon est aux trois quarts du sien, comme le sien entier est à la distance qui est entre le centre de leur figure, & celuy de la terre. Ce que je ne m'arrête pas icy à expliquer, à cause que ceux qui sçavent comment on trouve les centres de gravité des figures Geometriques, le pourront assez entendre d'eux-mêmes, & que les autres n'y prendroient peut-être pas de plaisir. Aussi que cet écrit est déja plus long que je n'avois pensé qu'il dust être.

Monsieur Descartes a depuis prié le R. P. Mersenne d'effacer ces dernieres lignes, comme s'étant lors trompé, écrivant à demi endormi.

LETTRE
DE MONSIEUR DESCARTES
AU REVEREND PERE
MERSENNE,

Du 12. Septembre 1638.

Pour démonstration au principe supposé
ci-dessus.

LETTRE V.

MON REVEREND PERE,

Je pensois differer encore huit ou quinze jours à vous écrire afin de ne vous importuner pas trop souvent de mes lettres; Mais je viens de recevoir vôtre derniere du premier Septembre, laquelle m'apprend qu'on fit difficulté d'admettre le principe que j'ai supposé en mon examen de la question Géostatique ; & pource que s'il n'étoit pas vrai, tout le reste que j'en ai déduit le seroit encore moins, je ne veux pas attendre un seul jour à vous

en envoyer une plus particuliere explication.

Il faut sur tout considerer que j'ai parlé
de la force qui sert pour lever un poids à
quelque hauteur , *laquelle force a toujours
deux dimensions* , & non de celle qui sert
en chaque point pour le soutenir , *laquelle
n'a jamais qu'une dimension* , ensorte que
ces deux forces different autant l'une de
l'autre *qu'une superficie differe d'une ligne.*
Car la même force que doit avoir un clou
pour soutenir un poids de 100 livres un
moment de tems, lui suffit. aussi pour le
soutenir un an durant , pourvû qu'elle ne
diminuë point. Mais la même quantité de
cette force qui sert à lever ce poids à la
hauteur d'un pied , ne suffit pas *eadem numero* , pour le lever à la hauteur de deux
pieds ; & il n'est pas plus clair que deux &
deux font quatre, qu'il est clair qu'il en
faut employer le double. Or pour ce que
ce n'est rien que cela même que j'ai supposé pour un principe , je ne sçaurois deci-
der sur quoi est fondée la difficulté qu'on
fait de le recevoir. Mais je parlerai ici de
toutes celles que je soupçonne , lesquelles
viennent pour la plusart de ce qu'on est
déja trop sçavant aux Mechaniques, c'est-
à-dire de ce qu'on est préoccupé des principes que prennent les autres touchant ces
matieres , lesquels n'étant pas du tout vrais

trompent d'autant plus qu'ils semblent plus
l'être.

La premiere chose dont on peut en ceci
être préoccupé, est que plusieurs ont coutume de confondre la consideration de l'espace, avec celle du tems, ou de la vitesse; ensorte que par exemple, au levier,
ou ce qui est de même en la balance BCD
A, (*V. fig.* 17. *t.* 2.) ayant supposé que le
bras AB est double de BC, & que le poids
en C est double du poids en A, & qu'ainsi
ils sont en équilibre; au lieu de dire que
ce qui est cause de son équilibre est, que
si le pois C soulevoit ou bien étoit soule-
vé par le poids A, il ne passeroit que par la
moitié d'autant d'espace que luy, ils disent
qu'il iroit de la moitié plus lentement; ce
qui est une faute d'autant plus nuisible,
qu'elle est plus mal-aisée à reconnoître; car
ce n'est pas la difference de la vitesse qui
fait que ces poids doivent être l'un double
de l'autre, *mais la difference de l'espace*;
comme il paroît de ce que pour lever par
ex. le poids F, (*V. f.* 18. *t.* 2.)avec la main jusques à G, il n'y faut point employer une force qui soit justement double de celle qu'on
y aura employée le premier coup, si on
le veut lever deux fois plus vite; mais il
en faut employer une qui soit plus ou
moins grande que la double, selon la diverse proportion que peut avoir cette vi-

tesse avec les causes qui luy resistent;
Au lieu qu'il faut une force qui soit
justement double pour le lever avec même
vitesse deux fois plus haut , à sçavoir juf-
ques à H. *Je dis qui soit justement dou-*
ble, en comptant qu'un & un font justement
deux : car il faut employer certaine quantité
de cette force, pour lever ce poids de F *juf-*
ques à G, *& de re h.f encore autant de la*
même force, pour l. lever le G', *jusques à*
H. Que si j'avois voulu joindre la consideration de la vîtesse avec celle de l'efpace , il m'eût été neceffaire d'attribuer
trois dimensions à la force, au lieu que
je luy en ai attribué seulement deux, afin
de l'excluë. Et si j'ai temoigné tant soit
peu d'adreffe en quelque partie de ce petit
écrit de Statique , je veux bien qu'on sçache que c'est plus en cela seul qu'en tout
le reste ; car il est impoffible de rien dire de bon & de solide touchant la vîteffe,
sans avoir expliqué au vrai ce que c'est
que la pefanteur, & enfemble tout le fy-
fteme du monde. Or à cause que je ne le
voulois pas entreprendre , j'ai trouvé
moyen d'obmettre cette confideration, &
d'en féparer celle ci entre les autres, que je les
pûffe expliquer fans elle. Car encore qu'il
n'y ait aucun mouvement qui n'ait quelque vîteffe , toutefois il n'y a que es au-
gmentations ou diminutions de cette vîteffe

tesse qui sont considerables ; & lors que
parlant du mouvement d'un corps, on
suppose qu'il se fait suivant la vîtesse qui
lui est la plus naturelle, c'est le même que
si on ne la consideroit point du tout.

L'autre raison qui peut avoir empêché
qu'on n'ait bien entendu mon principe, est
qu'on a crû pouvoir démontrer sans luy
quelques-unes des choses que je ne démontre que par luy. Comme par exemple,
touchant la poulie ABC, (*V. fig. 9. tom. 1.*)
on a pensé que c'étoit assez de sçavoir que
le clou en A soutient la moitié du poids
B, pour conclure de là que la main en C
n'a besoin que de la moitié d'autant de
force, pour soutenir & soulever ce poids,
ainsi appliqué à cette poulie, qu'il luy en
faudroit pour le soutenir sans elle. Mais
encore que cela explique fort bien comment se fait l'application de la force en
C, à un poids double de celuy qu'elle
pourroit lever sans poulie, & que je m'en
sois servy moi-même ; je nie pourtant
que ce soit simplement à cause que le
clou A soutient une partie du poids B,
que la force en C, qui le souleve, peut
être moindre que s'il n'étoit pas ainsi
soutenu : car si cela étoit vrai, la corde
CE étant passée autour de la poulie D, la
force en E pourroit tout de même être
moindre que la force en C, à cause que

le clou A ne foutient pas mieux ce poids
qu'auparavant, & qu'il y a encore un autre clou qui le foutient, à fçavoir celuy
auquel la poulie D eft attachée. Ainfi
donc pour ne point faillir, de ce que le
clou A foutient la moitié du poids B, on
ne doit conclure autre chofe, finon que
par cette application l'une des dimenfions
de la force qui doit être en C, pour lever ce poids, diminuë de moitié, & que
l'autre enfuite dévient double ; de façon
que fi la ligne FG (*V.fig.20.tom.2.*) reprefente la force qu'il faudroit pour foutenir
en un point le poids B, fans l'aide d'aucune machine, & le rectangle GH, celle
qu'il faudroit pour le lever à la hauteur
d'un pied, le foutien du clou A diminuë
de moitié la dimenfion qui eft reprefentée
par la ligne F G, & le redoublement de
la corde ABC fait doubler l'autre dimenfion, qui eft reprefentée par la ligne F
H ; & ainfi la force qui doit être en C,
pour lever le poids B à la hauteur d'un
pied, eft reprefentée par le rectangle IK.
Et comme on fçait en Geometrie, qu'une
ligne étant ajoutée ou ôtée d'une fuperficie, ne l'augmente ni ne la diminuë de
rien du tout ; ainfi doit-on icy remarquer
que la force dont le clou A foutient le
poids B, n'ayant qu'une feule dimenfion,
ne peut faire que la force en C confide-

rée selon ſes deux dimenſions , doit être
moindre pour lever ainſi le poids B, que
pour le lever ſans poulie.

La troiſiéme raiſon qui aura pû faire
imaginer de l'obſcurité en mon principe,
eſt qu'on n'a peut-être pas pris garde à
tous les mots par leſquels je l'explique ;
car je ne dis pas ſimplement que la force
qui peut lever un poids de 50 livres à la
hauteur de quatre pieds , en peut lever
un de 100 livres à la hauteur d'un pied,
mais je dis qu'elle le peut , ſi tant eſt
qu'elle luy ſoit appliquée ; or eſt-il qu'il
eſt impoſſible de l'y appliquer que par le
moyen de quelque machine, ou autre invention, qui faſſe que ce poids ne ſe hauſ-
ſe que d'un pied , pendant que cette force agira en toute la longueur de 4. pieds :
Et ainſi qui transforme le rectangle , par
lequel eſt repreſentée la force qu'il faut
pour lever ce poids de 400. livres à la
hauteur d'un pied , en un autre , qui ſoit
égal & ſemblable à celuy qui repreſente la
force qu'il faut pour lever un poids de 50.
livres à la hauteur de quatre pieds.

Enfin peut-eſtre qu'on a eu moins bonne opinion de ce principe, à cauſe qu'on
s'eſt imaginé que j'avois apporté les exemples de la poulie, du plan incliné, & du
levier, afin d'en mieux perſuader la verité, comme ſi elle eût été douteuſe ; ou

bien que j'euſſe ſi mal raiſonné que de vouloir prouver un principe, qui doit de ſoy être ſi clair qu'il n'ait beſoin d'aucune preuve, par des choſes qui ſonr ſi difficiles, qu'elles n'avoient peut-être jamais cy-devant été bien demontrées par perſonne. Mais auſſi ne m'en ſuis-jeſe v y que pour faire voir que ce principe s'étend à toutes les matieres dont on traite en la Statique, ou plûtôt j'ai uſé de ce pretexte pour les inferer en mon écrit, à cauſe qu'il m'eût ſemblé être trop ſec & trop ſterile, ſi je n'y euſſe parlé d'autre choſe que de cette queſtion de nul uſage, que je m'étois propoſé d'examiner.

Or on peut aſſez voir de ce qui a déja icy été dit, comment les forces du levier & de la poulie ſe démontrent par mon principe; ſi bien qu'il ne reſte plus que le plan incliné, duquel on verra clairement la démonſtration par cette figure, en laquelle FG (*V. fig. 21. tom. 2.*) repreſente la premiere dimenſion de la force qui décri le rectangle F H, pendant qu'elle tire le poids D, ſur le plan B A, par le moyen d'une corde parallele à ce plan, & paſſée autour de la poulie E; enſorte que GH, qui eſt la hauteur de ce rectangle, eſt égale à la ligne B A, le long de laquelle ſe doit mouvoir le poids D, pen-

dant qu'il monte à la hauteur de la ligne
C A. Et M O reprefente la premiere dimenfion d'une autre femblable force, qui
décrit le rectangle N P, pendant qu'elle
fait monter le poids L, jufques à M. Et
je fuppofe que la ligne M L eft égale à
BA, & double de C A; Et que N O eft
égale à FG, & OP à GH. Après cela je
confidere que lors que le poids D fe
meut de B vers A, on peut imaginer que
fon mouvement eft compofé de deux autres, dont l'un le porte de BR vers C A,
pour lequel il ne faut aucune force, ainfi
que fuppofent tous ceux qui traitent des
Mechaniques, & l'autre le hauffe de BC
vers RA, pour lequel feul il faut de la
force ; enforte qu'il n'en faut ni plus ni
moins pour le mouvoir, fuivant le plan
incliné B A, que pour le mouvoir fuivant
la perpendiculaire C A ; car je fuppofe
que les inégalitez, &c. du plan n'empêchent point, ainfi qu'on a coutume de
faire en traitant de telle matiere. Ainfi
donc toute la force F H n'eft employée
qu'à lever le poids D à la hauteur de la
ligne C A ; Et pour ce qu'elle eft entierement égale à la force NP, qui eft requi-
fe pour lever le poids L à la hauteur de
la ligne LM, qui eft double de C A, je
conclus par mon principe, que le poids
D eft double du poids L. Car puis qu'on

doit employer autant de force pour l'un
que pour l'autre, il y a autant d lever
en l'un qu'en l'autre ; & il ne faut que
ſçavoir compter juſques à deux pour connoître que c'eſt autant de lever 100 livres
depuis C , juſques à A , que d'enlever
100 livres depuis L , juſques à M; puiſque
ML eſt double de C A , &c.

Vous me mandez auſſi que je devois
plus particulierement expliquer la nature
de la ſpirale , qui repreſente le plan également incliné ; & la façon dont ſe plie
une corde, lors qu'ayant été toute droite
& parallele à l'horiſon, elle deſcend librement vers le centre de la Terre , &
la grandeur de la petite ſphere , en laquelle ſe trouve le centre de gravité
d'une autre plus grande ſphere. Mais
pour cette ſpirale elle a pluſieurs pro-
prierez qui la rendent aſſez reconnoiſſa-
ble : car ſi A (*V. fig.* 22. *tom.* 2.) eſt le
centre de la Terre, & que ANBCD
ſoit la ſpirale, ayant tiré les lignes droites AB, AC, AD, & ſemblables, il
y a même proportion entre la courbe A
NB, & la droite AB, qu'entre la courbe ANBC, & la droite AC, ou ANBCD,
& AD, & ainſi des autres ; & ſi on
tire les tangentes DE, CF, GB, &c.
les angles ADE, ACF, ABG, &c. ſeront égaux. Pour la façon dont ſe plie

une corde en tombant, je l'ai ce me semble affez determiné par ce que j'en ay écrit, auffi bien que le centre de gravité d'une fphere ; il eft vrai que j'en ai obmis la preuve, mais je vous diray que ce n'eft pas mon ftile de m'arrêter à de petites démonftrations de Geometrie, qui peuvent aifément être trouvées par d'autres, & que ceux qui me connoîtront, ne fçauroient juger que j'ignore.

Il faut fe reffouvenir icy de ce que Monfieur Defcartes a defiré qui fût rayé.

EPISTOLA VI.

RENATO DESCARTES

JOHANNES

BEVEROVICIUS S. D.

*Rogat Cartefium de quibufdam ad circulatio-
nem fanguinis pertinentibus.*

Nobiliffime & eruditiffime vir,

IMmenfo defiderio videre oprem mechanicas demonftrationes, quibus audio te
plane ftabilire circulationem fanguinis, om-
nemque in ifta doctrina omnibus anfam dubitandi præcidere: quas ut commodo tuo
communicare mecum digneris, vehemen-
ter abs te peto. Editurus epiftolicas quæftiones cum magnorum virorum refponfis,
inter illa & tuum de circulatione lectum iri
voveo, fimulque ut diu, vir integerrime,
feliciter apud nos vivas honorificus Bata-
viæ civis, ac difciplinarum inftaurator.
Vale.

Dordrechti 10 Jun. 1643.

A MONSIEUR,

MONSIEUR BEVEROVIC

A

MONSIEUR

DESCARTES

LETTRE VI.

Version.

Monsieur,

Je souhaite avec passion de voir ces de-
monstrations Mechaniques, par lesquelles
j'apprens que vous établissez si nettement la
circulation du sang, qu'il ne reste plus aucun sujet de doute en cette doctrine. Je
vous prie très-instamment de me les communiquer, quand vous le pourrez, sans
vous incommoder. Comme j'ai écrit sur
diverses questions à de grands hommes,
j'ai dessein de donner au public un recüeil
de mes lettres, & de leurs réponses, dans
lequel je me suis proposé de mettre la
vôtre touchant la circulation ; En l'atten-

dant, je souhaite que vous viviez long-
temps & heureusement parmi nous, autant
pour l'honneur de nôtre Hollande, qui vous
regarde comme un de ses citoyens, que
pour la gloire des sciences, dont vous êtes
le restaurateur. Adieu.

RESPONSIO

AD PRÆCEDENTEM EPISTOLAM,

De circulatione sanguinis.

Clarissime, & præstantissime vir,

PErhonorificum mihi esse puto, quod,
cum varia magnorum virorum respon-
sa velis colligere, à me, in quo nihil magni
est, symbolam petas : & vereor ne non
sim satis multi æris ad eam conferendam;
quicquid enim habui de quæstione quam
proponis, ante aliquot annos in disserta-
tione de Methodo Gallice edita jam de-
di, atque ibi omnem motum sanguinis ex
solo cordis calore ac vasorum conformatione deduxi. Quippe quamvis circa sanguinis circulationem cum Hervæo plane
consentiam, ipsumque & præstantissimi illius inventi, quo nullum majus & utilius

in medicina effe puto, primum auctorem
fufpiciam, tamen circa motum cordis omnino ab eo diffentio. Vult enim, fi bene
memini, cor in diaftole fe ex endendo
fanguinem in fe admittere, ac in fyftole
fe comprimendo illum emittere ; ego autem rem omnem ita explico. Cum cor
fanguine vacuum eft, neceffario novus
fanguis in ejus dextrum ventriculum per
venam cavam, & in finiftrum per arteriam venofam delabitur, neceffario, inquam, cum enim fit fluidus, & orificia
iftorum vaforum, quæ corrugata auriculas cordis componunt, fint latiffima, &
valvulæ quibus muniuntur fint tunc aper-
tæ, nifi miraculo fiftatur, debet in cor in-
cidere. Deinde poftquam aliquid fanguinis hoc pacto in utrumque cordis ventriculum incidit, ibi plus caloris inveniens quam
in venis ex quibus delapfus eft, neceffario
dilatatur, & multo plus loci quam prius
defiderat ; neceffario, inquam, quia talis
eft ejus natura, ut facile eft experiri in eo
quod dum frigemus, omnes venæ noftri
corporis contrahantur, & vix appareant,
cum autem poftea incalefcimus adeo tur-
gefcant, ut fanguis in iis contentus decu-
plo plus fpatii quam prius occupare videatur. Cum autem fanguis in corde fic dilatatur, fubito & cum impetu omnes ejus ventriculorum parietes circumquaque propel-

N ij

lit, quo fit ut claudantur valvulæ quibus orificia venæ cavæ & arteriæ venofæ
muniuntur, atque aperiantur illæ quæ funt
in orificis venæ arteriofæ & arteriæ magnæ,
ea enim eft fabrica iftarum valvularum,
ut neceffario juxta leges mechanicæ ex
hoc folo fanguinis impetu hæ aperiantur
& illæ claudantur: atque hæc fanguinis
dilatatio facit cordis diaftolen. Sed & idem
fanguis illo ipfo momento quo in corde
dilatatus aperit valvulas venæ arteriofæ &
arteriæ magnæ, omnem alium fanguinem
in arteriis contentum etiam propellit, quo
fit earum diaftole. Poftea ille idem fanguis eodem impetu quo fe dilatavit, arterias ingreditur, ficque cor vacuatur, &
in hoc confiftit ejus fyftole. Sanguifque in
corde dilatatus cum ad arterias pervenit,
rurfus condenfatur, quia non tantus ibi
eft calor, & in hoc confiftit arteriarum fyftole, quæ tempore vix differt à fyftole
cordis. In fine autem hujus fyftoles fanguis in arteriis contentus (venam arterio-
fam pro arteria, & arteriam venofam pro
vena femper fumo) relabitur verfus cor,
fed ejus ventriculos non ingreditur, quia
talis eft fabrica valvularum in earum orifi-
ciis exiftentium, ut hæc fanguinis relapfu
neceffario claudantur. Contra autem valvulæ, quæ funt in orificis venarum, fponte
aperiuntur corde detumefcente, ficque no-

vus sanguis ex venis in cor labitur , & nova
incipit diastole. Quæ omnia revera sunt mechanica , ut etiam mechanica sunt experimenta quibus probatur esse varias anastomoses venarum & arteriarum per quas sanguis ex his in illas fluit : qualia sunt de situ
valvularum in venis de ligatura brachii ad
venæ sectionem, de egressu totius sanguinis
ex corpore per unicam venam vel arteriam
apertam , &c. Nec mihi de hac re plura
occurrunt relatu digna : tam manifesta enim
& tam certa mihi videtur , ut eam pluribus argumentis probare supervacuum putem. Sed nonnullæ objectiones ad ipsam
pertinentes mihi missæ sunt Lovanio ante
sex annos , ad quas tunc temporis respondi,
& quia earum auctor meas responsiones
mala fide discortas & mutilatas in lucem
edidit , ipsas, ut à me revera scriptæ sunt ,
libenter mittam, si vel nutu significes tibi
gratas fore; omnique alia in re quantum in
me erit voluntati tuæ ac perhonestis studiis
obsequar. Vale.

Egmondæ op. de Hoef, 5 Julii 1643.

REPONSE

D E

MONSIEUR DESCARTES.

LETTRE VII.

Version.

Monsieur,

Vous me faites beaucoup d'honneur de
vouloir que mes réponses trouvent place
parmi celles de ces grands hommes, dans
ce beau recueil que que vous nous pro-
mettez. J'apprehende seulement de n'a-
voir rien à vous dire qui réponde à vôtre
attente, ayant déja cy-devant publié tout
ce que je sçai touchant la question que
vous me proposez, dans un discours de la
methode que je fis imprimer en françois il
y a que ques années, où j'ai fait voir que
le mouvement du sang ne dépend que de
la chaleur du cœur & de la conformation
des vaisseaux. Et bien que je sois entierement d'accord avec Hervœus touchant la
circulation du sang, & que je le regarde

comme le premier qui a fait cette admirable découverte des petits passages par
où le sang coule des arteres dans les veines, qui est à mon avis la plus belle &
la plus utile que l'on pût faire en Medecine, je suis toutefois d'un sentiment tout-
à-fait contraire au sien touchant le mouvement du cœur. Il veut, si je m'en souviens, que le cœur dans la Diastole se dilate peur recevoir le sang, &
que dans la Systole il se resserre pour
le chasser ; Pour moi, voici comme j'explique toute la chose.

Quand le cœur est vuide de sang, il
en tombe necessairement de nouveau dans
son ventricule droit par la veine cave, &
dans la gauche par l'artere veneuse ; Je dis
necessairement, parce qu'étant fluide, &
les orifices de ces vaisseaux, dont les rides
forment les oreilles du cœur, étant fort
larges, & les valvules dont ils sont munis
étant pour lors ouvertes, il ne se peut sans
miracle qu'il ne descende dans le cœur. Et
si-tôt qu'il est ainsi coulé un peu de sang
dans l'un & dans l'autre ventricule, comme il y trouve plus de chaleur que dans
les veines dont il est sorti, il faut de necessité qu'il se dilate, & qu'il occupe un
plus grand espace qu'auparavant ; je dis de
necessité, parce que telle est sa nature, &
il est aisé de le remarquer, en ce que

quand nous avons froid, toutes les veines
de nôtre corps sont si resserrées qu'à peine paroissent-elles, & quand ensuite nous
venons à avoir chaud, elles s'enflent si fort
que le sang qu'elles contiennent semble occuper dix fois plus d'espace. Le sang se dilatant ainsi dans le cœur, pousse de tous
côtez les parois de chaque ventricule, avec
tant de promptitude & d'effort, qu'il ferme
les petites portes qui sont aux entrées de
la veine cave & de l'artere veneuse, &
ouvre en même tems celles qui sont aux orifices de la veine arterieuse & de la grande
artere ;(car ces petites portes sont construi-
tes de telle maniere, que selon les loix de
la Mechanique celles-cy se doivent ouvrir,
& celles-là se refermer, par le seul effort
que fait le sang en se dilatant ;) & c'est
cette dilatation qui fait la Diastole du
cœur. C'est aussi ce qui cause celui des arteres, étant certain que le sang qui se dilate dans le cœur ne peut ouvrir les petites portes de la veine arterieuse & de la
grande artere, sans pousser en même tems
tout l'autre sang qui est contenu dans les
arteres. Ensuite de quoi ce même sang, par
le même effort, qu'il s'est dilaté, entre dans
les arteres, & ainsi le cœur se vuide ; &
c'est en cela que consiste son Systole. Puis,
quand ce sang qui s'étoit dilaté dans le
cœur est parvenu jusques dans les arteres,

il se condense comme auparavant, parce
qu'il y trouve moins de chaleur; & c'est en
cela que consiste la Systole des Arteres, qui
suit de si près celle du cœur, qu'elle semble se faire en même temps. Sur la fin de
cette Systole le sang contenu dans les arteres (je prens toûjours la veine arterieuse
pour une artere, & l'artere veneuse pour
une veine) retombe vers le cœur, mais
il ne rentre point pour cela dans ses ventricules, parce que les petites portes qui
sont à leurs orifices sont disposées de telle façon, que le sang ne peut retomber
sur elles sans les refermer ; comme au
contraire cellesqui sont aux orifices des veines s'ouvrent d'elles-mêmes quand le cœur
se desenfle, si bien qu'il y tombe de nouveau
sang, qui donne lieu à une nouvelle Diastole. Toutes ces choses sont à la verité Mechaniques, aussi-bien que les experiences
par lesquelles on prouve qu'il y a diverses Anastomoses, par où le sang passe des
arteres dans les veines ; car, par exemple, ce que l'on observe de la situation
des valvules dans les veines, de la ligature du bras pour la saignée ; de ce que
tout le sang peut sortir du corps par l'ouverture d'une seule veine, & d'une seule
artere, & plusieurs autres particulieres ob-
servations, sont autant d'experiences qui
prouvent ces Anastomoses.

Voilà tout ce que je trouve de remarqua-
ble sur ce sujet ; & la chose est à mon sens
si claire & si certaine , que je tiendrois
superflu d'en établir la preuve par d'autres argumens. On m'envoya de Louvain,
il y a plus de six ans, des objections sur
cette matiere, ausquelles je répondis pour
lors ; mais parce que leur Auteur, qui n'a
pas esté en cela de bonne foy , en donnant
mes réponses au public , les a tournées
d'une maniere qui fait violence à mon
sens , & qu'il les a tout-à-fait estropiées ,
je vous les envoyeray volontiers comme
je les ay écrites, pour peu que vous me
témoigniez que vous les aurez agreables ;
vous protestant de faire en toute autre chose ce qui me sera possible pour vôtre service, & pour l'avancement des sciences.

EPISTOLA VIII.

CLARISSIMO VIRO

RENATO

DESCARTES.

Objectiones Medici cujufdam Lovanienfis de motu cordis & circulatione fanguinis.

QUia tam frequentibus iifque femper avidis efflagitationibus meas contra tuam de motu cordis fententiam objectiones poftulas; fepono tantifper alias opellas meas & tibi obtemperatum eo.

Imprimis, ut nunc video, fententia illa tua nova non eft, fed vetus, & quidem Ariftotelica, prodita lib. de refpirat. cap. 20. verba ejus funt. *Pulfatio cordis fervori fimilis eft, fit enim fervor, cum humor caloris opera conflatur, nam humor propterea fe attollit, quod in molem adfurgat ampliorem. In ipfo autem corde tumefactio humorum, qui femper è cibo accedit ultimam cordis tunicam elevantis pulfum facit: atque hoc femper fine ulla intermiffione fit, namque femper humor, ex quo natura fanguinis oritur, continue influit. Pul-*

fatio igitur eſt humoris concalcſcentis inflatio.
Hæc Ariſtoteles quæ à te ingenioſius &
pulchrius explicantur. Galenus noſter contra à facultate aliqua cor moveri docuit, &
omnes hactenus id docemus Medici, à
quibus quod adhuc ſtem hæ faciunt ratiun-
culæ.

1. Cor è corpore exemptum pulſat adhuc
aliquandiu, imo eo in partes minutas dif-
ſecto, ſingulæ particulæ diutule pulſant,
atque ibi nullus ſanguis influit vel effluit.

2. Si quis arteriæ inciſæ calamum vel
æneam fiſtulam indat, ut ſanguis permea-
re poſſit, & deinde arteriam vinculo con-
ſtringat ſuper fiſtulam, arteria non pulſa-
bit infra ligaturam. Ergo pulſatio non ſit ab
impetu influentis ſanguinis, ſed ab alio aliquo, quod per tunicas arteriæ influit. Eſt
illud experimentum Galeni proditum lib.
an ſanguis in arteriis contineatur, cap. 1.
Neque dicendum id eſſe impoſſibile factu
propter ſanguinis arterioſi exſilitionem, quia
poteſt hæc caveri hoc pacto. Injice arteriæ
duas ligaturas palmo vel amplius à ſeſe di-
ſtantes, tum acuto ſcalpello incide eandem
arteriam inter dictas duas ligaturas, nullus
effluet ſanguis niſi qui continetur inter vincula; dein foramini facto inde fiſtulam, &
liga iterum arteriam ſuper fiſtulam impoſi-
tam; ſolve vero duo priora vincula, ſanguis libere per canalem profluet ad extre-

mas usque arterias, neque tamen, quæ sunt
infra ligaturam, pulsabunt ; solve ligaturam, rursus pulsabunt. Aliquid quidem
sanguinis effluet per vulnus, sed quid tum?
equidem videre licebit, quod intenditur.

3. Si cordis dilatatio fieret à rarefacto
sanguine, multo longior & durabilior esset cordis diastole, quam nunc in animalibus est. Nam notabilis portio sanguinis in
cor influit, quæ ut tota in vapores conver-
tatur tempore opus est, neque tam cito aut
subito potest rarefieri, quam cito ac subito
fit diastole ; etsi videamus oleum & picem
igni incidentes confestim maxime rarefieri,
illud difficultatem non tollit ; tantus enim
calor non est in corde, quantus in igne,
quapropter non id efficere valet quod efficit ignis. Imo in piscibus pusillus calor est,
& potius frigus eorum tamen corda peræque
celeriter ac nostra pulsant.

4. Si arteriæ distenduntur à sanguine,
quem cor in illas effundit, pars vicina cordi, quæ proxime sanguinem illum recipit,
tantum pulsabit, reliqua eodem tempore
non pulsabunt. Quod enim è corde excuti-
tur, non spargitur in omnes arterias subito, quia hoc repugnat motui corporis non
crassi. Atqui omnes totius corporis arteriæ
pulsant simul. Hæc de causa motus cordis.

Contra, sanguinis circulationem, quam
cum Hervæo adstruis hæc habeo.

1. Sanguis arteriosus & venosus sic plane similis esset, imo idem , quod repugnat autopsiæ. Ille flavior & floridior , hic nigricantior & tristior est.

2. Materia febrilis consistens alibi in venulis à corde remotis, quique adeo febrem intermittentem tantum efficit , deberet plures de die accessiones facere , toties scilicet , quoties fit sanguinis illius & simul humoris febrilis reditus in cor, ponis autem reditum istum fieri centies, imo ducenties per diem.

3. In vivo animali ligatis venis plerisque ad crus tendentibus, liberis relictis arteriis, deberet crus illud brevi temporis spatio mirum in modum tumescere , eo quia sanguis continenter per arterias influeret per venas. Atqui tantum abest ut hoc fiat , ut potius , si diu sinas ligatas venas , pars extenuetur defectu nutrimenti.

Ad isthæc mea dubiola responsiones tuas tam avide expectabo, quam illa ipsa à me expostulasti.

LETTRE
D'UN MEDECIN
DE LOUVAIN
A
MONSIEUR DESCARTES.

LETTRE VIII.

Version.

MONSIEUR,

Vous m'avez demandé tant de fois &
avec tant d'inſtance mes objeſtions contre vôtre opinion touchant le mouvement
du cœur, que je ſuis obligé d'interrom-
pre tant ſoit peu mes autres petits travaux,
pour vous donner enfin cette ſatisfaction.

Je vous diray donc tout d'abord, qu'à ce
que je puis voir, l'opinion que vous avez
n'eſt pas nouvelle, mais très-ancienne, &
même d'Ariſtote, qui en fait mention au
livre de la Reſpiration chap. 20. Voici ſes

paroles; *Le battement du cœur est semblable à un boüillonnement : car le boüillonnement se fait lors qu'une humeur se gonfle par la chaleur, & qu'elle s'éleve de telle sorte que sa masse en est augmentée ; or dans le cœur, c'est le gonflement de cette humeur que le suc des viandes luy fournit continuellement, qui en soulevant sa derniere tunique fait son battement : Et cela se fait sans intermiffion, parce que l'humeur dont le sang se forme y coule sans cesse. Le battement donc n'est autre chose que le gonflement d'une humeur qui s'échauffe.*
Voilà le sentiment d'Aristote que vous expliquez d'une façon plus ingenieuse , & plus belle. Galien au contraire nous apprend que le cœur est mû par une faculté ; c'est ce que nous autres Medecins avons tous enseigné jusqu'à present ; Et voici les raisons bonnes ou mauvaises qui m'obligent encore à tenir ce party.

1. Le cœur étant separé du corps bat encore quelque temps : & même étant coupé par morceaux , chaque parcelle continuë tant soit peu son battement : & cependant il n'y a point alors de sang qui entre , ou qui sorte.

2. Si l'on met dans une artere ouverte quelque tuyau de plume ou d'airain par où le sang puisse passer, & qu'on lie ensuite l'artere par dessus le tuyau , si justement qu'elle le serre de tous côtez , l'artere ne

battra

battra point pafſé la ligature ; d'où il ſuit
que le poux ne ſe fait pas par l'effort du
ſang qui coule dans les arteres, mais par
quelqu'autre choſe qui coule par les Tuniques des mêmes arteres. Cette experience eſt de Galien au livre intitulé *an ſanguis*
in arteriis contineatur, cap. 8. Et ne me dites pas qu'il eſt impoſſible de la faire, à
cauſe que le ſang arteriel rejaillit avec trop
d'impetuoſité, car ſon effort peut aiſément
être arrêté par ce moyen. Faites à une artere deux ligatures éloignées l'une de l'autre d'un demy pied ou environ, puis ou-
vrez avec la lancette cette même artere
entre ces deux ligatures, il eſt certain qu'il
ne ſortira point d'autre ſang par cet endroit, que celuy qui ſe trouvera enfermé
entre ces deux liens. L'ouverture étant faite,
fourrez-y adroitement une canule, ſur laquelle vous lierez derechef l'artere : Si
après cela vous venez à défaire vos deux
premiers liens, vous verrez le ſang couler librement par cette canule juſques aux
extrémitez des arteres, ſans que pour cela
celles qui ſeront au deſſous de la ligature
qui reſte ayent aucun poux ou battement ;
Que ſi vous défaites cette derniere ligature
qui ſerre l'artere contre la canule, tout
auſſi-tôt elles recommenceront à battre
comme auparavant. Il eſt vrai qu'il ſortira
un peu de ſang par la playe ; mais n'importe,

Tome II.　　　　　O

car cela n'empêchera pas que l'on ne voye l'effet prétendu.

3. Si la dilatation du cœur se faisoit par la raréfaction du sang, la Diastole du cœur seroit beaucoup plus lente, & dureroit bien davantage qu'elle ne fait dans les animaux; car il entre dans le cœur une assez norable quantité de sang, qui a besoin de temps pour être toute convertie en vapeur, & qui ne semble pas se raréfier toute entiere dans le peu de temps que dure la Diastole. Que si nous voyons l'huile & la poix se raréfier tout à coup quand elles tombent dans le feu, cela n'ôte pas la difficulté; car il n'y a pas tant de chaleur dans le feu, & ainsi il ne peut pas faire ce que fait le feu. Outre que l'on voit le cœur des poissons, qui n'ont presque point de chaleur, ou plûtôt qui sont froids, battre aussi vîte que les nôtres.

4. Si les arteres sont enflées par le sang que le cœur répand en elles, il n'y aura que la partie voisine du cœur, qui reçoit ce sang, laquelle puisse battre d'abord, mais les autres ne pourront battre dans le même instant; car ce qui sort du cœur ne se répand pas tout d'un coup dans toutes les arteres, à cause que cela repugne au mouvement d'un corps si grossier; & cependant toutes les arteres du corps battent en même temps.

Voilà ce que je pense touchant la cause du mouvement du cœur ; & voicy ce
que j'ay à dire contre la circulation , que
vous soutenez avec Hervœus.

1. Le sang des arteres & celuy des veines seroient tout-à-fait semblables, ou pour
mieux dire ne seroient qu'une même chose , ce qui repugne à l'Autopsie ; le premier
étant plus jaunâtre & plus vermeil , & l'autre plus noirâtre & plus sombre.

2. Cette matiere de la fievre qui reside
dans les petites veines les plus éloignées
du cœur , & qui pour cela ne cause qu'u-
ne fievre intermittante , devroit exciter
plusieurs accez en un jour , à sçavoir autant de fois que cette matiere corrompuë
& le sang qui la porte retournent dans le
cœur : or vous dites que ce retour se fait
cent fois , voire deux cens fois par jour.

3. Si dans un animal vivant on lioit la
plûpart des veines qui vont à la jambe sans
lier les arteres, la jambe devroit s'enfler
étrangement en peu de temps, parce que
le sang continueroit de couler par les arteres dans les veines ; mais tant s'en faut que
cela arrive, qu'au contraire, si vous lais-
sez long-temps ces veines liées , la partie
demeurera extenuée faute de nourriture.
J'attendray vos réponses à ces petits doutes avec un empressement pareil à celuy
que vous m'avez témoigné en me les de-
mandant.   O ij

EPISTOLA IX.

RESPONSIO

AD PRÆCEDENTEM EPISTOLAM,

De mo'u cordis & circulatione sanguinis.

NOn immerito tuas in meam de motu cordis sententiam objectiones percupide expectavi;nam cum respicerem ad doctrinam , ingenium & mores tuos, nec non ad benevolentiam qua me prosequeris, illas valde eruditas, ingeniosas, & nullo malignitatis præjudicio inquinatas fore sciebam : meque judicium non fefellit:Sed est quod gratias tibi agam , tum quia illas misisti , tum etiam quia monuisti quo pacto meam opinionem possim Aristotelis auctoritate fulcire. Quippe cum ille homo tam felix extiterit , ut , quæcunque olim sive cogitans, sive incogitans scripturavit , hodie à plerisque pro oraculis habeantur, nihil magis optarem quam ut à veritate non recedendo ejus vestigia in omnibus sequi possem. Sed ne quidem in hac re , de qua est sermo , illud me fecisse ausim gloriari, licet enim ut ille pulsationem cordis ab inflatione humoris in eo concalescentis esse dicam, per humorem tamen istum nihil à sanguine diversum intelligo, neque loquor ut ille *de tumefactione humoris, qui semper à cibo accedit, ultimam cordis tunicam elevantis :* Etenim si talia afferrem multis evidentissimis rationibus possem refutari; & merito crederer ad nullorum animalium cordis fabricam unquam attendisse. Si tacendo de ventriculis, vasis, & valvulis, ultimam tantum ejus tunicam elevari affirmarem. Qui autem ex falsis præmissis (ut Logici loquuntur) verum casu concludit, non melius ratiocinari mihi videtur, quam si falsum quid ex iisdem deduceret ; nec si duo, unus errando, alter recta via incedendo, ad eundem locum pervenerint, unum alterius vestigiis institisse est putandum.

Ad primum quod objicis, nempe cordis è corpore exempti atque dissecti singulas particulas aliquamdiu pulsare, licet ibi nullus sanguis influat vel effluat, respondeo me fecisse olim hoc experimentum satis accurate, præsertim in piscibus, quorum cor excisum multo diutius pulsat, quam cor animalium terrestrium, sed semper vel judicasse, vel, ut sæpe fit, ipsis oculis vidisse nonnullas sanguinis reliquias in partem, in qua pulsatio fiebat, ex aliis superioribus fuisse delapsas ; & facile mihi persuasisse pauxillum sanguinis ex una cordis parte in alium paulo calidiorem illapsi huic pulsationi efficiendæ sufficere. Notandum enim quo minor est quantitas alicujus humoris, tanto facilius illum posse rarescere : & quemadmodum manus nostræ quo frequentius aliquem motum exercent, tanto paratiores ad eundem repetendum evadunt, sic etiam cor, qui à primo formationis suæ momento indesinenti reciprocatione intumuit & detumuit, minima vi ad hoc ipsum continuandum posse impelli; & denique ut videmus quosdam liquores quibusdam aliis admistos hoc ipso incalescere, atque inflari, sic forte etiam in recessibus cordis nonnihil humoris instar fermenti residere, cujus permistione alius humor adveniens intumescit. Cæterum hæc eadem objectio multo plus virium habere mihi videtur in vulgarem aliorum opinionem, existimantium motum cordis ab aliqua animæ facultate procedere : nam quo pacto quæso ab humana anima illa pendebit : ille, inquam, qui etiam in cordis partibus divisis reperitur, cum animam rationalem indivisibilem esse, & nullam aliam sensitivam vel vegetantem sibi adjunctam habere sit de fide ?

Objicis secundo illud quod Galenus prodidit in fine libri, *an sang. in art. cont.* cujus quidem experimentum nunquam feci, nec jam facere est commodum ; sed neque

operæ pretium esse existimo; posita enim
illa pulsationis arteriarum causa quam pono, mechanicæ meæ, hoc est Physicæ,
leges docent, intruso in arteriam calamo,
& illa super ipsum calamum ligata, eandem
ultra vinculum pulsare non debere, soluta autem ligatura debere, plane ut Galenus
expertus est; modo tamen calamus paulo
angustior sit quam arteria, ut procul dubio supposuit, & te ipsum idem suppone-
re, ex hoc concludo, quod dicas soluta
ligatura nonnihil sanguinis per vulnus ef-
fluxurum, nam si calamus totam arteriæ
capacitatem impleret, quoniam accurate
vulnus obturaret, ne minimum quidem
sanguinis per illud elaberetur. Calamo
autem in capacitate arteriæ simul cum sanguine natante non mirum est illum, ejus
motui non obstare. Notandum enim hunc
motum non fieri ex eo quod sanguis è corde egressus per omnes arterias subito spar-
gatur, ut in quarta tua objectione supponis,
sed ex eo quod partem arteriæ magnæ cordi proximam occupans totum alium sanguinem in ea ejusque ramis contentum ex-
pellat & concutiat, quod fit absque mora,
hoc est, ut Philosophi loquuntur, in instanti. Ponamus exempli causa BCF esse arteriam sanguine plenam, ut eæ sunt semper,
& in quam recenter ex corde A nonnihil
novi sanguinis ingreditur: sic enim facile

intelligemus hunc novum fanguinem non
poffe implere fpatium B, quod eft in ori-
ficio hujus arteriæ, quin alia pars fanguinis, quæ prius implebat hoc idem fpatium
B, recedat verfus C, indeque alias partes fanguinis trudat verfus D, & fic confequenter ufque ad E ; adeo ut eodem
ipfo inftanti quo fanguis afcendit ab A
ad B (*V.fig.23.tom.2.*) debeat arteria pulfare ad E. Nec obftabit fi fingamus in ea
contineri calamum D, vel quodvis aliud
corpus five cavum five folidum, modo libere natet in fanguine, quia æque facile
pelletur tale corpus verfus E ac ipfe fanguis. Superficies enim interna arterarium
eft admodum lævis, & quoniam illæ con-
ftant tunicis fatis duris non fe contrahunt
ut inteftina vel venæ ad menfuram corporis quod in iis continetur, fed etiam
vacuæ, & in mortuo animali, patulæ atque hiantes effe folent. Si vero fit alius
calamus in E huic arteriæ inditus, & fuper quem fit ligata, ut vult Galenus, licet fanguis per hunc calamum poffit tranfire ad F, non tamen ibi concutiet latera
arteriæ, faltem notabiliter, quoniam ex
angufto loco in latiorem tranfeundo magnam partem fuarum virium amittet,
reliquafque potius fecundum longitudinem
arteriæ, quam fecundum ejus latitudinem
exercebit, ac proinde illam quidem poterit

rit continuo affluxu implere, tumidiorem-
que reddere, non autem diftinctis fubful-
tibus agitare. Nec alia ratio eft cur venæ
per varias anaftomofes arteriis conjunctæ
non etiam pulfent, quam quia ipfarum
extremitates, per quas fanguis ingreditur, anguftiores funt earum alveis in quos
fluit.

Poffumus autem hoc experimentum Galeni duobus aliis modis tentare. Nempe
vel in arteriam intrudendo calamum, five
tubulum alium quempiam, qui fit tam craffus ut totam arteriæ capacitatem replens,
ejus fuperficiei internæ adhæreat, rec na-
tare poffit in fanguine, ut ille qui hic ad
Grappictus eft, intus autem habeat cavitatem tam anguftam, ut non liberiorem
tranfitum fanguini præbeat, quam ille
qui hic videtur ad E, quo cafu etiam
non ligatus arteriæ motum fiftet. Vel
rurfus in arteriam intrudendo calamum, qui cavitatem habeat tam latam,
ut non minus liberum tranfitum præbeat
fanguini quam vacua arteria : quo cafu
five ligetur, five non ligetur, ejus pulfa-
tioni procul dubio non obftabit. Nec eft
quod nos moveat auctoritas Galeni variis
in locis affirmantis, *arterias non d.ftendi ut
utres, quia mplentur, fed impleri ut folles,
fauces, pulmones & pectus univerfum, quia
extenduntur, illafque extentas extremis par-*

ribus & foraminibus ex quocunque loco sibi vi-
cino attrahere quidquid ipsarum sinus implere
idoneum est. Refellitur enim certissimo experimento, quod & ante hac aliquoties, &
hodie adhuc inter scribendum videre non
piguit. Nempe vivi cuniculi thorace aperto, costisque ia diductis ut cor & aortæ
truncus apparerent, aortam satis longe à
corde filo constrinxi, separatam ab iis omnibus quibus adhærebat, ne qua suspicio
esse posset aliquid sanguinis vel spiritus
aliunde in ipsam quam ex corde influxu-
rum : deinde scapello eandem incidi inter cor & vinculum, vidique manifestis-
sime eo tempore quo extendebatur sanguinem per incisuram saliendo exilire, eo
autem quo contrahebatur non effluere. At
contra si Galeni opinio vera esset, arteria
ista singulis diastoles momentis aërem per
incisuram attrahere ; nunquamque nisi tempore systoles sanguinem emittere debuis-
set, ut nemini dubium esse posse mihi videtur. Pergens autem in hac animalis vivi
dissectione, mediam partem cordis, illam
scilicet, quæ ejus mucro appellatur, abscidi, sed ab eo momento quo fuit à basi se-
parata ne semel quidem ipsam pulsare ani-
madverti, quod occasione præcedentis ob-
jectionis hic moneo, ut observes partes
quidem cordi, quæ sunt versus ejus basim, aliquamdiu pulsare, quoniam in illas

aliquid novi fanguinis ex vafis & auriculis
ipfis adhærentibus influit , partes autem
quæ funt ad culpidem non ita. Cætera um
poftquam cordis mucro fuit abfciffus, ejus
bafis manens adhuc vafi appenfa pulfavit
fatis diu ; atque in ea commodiffime fpexi
duas illas cavitates , quæ ventriculi cordis appellantur , in diaftole fieri ampliores,
& in fyftole arctiores : quo experimento
Hervæi fententia de motu cordis jugulatur,
tur , ait enim ille plane contrarium, nempe ventriculos in fyftole dilatari ut fanguinem recipiant , & in diaftole coarctari , ut
illum in arterias extrudant. Quæ hic obiter adjunxi ut videas nullam fententiam
à mea diverfam fingi poffe in quam cer-
tiffima aliqua experimenta non pugnent,
Nota , ut hoc experimentum recte fiat,
non folum mucronis extremitatem , fed
mediam partem totius cordis effe abfcin-
dendam , vel etiam amplius ; idque in cu-
niculo , timido animali , non in cane effe
tentandum. In canibus enim ventriculi cordis varios habent anfractus , quorum fingulæ cavitates dilatatione fanguinis ita extenduntur , ut interim generalis cujufque
ventriculi cavitas anguftior reddi videatur. Quod forte illis impofuit, quia cor in
diaftole coftringi judicarunt. Atqui tunc
illud dilatari vel ipfo tactu probari poteft,
manu enim prehenfum multo durius in dia-

stole quam in systole sentitur.

Objicis tertio. Si cordis dilatatio fieret à rarefacto sanguine, multo longiorem & durabiliorem fore ejus diastolen quam nunc est. Quod forte ita tibi persuades, quoniam imaginaris istam rarefactionem esse similem illi, quæ fit in Æolipilis, cum in iis aqua vertitur in vaporem : sed varia ejus genera distinguenda sunt, aliter enim fit cum liquor plane in fumum sive aërem abit & formam mutat, quemadmodum in Æolipilis, aliter cum liquor formam retinet & mole tantum augetur. At primum modum sanguini in corde nulla ratione convenire manifestum est, tum quia non fit totius liquoris simul, sed earum tantum partium quæ ex ejus superficie surgentes in aëre finitimo se extendunt, ut fuse in Meteoris c.2 & 4 explicui : etenim nullus est in corde talis aër, nullaque superficies aëri finitima, sed ejus civitates in vivis animalibus quantæ quantæ sunt totæ sanguine implentur ; tum quia si hoc esset, non sanguis in arteriis, sed tantummodo vapidus aër contineretur ex sanguinis vaporibus formatus. Nunc autem dubitat nemo quin sanguine sint plenæ, atque hic obiter mirari licet quam steriles veri fuerint antiqui, apud quos eousque de hac re dubitabatur, ut Carenus integrum librum, ad probandum sanguinem in arteriis natura contineri, conscribere dignatus sit. Alter modus rarefactionis, quo liquor mole augetur, rursus est distinguendus, vel enim sit sensim, vel in momento; sensim scilicet cum partes liquoris per gradus acquirunt novum aliquem motum, aut figuram aut situm, ratione cujus plura vel majora quam prius circa se relinquunt intervalla. Et in meteoris explicui quo pacto talis rarefactio non tantum à calore, sed etiam intenso frigore aliisque causis possit oriri. Fit denique rarefactio in momento, juxta Philosophiæ meæ fundamenta, quoties liquoris particulæ vel omnes vel certe plurimæ hinc inde per ejus molem dispersæ simul tempore mutatio rem aliquam acquirunt, ratione cujus locum notabiliter ampliorem desiderant. Ultimum autem hunc modum eum esse quo sanguis rarefit in corde, res ipsa indicat, ejus enim diastole sit in momento. Atque si attendamus ad ea omnia quæ scripsi in quinta parte libelli de methodo, non magis ea de re dubitare nobis licebit, quam dubitamus an oleum & alii liquores ita rarefiant cum videmus illos in olla subitis subsultibus assurgere. Ad hoc enim tota cordis fabrica, ejus calor atque ipsa sanguinis natura ita conspirant, ut nullam rem sensibus usurpemus, quæ certior esse mihi videatur. Nam quod ad calorem attinet, etiamsi in piscibus non

m..gnus fentiatur, eft tamen in eorum corde multo major quam in ullis aliis membris.
At negas eam effe fanguinis naturam ut
fubito rarefiat, quia fcilicet non eft fimilis
oleo vel pici, fed magis aqueus humor & terreus. Tanquam fi fo is pinguibus hoc com-
pe.erec. Numquid ipfa aqua, fi tantum in
ea vel pifces vel aliud quid coquatur, ita
folet intumefcere ? nec tamen fanguis ea
magis aqueus dici poteft. Numquid farina
fubacta & fermentata etiam abfque magno calore fic furgit ? Nec tamen fanguis
ea magis terreus videtur. Quid autem illi
magis affine quam lac, tum quoad aqueam
tum quoad terreftrem naturam ? non credo quippiam fimilius inveniri poffe; interim illud igni appofitum, cum ad certum
gradum caloris pervenit, etiam ita infla-
tur. At quid opus eft alienis exemplis, quorum magnam multitudinem Chymia poffet
fuppeditare, cum ipfe fanguis, fi recens è
venis eductus in locum aliquanto calidiorem, quam ipfe eft, incidat, etiam momento dilatetur, ut aliquoties expertus
fum. Verumtamen quia novi eam effe ejus
naturam ut ftatim atque eft extra vafa cor-
rumpatur, & calorem ignis à calore cordis
in quibufdam differre, non ideo affirmo
fanguinis rarefactionem, quæ fit in corde,
fimilem effe in omnibus illi quæ fic arte
procuratur. Sed ut nihil hic te celem, eam

ita fieri exiſtimo. Cum ſanguis in corde
intumeſcit, maxima quidem ejus pars per
aortam & venam arterioſam foras erum-
pit, ſed alia etiam intus manet, quæ inti-
mos ejus ventriculorum receſſus replens,
novum ibi caloris gradum & quamdam
veluti fermenti naturam adipiſcitur : ſta-
timque poſtea, dum cor detumuit, novo
ſanguini per venam cavam & arteriam ve-
noſam illabenti celerrime ſe admiſcens
efficit, ut celerrime turgeſcat, in arterialſ-
que diſcedat; ſed relicta rurſus aliqua ſui
parte, quæ fermenti vice fungatur. Ut panis fermentum fieri ſolet ex parte farinæ
jam fermentatæ, vini fermentum ex uva-
rum reliquiis, & cereviſiæ fermentum ex
quadam ejus fæce. Neque hic valde inten-
ſus caloris gradus requiritur, ſed varius
pro varia ſanguinis ſingulorum animalium
natura. Ut neque cereviſia, nec vinum,
nec panis, ex quibus magna pars noſtri
ſanguinis exurgit, intenſo egent calore ut
fermententur, ſed ſua etiam ſponte inte-
poſcunt. Ad quartam tuam objectionem puto me jam ſupra ſatis reſpondiſſe, quoniam
oſtendi, quo pacto arteriæ omnes ſimul
pulſent. Itaque ſupereſt ut ad ea quæ contra ſanguinis circulationem attuliſti reſpondeam.

Primum eſt differentia inter ſanguinem
arterioſum & venoſum, quam quidem ipſe-

met, in p.º 66. libelli de Methodo, Hervæo objici poſſe judicavi, quia per ejus
ſententiam nulla ſanguinis mutatio in corde fieri intelligitur: at mihi, qui ſubitam
ejus inflationem & quaſi ebullitionem
deſcribo, ne eadem objiceretur non ve-
rebar. Nam, quæſo, quæ res majoris &
magis ſubitæ mutationis cauſa in corpore
aliquo eſſe poteſt, quam ebullitio iſta &
ſimul fermentatio ? Sed dices ſanguinem
ex arteriis per earum extremitates in venas influentem nullam ibi pati mutatio-
nem, ideoque illum in venis non diver-
ſum eſſe debere, ab eo qui eſt in arteriis. Ad quam objectionem ut accurate
reſpondeam, velim primo ut advertas nullam contineri guttam ſanguinis in arteriis,
quæ per cor paulo ante non tranſiverit,
in venis autem ſemper eſſe aliquas quæ
ex arteriis non fluxerunt, quia nempe ab
inteſtinis in illas ſemper aliquid humoris
illabitur ; itemque venas omnes una cum
hepate inſtar unius vaſis eſſe ſpectandas.
Quibus poſitis facile intelligitur ſanguinem debere eaſdem qualitates, quas ac-
quirit in corde, in omnibus arteriis retinere: adeo ut ſi fingeremus illum per
cor tranſeundo album fieri, ut in hepate
fit ruber, nullus plane in arteriis niſi albus contineretur, nulluſque in venis niſi
ruber, albus enim, qui continuo in illas

ex arteriis influeret , alteri jam rubenti
permiftus, non aliter quam aqua vino in-
fufa, ftatim colorem ejus indueret. Præterea eft advertendum, multa effe quæ ,
poftquam incaluerunt , ex hoc folo quod
vel lente vel celeriter refrigerentur, qualitates acquirunt valde diverfas. Ita vitrum , nifi lente refrigefcat, fit tam fragile ut nequidem aëri refiftat , & eadem
materia nunc in ferrum poteft abire, nunc
in chalybem pro diverfo modo fufionis.
Sanguis enim qui ex arteria effluit cum
vitro quod candens è fornace eductum
eft, ille autem qui ex vena cum vitro, quod
lento igne recoctum eft, poteft conferri:
& intenfiffimus ignis fornacum non tantum
poffe videtur in chalybem vel vitrum ,
quam moderatus cordis calor in fanguinem , qui nempe eft humor ad mutatio-
nem tam paratus, ut folus aër ftatim atque è venis eductus eft illum corrumpat.

Ad id quod addis de materia febrium
intermittentium nihil aliud dicendum habeo , quam me ne minimum quidem
fufpicari illam in venis refidere , atque
mirari opinionem iftam nulla probabili ratione fulcitam multos habuiffe fectatores,
in quos tam fufe difputat Fernelius Path.
l. 4. c. 9. ut auctoritatem etiam auctoritate refellam. Sed præterea ille rationi-

bus vincit , & inter cæteras unam habet
quæ fufficere mihi videtur. Nempe fi
materia febrium intermittentium · proce-
deret ex venis, vel nulla unquam effet
duplex tertiana , vel omnis valde vehemens tertiana effet duplex , & idem eit de
quartana. Nullas autem rationes quæ meæ
fint hic addo, nec de febribus dico quod
fentiam , nec me ex unis difficultatibus in
alias pertrahi finam.

Supereft experimentum de ligatis venis plerifque ad crus tendentibus liberis
relictis arteriis, quo facto dicis crus illud non intumefere , fed potius paulatim
extenuari defectu nutrimenti. Ubi fane eft
diftinguendum , nam fimul ac venæ ita
erunt ligatæ , porcul dubio nonnihil intu-
mefcent, atque fi quam ex iis aperias infra ligaturam , totus aut fere totus corporis fanguis per illam poterit effluere,
ut quotidie chirurgi experiuntur. Hocqne,
ni fallor , fanguinis circulationem, non dicam probabiliter perfuadet , fed éviden-
ter demonftrat. Si vero diu fic ligatæ venæ
relinquantur , ea quæ fcribis vera fore mihi facile perfuadeo, licet nunquam fim expertus, quia fanguis in venis ligatis fta-
gnans brevi tempore valde craffus & alendo corpori parum idoneus evadet. Non autem novus continenter per arterias ad eam
partem fluet , quia ramulis , meatibufque

aliis omnibus tum arteriarum tum venarum craffo fanguine obftructis , nullus ei
locus parebit. Quinimo etiam forte ipfæ
venæ aliquantum detumefcent , nempe
fero fanguinis in iis contenti per infenfi-
bilem tranfpirationem abeunte. Sed nihil
plane hoc facit in affertam circulationem.

REPONSE

DE MONSIEUR DESCARTES.

LETTRE IX. *Verfion.*

MONSIEUR,

J'avois fujet de fouhaiter avec empreffement vos objections contre l'opinion
que j'ay du mouvement du cœur ; car
confiderant vôtre efprit , vôtre doctrine ,
vôtre franchife , & la bienveillance que
vous avez pour moy , je fçavois bien
qu'elles feroient ingenieufes , pleines d'é-
rudition , & tout-à-fait exemptes de ces
contentions importunes , qui n'ont point
d'autre fondement que l'erreur de nos
préjugez , & la malignité où nous porte

l'envie & la jaloufie. Je ne me fuis point
trompé dans mon jugement, & j'ay à vous
rendre graces, non-feulement de ce que
vous me les avez envoyées, mais encore
de ce que vous m'avez ouvert un moyen
pour appuyer mon opinion de l'autorité
d'Ariftote. Comme cet homme a été fi
heureux, que quelques chofes qu'il ait
avancées dans ce grand nombre d'écrits
qu'il a faits, même celles qu'il a dites
fans y prendre garde, paffent aujourd'huy
chez la plûpart pour des oracles, je ne
fouhaiterois rien tant que de pouvoir fans
m'écarter de la verité, fuivre fes veftiges en tout. Mais certes je ne dois pas
me glorifier de l'avoir fait au fujet dont il
eft queftion : car quoi que j'affure avec lui
que le battement ducœur vient du gonflement d'une humeur qui s'échauffe dans
fes cavitez, toutesfois je n'entens par
cette humeur rien qui foit different du
fang, & je ne parle pas comme luy *du gonflement d'une humeur que le fuc des viandes
fournit continuellement, laquelle fouleve le
derniere tunique du cœur :* car fi j'avançois
de pareilles chofes, on me pourroit aifément convaincre d'erreur, par quantité
de preuves très-évidentes ; & l'on croi-
roit avec raifon que je n'aurois jamais confideré avec attention la ftructure du cœur
d'aucun animal, fi, fans parler des ven-

tticules & des valvules , j'affurois qu'il n'y
à que la derniere tunique du cœur qui fe
hauffe. Au refte, celuy qui fur de fauffes
premices (comme difent les Logiciens)
conclud par hazard quelque chofe de vrai,
ne raifonne pas mieux, ce me femble, que
s'il en déduifoit quelque chofe de faux ;
& fi deux perfonnes étoient arrivées en
un même lieu, l'une par des chemins de-
tournez, & l'autre par le droit chemin, il
ne faudroit pas penfer que l'une eût été
fur les voyes de l'autre.

A vôtre premiere objection , qui eft,
que quand un cœur eft hors du corps,
& coupé par morceaux, chaque parcelle
bat durant quelque temps, quoique pour
lors il n'y ait point de fang qui entre ou
qui forte.

Je répons que j'ay fait autrefois cette
experience avez affez d'exactitude, particulierement fur des poiffons , dont le
cœur bat bien plus long-temps après être
coupé, que celuy des animaux terreftres,
mais que j'ai toûjours jugé, & même, comme cela fe peut fouventfaire , j'ai vû qu'il
y avoit quelque refte de fang dans la partie où fe faifoit le battement , qui y etoit
tombé des autres parties plus hautes ; & je
me fuis aifément perfuadé que pour peu
qu'il tombe de fang d'une partie du cœur
dans une autre plus chaude, cela fuffit

pour caufer le battement : car il faut remarquer qu'une liqueur fe rarefie dautant
plus aifément, qu'elle eft en moindre quantité ; & que comme nos mains à force d'ê-
tre exercées à certains mouvemens y deviennent plus propres , de même , parce
que le cœur dès le premier mouvent de
fa formation, n'a ceffé de s'enfler, & de
fe defenfler, il ne faut que très-peu de
chofe pour luy faire continuer ce mouvement ; Et enfin comme nous voyons certaines liqueurs s'échauffer,& même s'enfler par le feul mélange de quelques autres , il peut y avoir auffi dans les replis du
cœur quelque humeur, qui reffemble au
levain, par le mélange de laquelle l'humeur qui furvient vienne à s'enfler.Au refte
cette objection a, ce me femble, beaucoup
plus de force contre l'opinion de ceux qui
croyent que le mouvement du cœur procede de quelque faculté de l'ame : Car de
grace , comment ce mouvement dépen-
droit-il de l'ame , & fur tout celuy qui fe
rencontre dans les parties d'un cœur,après
qu'elles font feparées ; vû qu'il eft de foy,
que l'ame raifonnable eft indivifible,& qu'il
n'y a aucune autre ame fenfive ou vege-
tante qui luy foit jointe.

Vous m'objectez en fecond lieu ce que
Galien rapporte à la fin du Livre intitulé
An fanguis in arteriis contineatur. C'eft une

experierce que veritablement je n'ai jamais faire, & pour la faire je n'ay pas
maintenant affez de loifir : mais aussi je
n'eftime pas que cela soit fort neceffaire.
Car posé une fois la caufe du battement
des arteres, telle que je la pofe, les loix
de la Mechanique, c'eft-à-dire de ma
Physique, m'apprennent, qu'ayant mis
un tuyau dans une artere, fi on lie cette
artere par deffus le tuyau, elle ne doit
point battre plus bas que le lien, & qu'en
ôtant la ligature elle doit battre au-delà
du lien, comme Galien l'a experimenté,
pourvû toutefois que le tuyau foit un peu
plus étroit que l'artere, ainfi que fans
doute il l'a fuppofé ; & que vous-même
le fuppofez, comme je le puis conclure,
de ce que vous dites que fi l'on ôtoit la
ligature, il fortiroit quelque peu de fang
par la playe ; car fi le tuyau rempliffoit
toute la capacité de l'artere, il bouche-
roit entierement la playe, de forte qu'il
n'en fortiroit pas la moindre goutte ; au
lieu que quand 'e tuyau nage dans l'artere
avec le fang, ce n'eft pas merveille s'il
n'arrête pas fon mouvement. Car il faut
remarquer que ce qui fait ce mouvement,
n'eft pas que le fang au fortir du cœur
fe répande tout à coup dans toutes les
arteres, comme vous le fuppofez dans
vôtre quatriéme objection ; mais c'eft que

venant à occuper toute cette partie de la grande artere, qui est la plus proche du cœur, il pousse & chasse tout l'autre sang qui est contenu dans cette artere & dans ses rameaux, ce qui se fait sans retardement aucun, & pour parler avec les Philosophes, *in instanti.* Posons, par exemple, que BCF, (*Voyez fig. 23. tom 2.*) est une artere pleine de sang, comme les arteres le sont toujours, & dans laquelle il entre nouvellement un peu de sang qui sorte de cœur A, cela étant, nous concevrons facilement que ce nouveau sang ne peut remplir l'espace B, qui est à l'orifice de cette artere, que l'autre sang qui remplissoit auparavant ce même espace B, ne se recule vers C, d'où il chasse les autres parties du sang vers D, & celle-cy les autres de suite jusques à E; en telle sorte qu'au même instant que le sang monte de A vers B, l'artere doit battre en E, quand même nous supposerions qu'il y eût entre deux, comme vers D, un tuyau ou quelqu'autre corps soit creux soit solide, pourvû qu'il nageât librement dans le sang; parce qu'un tel corps seroit aussi facile à pousser vers E, que le sang même; à cause que la superficie interieure des arteres étant fort unie, il ne trouveroit rien qui le pût arrêter, & que les arteres ayant des tuniques assez dures

ne

ne se retrecissent pas comme les intestins,
ou les veines, pour s'ajuster à la grosseur
des corps qu'elles contiennent ; d'où vient
même qu'étant vuides, & dans un animal
mort, elles ont coutume de demeurer
ouvertes, & comme beantes. Que s'il y
avoit un autre tuyau inseré dans l'artere,
à l'endroit marqué E, sur lequel cette artere fût liée, comme le veut Galien, encore que le sang puisse passer par ce tuyau
jusqu'à F, neanmoins il ne secoüera point
en cet endroit-là les côtez de l'artere, au
moins sensiblement, parce que passant d'un
lieu étroit dans un autre plus large, il
perdra une grande partie de ses forces,
& employera plûtôt ce qui luy en reste à
agir suivant la longueur de l'artere en
coulant, que suivant sa largeur en la se-
coüant, c'est-à-dire, qu'il pourra bien par
un flux continuel la remplir, & même la
rendre plus enflée, mais non pas la faire
sauter par des battemens distincts. Et il
n'y a point d'autre raison pourquoi les
veines qui sont jointes aux arteres par
diverses anastomoses, ne battent pas comme elles, sinon parce que les extremitez
par où le sang passe pour y entrer, sont
plus étroites que leurs petits canaux dans
lesquels il s'écoule.

Nous pouvons encore éprouver l'experience de Galien par deux autres moyens;

fçavoir en mettant dans l'artere un tuyau
de plume, ou d'autre matiere, qui foit
affez gros pour remplir toute fa capacité,
& s'attacher à fa fuperficie interieure, enforte qu'il ne puiffe nager dans le fang,
comme celuy qui eft reprefenté vers D.
En ce cas pourvû qu'il ait le dedans affez étroit pour ne pas donner un plus libre paffage au fang que celuy qui eft
vers E, il eft certain que fans être lié, il
arrêtera le mouvement de l'artere. Ou bien
en mettant dans l'artere un tuyau qui
foit affez large par le dedans, pour donner au fang un paffage auffi libre que l'artere luy donneroit, s'il n'y avoit point de
tuyau : en ce cas foit qu'il foit lié, ou non,
il n'empêchera point du tout le battement
de l'artere. Et il ne faut pas s'arrêter à
l'autorité de Galien, qui affure en divers
endroits, *que les arteres ne s'étendent pas,
comme des peaux de boucs, parce qu'elles s'empliffent, mais qu'elles s'empliffent comme un
foufflet, le gofier, les poumons, & toute la
poitrine, parce qu'elles s'étendent, & qu'é-
tant étenduës, elles attirent de tous les endroits voifins, par leurs extremitez & par
leurs pores, tout ce qui eft propre à les remplir :* car elle fe peut refuter par une experience très-certaine, que j'ay vûë affez
de fois avant nôtre difpute, & que je
n'ay pas été fâché de revoir encore en

vous écrivant. Voici quelle elle est. Aprés
avoir ouvert la poitrine d'un lapin vivant,
& en avoir de part & d'autre rangé les
côtes, enforte que le cœur & le tronc de
l'Aorte fe voyoient facilement, j'ay lié
avec un fil l'Aorte affez loin du cœur, &
l'ay feparée de toutes les chofes aufquelles elle touchoit, afin qu'on ne pût foupçonner qu'il y entrât des efprits ou du
fang d'ailleurs que du cœur ; enfuite je l'ay
ouverte avec une lancette entre le cœur
& la ligature, & j'ay vû manifeftement,
que dans le même temps que l'artere s'é-
tendoit, le fang en jailliffoit par l'incifion
que l'on y avoit faite, & qu'il n'en fortoit
pas une goute dans le temps qu'elle venoit à fe retrecir : Au lieu que fi l'opinion de Galien étoit vraye, cette artere
auroit dû attirer de l'air par l'incifion pendant toute la durée de la Diaftole, &
n'auroit pû jetter de fang que pendant
celle de la Syftole, comme perfonne n'en
peut douter, ce me femble. Pourfuivant
la diffection de cet animal vivant, je luy
ay coupé cette partie du cœur qu'on nomme fa pointe ; mais depuis le moment
qu'elle a été feparée de fa baze, je ne l'ay
pas vû battre une feule fois ; ce que je
mets icy à l'occafion de l'objection prece-
dente, afin que vous obferviez que ce qui
fait que les parties du cœur qui font vers

ſa baze battent encore quelque temps, eſt
qu'il y coule quelque peu de ſang des vaiſſeaux & des oreilles qui leur ſont adhe-
rentes ; mais qu'il n'en eſt pas ainſi des
parties qui ſont vers la pointe. Enfin après
que la pointe du cœur a été retranchée,
ſa baze qui étoit demeurée penduë aux
vaiſſeaux a battu aſſez long-temps ; &
j'ay vû clairement que ces deux cavitez,
qu'on nomme les ventricules du cœur, de-
venoient plus larges dans la Diaſtole, (*c'eſt-
à-dire dans le temps qu'elles rejettoient le
ſang,*) & plus étroites dans la Syſtole, (*c'eſt-
à-dire dans celuy auquel elles le recevoient ;*)
Laquelle experience ruine entierement
l'opinion d'Hervæus touchant le mouvement du cœur; car il aſſure tout le contraire, à ſçavoir, que les ventricules ſe
dilatent dans la Syſtole pour recevoir le
ſang, & qu'ils ſe reſſerrent dans la Diaſtole pour le chaſſer dans les arteres : ce
que j'ay bien voulu mettre icy, pour vous
montrer qu'on ne peut imaginer d'opinion
contraire à la mienne, qui ne ſoit renverſée par quelques experiences très-certai-
nes. Remarquez que pour bien faire cette
experience, il ne faut pas ſeulement couper l'extremité de la pointe, mais la moitié de tout le cœur, & même davantage ; Et qu'il faut faire cette épreuve ſur
un lapin, qui eſt un animal timide, & non

pas sur un chien ; car dans les chiens les
ventricules du cœur ont plusieurs replis &
petits détours , dont les cavitez particulieres s'enflent de telle sorte par la dilatation du sang , que la cavité qui les embraf-
se toutes en chaque ventricule semble en
devenir plus étroite. C'est peut - être
ce qui a trompé ceux qui ont crû que le
cœur se resserroit dans la Diastole ; mais
l'on peut éprouver par le toucher même
qu'il se dilate pour lors : car en le prenant
dans la main , on le sent beaucoup plus
dur dans la Diastole , que dans la Systole.

Vous m'objectez en troisiéme lieu, que
si la dilatation du cœur arrivoit par la rarefaction du sang , son Diastole dureroit
bien plus long-temps qu'elle ne fait ; ce
que vous vous persuadez peut-être de la
sorte , parce que vous imaginez que cette rarefaction est semblable à celle qui se
fait dans les Æolipiles , quand l'eau qui y
est se tourne en vapeur , mais il y a differentes sortes de rarefaction qu'il faut distinguer ; car celle qui se fait quand une
liqueur passant toute en fumée , ou en
air , change de forme , comme dans les
Æolipiles, est autre que celle qui arrive
quand cette liqueur retenant sa forme ne
fait qu'enfler sa masse : or il est manifeste
que cette premiere sorte de rarefaction

ne peut nullement convenir au fang dans
le cœur. Premierement, parce qu'elle ne
se fait pas de toute la liqueur à la fois, mais
seulement de celles de ses parties qui s'é-
levant de sa superficie s'etendent dans l'air
prochain (comme j'ai amplement expliqué
dans les Meteores au chap. 2. & 4.) Car
il n'y a point de cet air dans le cœur,
non plus que de superficie voisine de l'air;
& ses deux cavitez, quelques grandes
qu'elles soient, sont toutes pleines de
sang dans les animaux vivans. Secondement, parce que si cela étoit, ce ne seroit pas du sang que contiendroient les arteres, mais seulement un certain air formé
des vapeurs du sang. Mais maintenant
personne ne doute qu'elles ne soient pleines de sang. Et je diray icy en passant qu'il
y a lieu de s'étonner du peu de verité que
sçavoient nos anciens, puisque dans le
doute qu'ils avoient de celles-cy en particulier, Galien a bien pris de la peine
d'écrire un Livre tout entier, pour prouver que c'est du sang qui est contenu dans
les arteres. Quant à l'autre sorte de rarefaction, par laquelle une liqueur enfle sa
masse, il la faut encore distinguer ; car
ou elle se fait peu à peu, ou elle se fait
en un instant ; elle se fait peu à peu, quand
les parties de la liqueur acquierrent par
degrez quelque nouveau mouvement,

ou quelque nouvelle figure ou situation,
qui fait qu'elles laiffent autour d'elles des
intervalles plus grands, ou en plus grand
nombre qu'auparavant ; & j'ay expliqué
dans les Meteores comment une telle rarefaction peut proceder non-feulement de
chaleur , mais même d'un grand froid,
ou de quelques antres caufes. Pour la rarefaction qui fe fait en un moment , elle
arrive , fuivant les principes de ma Philofophie , quand toutes les petites parties
d'une liqueur , ou du moins plufieurs épar-
fes dans fa maffe , acquierrent en même
temps quelque changement , à l'occafion
duquel elles demandent d'occuper un efpace notablement plus grand que celuy
qu'elles occupoient. Or il eft aifé à voir
que c'eft de cette derniere façon que le
fang fe ratefie dans le cœur , parce que fon
Diaftole fe fait en un inftant ; & fi l'on
prend bien garde à toutes les chofes que
j'ay écrites dans la cinquiéme partie du
Traité de la Methode, l'on n'en doutera
non plus , que l'on ne doute point que
c'eft ainfi que fe ratefie l'huile & les autres liqueurs , quand on les voit enfler
tout-à-coup , & s'élever par boüillons
dans un pot : car toute la ftructure du
cœur, fa chaleur , & la nature du fang
font fi propres , & confpirent tellement
à la production de cet effet, que nous

n'appercevons par les sens aucune chose
qui me semble plus claire & plus certaine que celle-là. Car pour ce qui est de la
chaleur, encore que dans les poissons on
ne la sente pas fort grande, si est-ce pourtant qu'elle est beaucoup plus grande dans
le cœur, que dans aucune autre partie.

Mais vous nierez peut-estre que le sang
soit de nature à rarefier tout-à-coup, parce, direz-vous, qu'il n'est pas semblable
à l'huile ou à la poix, mais que c'est plûtost une humeur aqueuse & terrestre; comme si cette proprieté ne convenoit qu'aux
liqueurs grasses. He! dites-moi de grace ?
L'eau n'a-t'elle pas coutume de s'enfler
de la sorte, quand on y met cuire du pois-
son ou quelque autre chose ? Cependant
vous ne sçauriez pas dire que le sang soit
plus aqueux que l'eau même. D'ailleurs la
farine pétrie avec le levain ne s'éleve-
t-elle pas aussi en même façon, sans qu'il
soit besoin de beaucoup de chaleur ? Cependant vous ne direz pas que le sang
soit plus terrestre qu'elle. Mais qu'y a-t'il
qui approche plus du sang que le laict,
soit pour être aqueux, soit pour être terrestre ? Je ne pense pas qu'on puisse rien
trouver de plus semblable ; cependant il
est certain qu'étant mis sur le feu, quand
il est parvenu à un certain degré de chaleur, il s'enfle tout à coup. Mais qu'est-
il

il befoin de fe fervir d'exemples étrangers dont la Chymie nous pourroit fournir
un grand nombre, puifque le fang même
fe dilate en un inftant, quand tout nouvellement tiré des veines, il vient à tomber dans un lieu ou il trouve plus de chaleur qu'il n'en a, ainfi que je l'ay quelquefois experimenté? Toutefois, parce que
je fçai qu'il eft de telle nature, que dès
qu'il eft hors des vaiffeaux il fe corrompt,
& que la chaleur du feu differe en quelque chofe de la chaleur du cœur, je ne diray pas que la rarefaction qui fe fait du
fang dans le cœur, foit femblable en tout
à celle qui s'en fait ainfi par artifice. Mais
afin de ne vous rien celer icy de ce que je
penfe, voici comme j'eftime qu'elle fe
fait.

Quand le fang fe rarefie & fe dilate dans
le cœur, à la verité la plus grande partie
s'élance dehors par l'Aorte, & par la veine arterieufe, mais il en refte auffi dedans
une autre partie, laquelle rempliffant les
recoins de chaque ventricule, y acquiert
un nouveau degré de chaleur, & une certaine proprieté, approchante de celle du
levain, qui fait que fi-tôt que le cœur fe
defenfle, cette partie qui étoit reftée,
venant à fe mêler promptement avec le
fang qui tombe de nouveau dans le cœur
par la veine cave & par l'artere veneufe,

ce nouveau fang s'enfle tout-à-coup , &
paffe dans les arteres ; enforte neanmoins
qu'il en refte toûjours, comme j'ay dit ,
un peu dans le cœur , pour y fervir comme de levain ; c'eft ainfi que le levain de
pain fe fait d'ordinaire d'un morceau de
pâte déja levée, celuy de vin des reftes
de la vendange , & celuy de bierre d'une
certaine lie qu'elle fait. Au refte il n'eft
pas befoin d'un degré de chaleur fort in-
tenfe (pour parler en termes de Philofophes) pour faire que ce peu de fang qui
refte dans le cœur acquiere cette proprieté de levain ; il eft befoin feulement qu'il
foit different , felon la differente nature du
fang de chaque animal ; non plus qu'il n'eft
pas befoin de beaucoup de chaleur pour
faire que la bierre , le vin & le pain , dont
la plus grande partie de nôtre fang eft compofée , fe convertiffent en levain ; vû même que ces chofes ont cela de propre,
qu'elles s'échauffent d'elles-mêmes.

Pour vôtre quatriéme objection, je penfe y avoir déja fuffifamment fatisfait, ayant
montré cy-devant de quelle façon toutes
les arteres battent en même temps ; & ainfi
je n'ay plus qu'à répondre aux chofes que
vous avez avancées contre la circulation
du fang.

La premiere eft la difference qui fe remarque entre le fang des veines & celuy

des arteres , laquelle j'ay moi-même fait
remarquer en la 64. page de ma Methode,
comme une chose qui pouvoit être objectée à Hervæus , parce que suivant sa doctrine on ne conçoit point qu'il arrive
aucun changement au sang dans le cœur.
Mais pour moy je ne craignois pas qu'elle me pût être objectée, après avoir expliqué en ce lieu-là comment se fait la rarefaction subite du sang dans le cœur, &
cette espece de boüillonnement qu'il y
souffre. Car enfin , que peut-on imaginer
qui puisse causer un plus grand & plus
prompt changement dans un corps , que
le mélange d'un levain tel que celuy que
j'ay décrit , & ce boüillonnement dont
j'ay parlé? Peut-être direz-vous que le
sang qui sort des arteres ne souffe aucun
changement en passant dans les veines , &
qu'ainsi celuy des veines ne doit pas être
different de celuy des arteres. Pour répondre exactement à cette difficulté , je vous
prie premierement d'observer qu'il n'y a
pas une goute de sang dans les arteres
qui n'ait passé un peu auparavant dans le
cœur, & qu'il y en a toujours quelques
goutes dans les veines qui n'y sont point
entrées par les arteres : (car on sçait qu'il
tombe toujours quelque humeur des intestins dans les veines , & aussi que toutes les
veines ne doivent être considerées avec le

foye que comme un feul vaiffeau.

Cela pofé, on conçoit facilement que le fang doit retenir dans les arteres les mêmes qualitez qu'il acquiert dans le cœur; enforte que fi nous feignons qu'il devinft blanc en paffant dans le cœur, comme il devient rouge en paffant dans le foye, tout celuy des arteres feroit blanc, & tout celuy des veines feroit rouge; car le fang qui couleroit fans ceffe des arteres dans les veines, pour blanc qu'il fût, venant à fe mêler avec celuy des veines qui eft déja rouge, prendroit auffi - toft fa couleur, en même façon que l'eau étant verfée dans du vin, prend la couleur du vin. De plus il faut remarquer qu'il y a quantité de chofes, qui après avoir été fort échauffées, acquierent des qualitez tout-a-fait differentes, pour cela feul qu'on les fait refroidir ou lentement ou promptement: Ainfi, fi vous ne laiffez refroidir le verre lentement, il devient fi fragile, qu'il ne peut pas même refifter à l'air : & nous voyons que la même matiere fe convertit tantôt en fer, & tantôt en acier, felon qu'elle eft diverfement trempée; or le fang qu'on tire d'une artere fe peut comparer au verre que l'on tire tout rouge de la fournaife, & celuy qu'on tire des veines fe peut comparer au verre qui eft recuit à petit feu : & même le feu le

plus violent des fournaiſes ne ſemble
pas avoir tant de force ſur l'acier ou ſur
le verre , que la chaleur moderée du
cœur en a ſur le ſang , qui eſt une liqueur ſi ſuſceptible de changement , que
l'air ſeul le corrompt incontinent qu'il eſt
ſorti des veines.

Quant à ce que vous ajoutez de la matiere des fiévres intermittantes , je n'ay
rien autre choſe à dire, ſinon que je ne
vois pas la moindre apparence qu'elle
puiſſe reſider dans les veines, & j'admire comment une opinion qui n'eſt appuyée
d'aucune raiſon probable, a eu tant de
Sectateurs. Fernel au livre quatriéme
de ſa Pathologie chapitre neuviéme, diſpute fort au long contr'eux (ce que je
dis pour refuter une autorité par une autre ; mais enfin il l'emporte par ſes raiſons ;. & entre les autres il en donne une qui me ſemble ſuffire toute ſeule ; qui eſt, que ſi la matiere des fiévres
intermittantes procedoit des veines , ou
il n'y auroit jamais de double tierce , ou
toute fievre tierce bien vehemente ſeroit double ; il en faut dire autant de la
fievre quarte. Je ne rapporte icy aucune
raiſon qui ſoit de moy , & ne dis pas même ce que je penſe des fiévres, de peur
de me laiſſer emporter en d'autres difficultez.

R iij

Reste maintenant cette experience qui
consiste d'lier la plufpart des veines qui
tendent vers la jambe, en laiffant les arteres libres ; vous dites qu'une jambe en
cet érat ne s'enfleroit point, mais qu'au
contraire elle diminueroit peu à peu, faute de nourriture. Sur quoy j'ay à répondre
qu'il faut diftinguer les temps ; car il eft
certain que fi-toft que les veines feront
ainfi liées, elles s'enfleront un peu ; &
même que fi l'on vient à en ouvrir quelqu'une au deffous de la ligature, tout le
fang qui eft dans le corps, ou la plus
grande partie, en pourra fortir par l'ouverture que l'on aura faite, comme les
Chirurgiens l'experimentent tous les jours.
Et cela ne fert pas fimplement à nous
perfuader comme une raifon probable,
que le fang pourroit bien circuler, mais
c'en eft, fi je ne me trompe, une démonftration très-évidente. Que fi on laiffe
long-temps ces veines ainfi liées, je penfe bien que ce que vous en avez écrit fe
trouvera vray (quoi que je ne l'aye jamais
experimenté) parce que le fang ne coulant plus, mais croupiffant dans ces veines qui feroient liées, deviendroit en
peu de temps fort épais, & peu propre
à nourrir les corps ; Et cela étant, il ne
pourroit plus couler continuellement de
nouveau fang des arteres en cette partie,

comme de coûtume, parce que toutes les
branches & les petits conduits tant des arteres que des veines étant bouchez par
ce sang épaissi, son cours seroit empêché;
& même il se pourroit peut-être aussi faire
que ces veines se désenfleroient quelque
peu, parce que les serositez du sang qu'elles contiennent en pourroient sortir par
insensible transpiration. Mais tout cela ne
fait rien contre la circulation.

INSTANTIÆ

EJUSDEM MEDICI LOVANIENSIS,

Ad quasdam ex præcedentibus responsionibus.

LETTRE X.

QUod ad responsiones tuas ad mea objecta attinet, petis tibi significari quo
pacto eæ mihi satisfecerint, libere dicam
me iis ita non posse acquiescere, quin re-
stent quædam quæ adhuc enucleatius à
te dici postulem.

Ad primum ais, in cordibus exemptis
nonnullas sanguinis reliquias in partem in
qua pulsatio fit ex aliis superioribus de-

labi : fed obfervo etiam illas partes fuperiores, in quas ex aliis nihil delabi poteft, pulfare. Subjungis hanc eandem objectionem multo plus virium habere in
vulgarem aliorum opinionem exiftiman-
tium, motum cordis ab aliqua animæ facultate procedere, quam in tuam. Sed
hoc te non excufat, quia fortaffis neque
hæc, neque illa tua vera eft motus illius
caufa. Nihilominus ego vulgarem opinionem falvam facere mihi poffe videor,
nam etfi in corde humano exempto anima non fit, nec confequenter etiam facultas, inftrumentum tamen animæ illi
aliquantifper ineft, fpiritus fcilicet in virtute animæ agens. Sic exiftimo in cadavere
hominis fubito decollati fieri attractiones
& coctiones & affimilationes alimenti perinde uti in vivente, quandiu calor & fpiritus vivificus cadaveri ineft.

Ad fecundum dicis : motum arteriarum
fieri ex eo quod partem arteriæ magnæ
cordi proximam fanguis occupans, totum
alium fanguinem impellat, &c. Non ita
fieri docent cafus chirurgici. Nam vulne-
rata arteria, maximum opus & labor chi-
rurgis eft, ut fanguinem fiftant : intrudunt
pulveres aftringentes & lintea, & nefcio
quæ in ipfum vulnus arteriæ, adeo ut per
ifta aliena corpora arteriæ impacta difcon-

tinuent sanguinem , qui est in arteria infra vulnus ab eo qui est supra : attamen
motus arteriæ infra vulnus non sistitur ,
neque illa corpora libere fluitant cum sanguine in arteriis , sed fixa & impacta sunt :
alioquin enim non sisteretur sanguis.

Postea addis , si in arteriam intrudatur
calamus tam crassus ut totam capacitatem
ejus repleat , intus autem cavitatem habeat angustam , ita ut non præbeat liberum transitum sanguini , eo casu non ligatus etiam motum sistet, atque ideo putas
venas non pulsare , &c. sive intus à tubulo liber sanguinis transitus impediatur,
sive foris à circumjecto aliquo corpore
arteriam comprehendente id ipsum fiat ,
perinde est , uti puto. Atqui quantumcum-
que à corpore extrinseco angustentur arteriæ & comprimantur , modo non penitus
collidantur & constringantur tunicæ, motus
non aufertur. Est hoc certissimum , ergo ,
&c. Quæ de viva cuniculi sectione affers
vera sunt , & Gal. quoque in lib. de ad-
minist. anat. idem prodidit, admirans quomodo basis cordis ultimo pulset.

Ad tertium inquis , etsi in cordibus
piscium non magnus calor sentiatur , est
tamen illic major quam in aliis eorum
membris. Sic ita : non tamen est tantus,
ut posset sanguinem piscium rarefacere ,

& quidem tam celeriter. Manus noſtræ multo ſunt cordibus piſcium calidiores, at hæ ſanguinem, piſcium continentes id non faciunt.

Confugis deinde ad fermentum cordiale, quod rarefaciet ſanguinem, quod fermentum vereor ne figmentum ſit. Et ut non ſit: quomodo, inquam, tam celeriter rarefaciet: hoc enim vero contra naturam geniumque fermenti eſt. Hæc igitur explicari adhuc deſidero, ſi jubet: ſi operæ pretium non videatur, & ſatis explicata putes, ſuperſede, & conabor per me tua concoquere. Cætera quæ dicis pro circulatione ſanguinis, ſatis bene ſe habent, neque ea ſententia valde diſplicet.

INSTANCES

DU MESME MEDECIN DE LOUVAIN

A MONSIEUR

DESCARTES.

LETTRE X.

Version.

MONSIEUR,

Puisque vous desirez sçavoir de quelle
forte vos réponses m'ont satisfait, je vous
diray librement qu'elles ne m'ont pas pleinement contenté, & qu'il y a encore certaines choses qui demandent que vous
expliquiez un peu davantage, si vous
voulez me donner une entiere satisfaction.

A ma premiere objection vous dites que
quand le cœur est separé du corps, s'il
y a quelque partie qui batte, il faut qu'un
reste de sang y soit tombé des autres
parties superieures ; mais je remarque

que les parties mêmes, qui pour être les plus hautes de toutes, ne peuvent recevoir de sang d'ailleurs, battent aussi.

Vous ajoutez, que cette objection fait moins contre vous, que contre l'opinion vulgaire de ceux qui croyent que le mouvement du cœur procede de quelque faculté de l'ame ; mais cela ne vous excuse point : car peut-être que ni eux ni vous ne connoissez point encore la vraye cause de ce mouvement. Et même, quoi que vous disiez, il me semble pouvoir aisément sauver l'opinion vulgaire : car bien que l'ame ne soit plus dans un cœur humain, quand il est separé du corps, & & qu'ainsi il n'y ait plus en luy de faculté ; toutefois il reste dans le cœur un certain esprit, qui ayant été l'instrument de l'ame, agit encore par sa vertu, après qu'elle est sortie ; & c'est ce qui me fait croire que l'attraction, la coction, & l'assimilation des alimens se font aussi-bien dans le corps d'un homme nouvellement decapité que s'il étoit vivant, tant qu'il y reste de la chaleur & de cet esprit vivifique.

A ma seconde objection, vous dites que le mouvement des arteres vient de ce que le sang qui occupe cette partie de la grande artere qui est proche du cœur, pousse tout l'autre sang. Je trouve nean-

moins que cela eſt contraire aux experiences de la Chirurgie. Car, par exemple, quand une artere eſt offenſée & ouverte par quelque fiſtule, on ſçait que ce
n'eſt pas un petit ouvrage, ni une petite
peine pour les Chirurgiens que d'arrêter
le ſang : c'eſt ce qui fait que pour en venir à bout, ils mettent dans la playe des
poudres aſtringentes, des linges, & je
ne ſçai combien d'autres ingrediens ; en
ſorte que par le moyen de ces corps étrangers qu'ils y fourrent à force, ils font
que le ſang qui eſt au deſſous de la playe
ne touche plus à ce'uy de deſſus ; & cependant le mouvement de l'artere ne s'arrête point au deſſous de la playe, mais
elle continuë d'y battre, ce qui ne devroit
point arriver ſi ce que vous dites étoit
vray, ni ces corps étrangers ne nagent
pas librement avec le ſang dans les arteres, comme vous voulez qu'ils y nagent,
pour ne point empêcher ce battement,
mais ils y ſont fixes & preſſez, autrement
ils n'auroient pû arrêter le ſang qui ſortoit
par la playe. Vous ajoutez à cela que ſi l'on
fourre dans une artere un tuyau aſſez gros
pour remplir toute ſa capacité, & qui
ſoit ſi étroit par dedans, que le ſang n'y
puiſſe paſſer librement, il ne laiſſera pas
d'arrêter le mouvement de l'artere, encore qu'il n'y ait aucune ligature ; & c'eſt

pour cette même raiſon que vous voulez
que les veines ne battent poînt , &c. Mais
quelle différence peut-il y avoir ; que le
paſſage libre du ſang ſoit empêché , ou
en mettant un tuyau dans une artere , ou
bien en l'entourant par dehors de quelque corps qui la ſerre , je penſe que cela
doit avoir le même effet , & neanmoins
que l'on étreciſſe & que l'on ſerre tant
que l'on youdra les arteres par dehors ,
pourvû que leurs runiques ne touchent
point , & qu'elles ne ſoient pas preſſées
l'une contre l'autre , leur battement ne
ſera point arrêté : ce qui étant hors de
doute , je vous laiſſe à en tirer la conſéquence. Ce que vous rapportez de la diſ-
ſection d'un lapin vivant eſt vrai ; & Galien raporte la même choſe au livre *De
adininiſ. anat.* s'étonnant de ce que la baze
du cœur eſt la derniere partie qui batte.

A ma troiſiéme objection , vous répondez qu'encore qu'on ne ſente pas une
grande chaleur dans le cœur des poiſſons,
ils en ont toutefois plus en cette partie-là,
qu'en aucune autre ; je vous l'accorde.
Mais cette chaleur n'eſt pas ſi grande
qu'elle puiſſe rarefier leur ſang , & encore
en ſi peu de temps. Nos mains ſont beaucoup plus chaudes que le cœur des poiſſons ; cependant quand elles ſont pleines
de ſang de poiſſon , elles ne le font point
rarefier de la ſorte.

Enfin vous avez recours à un certain
levain que vous dites être dans le cœur, &
servir à rarefier le sang : mais je crains
fort que ce levain ne soit une chose vaine & imaginaire ; & quand il ne le seroit
pas , comment pourroit-il rarefier le sang
si promptement? Cela est entierement contre l'ordinaire & le naturel du levain. Je
souhaiterois donc , s'il vous plaist, que ces
choses fussent encore expliquées : toutefois
si vous croyez qu'il n'en soit pas besoin ,
& que vos réponses vous semblent assez
claires & assez exactes , demeurez-en là ,
je tâcheray de les digerer tout seul. Le
reste de ce que vous m'avez écrit pour
la preuve de la circulation du sang se
soutient assez , & c'est une opinion qui
ne me déplaist pas.

RESPONSIO
CARTESII
AD PRÆCEDENTES INSTANTIAS,

*Maximam partem ad pulfationem arteriarum
& cordis pertinentes.*

LETTRE XI.

Dlligentiæ tuæ tum in refpondendo,
tum in aliorum ad me litteris mit-
tendis multum debeo. Et ea quæ rurfus
objicis nequaquam contemnenda , fed fi
quid aliud , refponfione accurata digna
effe mihi videntur. Ad primum enim opti-
me mones cordis exempti fuperiores partes præcipue pulfare , unde concludis
hanc pulfationem à fanguinis illapfu non
pendere. Sed duo hic funt advertenda,qui-
bus puto hanc difficultatem radicitus ex-
tirpari. Unum eft illas cordis partes , quæ
fuperiores vocantur, nempe quæ ad ba-
fim, duplices effe , alias fcilicet quibus
inferuntur vena cava & arteria venofa,
quæ quidem non moventur ob rarefactionem novi fanguinis in eas delabentis,

poftquam

postquam auriculæ & vasa omnia illis ad-
hærentia sunt abscissa, nisi forte quatenus
aliquid ex coronaria, vasisque aliis per
cordis substantiam sparsis, quæ tunc omnia circa basim aperta sunt, in ipsarum
civitates fluit; alias vero, quibus inserun-
tur vena arteriosa & arteria magna, quæ
omnium ultimæ debent pulsare, etiam
mucrone cordis abscisso, quia nempe cum
sanguis per illas egredi sit assuetus, tam
faciles ibi vias invenit, ut omnes ejus
reliquiæ quæ in dissecti cordis partibus reperiuntur, eo tendant. Alterum hic notandum est, auricularum cordis partium-
que illis adjacentium motum valde diversum esse à motu reliquæ ejus molis; non
enim in iis ideo percipitur quod sanguis
rarefiat, sed ideo tantum quod ex illis
affatim delabatur, saltem corde jam la-
cero & languenti. Nam in vegeto adhuc
& integro alius auricularum motus etiam
apparet, qui fit ex eo quod sanguine re-
pleantur. Partes autem cordis superiores
usque ad ea ventriculorum loca quibus
extremitas valvularum tricuspidum inse-
runtur, interdum reliqui cordis, interdum auricularum motum imitantur. Quibus notatis, si non graveris ultimos cordis alicujus moribundi motus attente considerare, non dubito quin facillime propriis oculis iis percepturus partes ejus su-

Tome II.   S

premas , hoc est illas ex quibus sanguis
in alias delabi debet , numquam tunc moveri nisi eo motu quo vacuantur , atque
ventriculis secundum longitudinem scif-
fis videbis interdum auriculas ter aut quater agitari , & singulis vicibus aliquid sanguinis in ipsos mittere , priusquam cor semel pulset , aliaque multa quæ sententiam
meam omnia confirmabunt. Petes autem
fortasse quomodo per illum solum sanguinis ex auriculis cordis delapsum tantus motus in iis fieri possit quantus tibi tunc apparebit , cujus rei duas causas hic exponam. Prima est , quia vivo animali cum
sanguis non continuo & æquali motu , sed
per interrupta momenta ex auriculis in
cor affatim decidat, fibræ omnes partium
per quas transit ita conformantur à natura . ut si vel minimum quid per eas delabatur , tantumdem fere & tam cito debeant aperiri , quam consueverunt cum
magnæ sanguinis copiæ transitum præbent.
Altera est , sanguinis rorem exiguum ex
vulneratis partibus cordis exudantem cogi
debere in guttulam satis insignis magnitudinis , priusquam in medios ejus ventriculos fluat , eodem modo quo sudor è cute
sensim emergens aliquamdiu ibi hæret ,
donec guttæ ex eo formentur , quæ subito
postea in terram cadunt. Cum vero ad hoc
quod subjunxi , nempe tuam objectionem

plus virium habere in vulgarem aliorum
opinionem, quam in meam, respondes
hoc me non excusare, verum dicis ; &
ideo etiam mei moris non est in aliis refu-
tandis tempus terere. Sed ut te ad meas
partes pertraherem, non inutile fore putabam, si nullas alias esse, quas potiori jure sequi posses, ostenderem. Verum imitari vis egregios illos belli duces, qui
cum arcem aliquam, quæ male munita
est, servandam susceperunt, licet obsi-
dentibus resistere se non posse agnoscant,
non tamen ideo protinus iis se dedunt,
sed malunt omnia prius tela consumere &
extrema quæque experiri : unde fit ut sæpe dum vincuntur plus gloriæ quam ipsi
victores reportent. Nam cum, ut explices quo pacto cor in hominis cadavere ab
anima absente moveri possit, confugit ad
calorem & spiritum vivificum, tanquam
animæ instrumenta quæ in virtute ejus
hoc agant, quid quæso aliud est quam extrema velle experiri : erenim si hæc instrumenta interdum ad hoc sola sufficiant, cur
non semper ? Et cur potius imaginaris illa
iu virtute animæ agere, cum ipsa abest,
quam ista animæ virtute non indigere, ne
quidem cum adest. Ad secundum quod
ais, de modo quo chirurgi læsæ arteriæ
sanguinem sistunt, respondeo, quoties
pulsatio ultra vulnus non cessat, alveum

ipfum arteriæ per quem fanguis fluere con-
fuevit non obturari, fed tantummodo fo-
ramen in cute & carnibus per quod è corpore egredi poffet. Ad id autem quod
fubjungis, refpondeo magnum effe difcri-
men inter arteriam in qua fanguinis tran-
fitus à tubulo immiffo impeditur, & illam quæ vinculo foris circumjecto redditur anguftior: nam licet fententia Galeni
dicentis motum arteriarum pendere à vi
quadam per earum tunicas fluente, nullo
modo probabilis mihi videatur, valde tamen rationi confentaneum effe puto partibus arteriæ ante vinculum concuffis ulte-
riores etiam ex confequenti moveri, faltem quando vinculum non eft tale ut motum tunicarum arteriæ plane fiftat, quale
vix in cafu propofito effe poteft. Atqui
fi quæ pars arteriæ multo anguftior aliis
reddatur, & fimul ejus tunicæ eo in loco
motu omni priventur, à quacumque de-
mum caufa id fiat, partium fequentium
pulfationem ceffaturam etiam effe firmiter
credo.

Ad tertium caufaris frigus pifcium, ut
heges fanguinem in eorum corde rarefieri;
fed fi mihi nunc hic adeffes, non poffes
non fa eri etiam in frigidiffimis animalibus motum iftum à calore procedere; vi-
deres enim anguillæ corculum perexiguum,
quod hodie mane ante horas 7. vel 8. ex-

cidi, dudum plane mortuum atque in superficie jam siccum, mediocri calore foris ei admoto revivifcere, & rurfus fatis celeriter pulfare. Ut autem fcias non folum calorem, fed etiam fanguinis illapfum ad hoc requiri, ecce illud immitto ejufdem anguillæ fanguini, quem in hunc ufum fervaveram, & deinde calefacie ndo efficio ut non minus celeriter & infigniter pulfet quam in vivo animali. In hoc autem corde perfpicuo etiam vidi hodie mane, quod de motu partium cordis fuperiorum, dum fanguis ex iis effluit, fuprà fcripfi : etenim tota ejus parte amputata cui vena cava inferebatur, & quæ proprie fuprema omnium dici debet, obfervavi fequentem partem, quæ tunc fuprema erat non amplius cum reliquo corde pulfare, fed tantum fanguinem ex vulnere rorantem in fe interdum recipere cum quodam motu ab illo pulfationis prorfus diverfo. Verum quia fi quando forte incidas in fimile experimentum, videre poteris cor ejufmodi frigidorum animalium fæpe pulfare, licet nulla fanguinis aliunde in illud illabentis fufpicio effe poffit. Ibo hic obviam objectioni quam inde merito defumeres, & dicam quo pacto pulfationem iftam fieri intelligam. Primum obfervo hunc fanguinem multum differre ab eo calidiorum animalium, cujus fcilicet, cum

è corpore eductus eſt, partes ſubtiliſſi-
mæ momento temporis in auras evolant,
& quod ſupereſt partim in aquam, partim
in grumos faceſſit : hic enim anguillæ ſanguis tota die, non dicam incorruptus, ſed
ſaltem, quantum viſu poſſum percipere,
non mutatus manſit, ſemperque multi vapores ex eo egrediuntur, adeo ut ii, ſi
vel minimum calefiat, inſtar fumi denſiſ-
ſimi aſſurgant. Præterea memini me alias
vidiſſe cum ligna viridia urerentur, vel po-
ma coquerentur, vapores vi caloris ex eorum partibus interioribus emergentes non
modo per anguſtas corticis rimas exeundo
ventum imitari, quod nemo non advertit,
ſed etiam interdum ita diſpoſitam eſſe
partem corticis in qua tales rimæ fiunt,
ut aliquantum intumeſcat priuſquam rima
aperiatur, quæ deinde rima aperta con-
feſtim detumeſcit, quia nempe omnis vapor illo tumore incluſus affatim tunc egreditur, nec novus tam cito ſuccedit. Sed
paulo poſt, vapore alio ſuccedente, pars
eadem corticis rurſum intumeſcit, & rima aperitur, & vapor exit ut prius. Atque hic modus ſæpius repetitus pulſatio-
nem cordis, non quidem vivi, ſed ejus
quod hic habeo ex anguilla exciſum per-
belle imitatur. His autem animadverſis
nihil magis obvium eſt, quam ut judicemus fibras, ex quibus cordis caro com-

ponitur, ita esse dispositas, ut vapor in-
clusi sanguinis iis attollendis sufficiat,
atque ut ex eo quod ita attollantur magni meatus aperiantur in corde, per quos
omnis ille vapor statim evolat, & cor
detumescit, &c. Quod confirmare libet
alio casu hodie etiam à me observato,
nempe abscidi corculi anguillæ partem
supremam (hoc est illam cui vena cava
inserebatur, & quæ eodem ibi officio
fungebatur quo dextra auricula in terrestrium animalium cordibus,) ipsamque,
cujus confusa lineamenta nihil aliud quam
guttulam crassi sanguinis referebant, in
ligneo vase separatim servavi, ut experi-
rer an aliqua in ea pulsatio appareret,
sed nullam plane initio deprehendi, quia
nempe, ut paulo post agnovi, cum multi
meatus ibi essent aperti & patentes, vapor omnis è sanguine emergens continuo
& non impedito motu evolabat. Sed post
horæ quadrantem vel amplius, cum ista
sanguinis guttula, cui nempe cordis particula innatabat, in superficie siccari, &
quadam veluti cute obduci cœpisset, ma-
nifestam in ea pulsationem aspexi, quæ
calore admoto increscebat, & non de-
stitit donec omnis humor sanguinis fuerit exhaustus.

Cæterum valde miror id quod attuli

de fermento tibi videri figmentum, &
me ad illud confugisse, tanquam si valde urgerer, & aliter me tueri minime
possem ; nam certe absque ea mea sen-
tentia facillime & explicatur & demon-
stratur : sed ea admissa necessarium est
etiam fateri aliquid sanguinis in corde
rarefacti ex una ejus diastole in aliam
remanere, atque ibi se permiscendo sanguini de novo advenienti rarefactionem
ejus adjuvare, qua in re fermenti naturam
& genium plane refert.

REPONSE

REPONSE

DE

MONSIEUR DESCARTES,

LETTRE XI.

Version.

MONSIEUR,

Je vous suis très-obligé de la diligence que vous apportez à répondre à mes lettres, & du soin que vous prenez de m'envoyer celles des autres. Les nouvelles instances que vous me faites sont très-considerables, & si jamais il m'en a esté fait que j'aye jugé dignes de quelque réponse, ce sont celles-cy.

Quant à la premiere, vous m'avertissez fort à propos que les plus hautes parties du cœur sont celles qui battent le plus quand il est tiré du corps, d'où vous inferez que ce battement ne procede pas de la chûte du sang; mais il faut icy prendre garde à deux choses, qui peuvent à mon avis lever toute la difficulté. La premiere

Tome II. T

eſt que ces parties du cœur qu'on nomme ſuperieures , c'eſt-à-dire qui ſont à ſa
baze , ſont doubles ; car 1. il y a celles
où ſont inſerées la veine cave & l'artere
veneuſe ; & pour celles-là , il eſt vrai de
dire qu'elles ne ſe meuvent pas par la rarefaction de quelque nouveau ſang qui y
découle , après que les oreilles & tous les
autres vaiſſeaux qui leur étoient joints , &
qui avoient coutume de leur en fournir,
ſont retranchez ; ſi ce 'n'eſt que par hazard il en coule un peu dans leurs cavitez de la coronaire , & des autres petits
vaiſſeaux épars dans la ſubſtance du cœur,
qui pour lors ſont ouverts autour de ſa
baze. De plus , il y a les parties auſquelles ſont inſerées la veine arterieuſe & la
grande artere : Pour celles-là , elles doivent battre les dernieres de toutes , même après que la pointe du cœur eſt retranchée , parce que comme c'eſt par ces
parties-là que le ſang a accoutumé de
ſortir , il y trouve des routes ſi faciles ,
& tout eſt diſpoſé de telle ſorte dans un
cœur, quoique coupé , que tout ce qui
reſte de ſang eſt porté vers elles.

La ſeconde choſe qu'il faut icy obſer-
ver , eſt, que le mouvement des oreilles
du cœur, & des parties qui leur ſont voi-
ſines , eſt fort different de celuy de tout
le reſte de ſa maſſe ; car ſi l'on voit qu'el-

les remuënt quand le cœur eſt en pieces &
déja languiſſant, ce n'eſt pas que le ſang qu'-
elles contiennent ſe rarefie, mais c'eſt qu'il
en ſort à groſſes gouttes. Car quand le cœur
eſt encore vigoureux & entier, il paroiſt
un autre mouvement aux oreilles, qui
vient de ce qu'elles s'empliſſent de ſang;
or les parties ſuperieures du cœur, à les
prendre juſqu'à cet endroit des ventricules où les extremitez des valvules tricuſ-
pides ſont inſerées, imitent tantôt le mouvement des oreilles, & tantôt celuy de
tout le reſte du cœur.

Après ces obſervations, ſi vous prenez
la peine de conſiderer avec attention les
derniers mouvemens d'un cœur mourant,
je ne doute point que vous ne reconnoiſſiez à l'œil que ſes plus hautes parties,
(j'entens celles d'où le ſang doit tomber
dans les autres) n'ont point alors d'autre
mouvement, que celuy qu'elles ont ordinairement quand elles ſe vuident. Et ſi
vous coupez ſes ventricules en long, vous
verrez les oreilles battre juſques à trois
& quatre fois, & à chaque fois dégouter
du ſang dans les ventricules, avant que
le cœur batte une ſeule fois; vous verrez
auſſi avec cela pluſieurs autres choſes qui
confirment mon opinion. Mais vous de-
manderez peut-être, comment un ſi grand
mouvement, que celuy qui vous paroîtra

lors aux oreilles du cœur, peut être cau-
sé par la seule chûte du sang qui en dé-
goute. En voici deux causes ; la premiere
est, parce que, comme le sang n'entre
pas dans le cœur d'un animal, quand il
est vivant, d'un flux égal & continuel,
mais qu'il ne tombe des oreilles dans ses
ventricules qu'à grosses goutes, & à mo-
mens interrompus, toutes les fibres des
parties par où le sang a accoûtumé de
passer sont tellement disposées par la nature, que pour peu qu'il y en coule pour tomber dans le cœur, ces parties se doivent
ouvrir aussi fort & aussi vîte qu'elles ont
accoutumé de s'ouvrir, quand elles donnent passage à une plus grande quantité de
sang. L'autre est, que cette petite rosée de
sang, qui sort comme une sueur de toutes les parties du cœur que l'on a blessées
en les coupant, doit se rassembler, &
former une goute assez notable, avant
qu'elle puisse couler jusqu'au milieu de ses
ventricules ; en même façon que la sueur,
qui sortant insensiblement de nôtre peau,
s'arrête quelque temps sur elle, jusques
à ce qu'elle se soit assemblée en goutes,
lesquelles par après tombent tout d'un
coup à terre.

Au reste, quand sur ce que j'ai dit en
répondant à vôtre objection, qu'elle avoit
plus de force contre l'opinion vulgaire,

que contre la mienne , vous répondez
que cela ne m'excufe pas , vous dites
vrai ; auffi n'eft-ce pas ma coûtume de
perdre le temps à refuter les autres ;
mais je croyois en cette rencontre ne pas
peu faire , pour vous obliger à vous ran-
ger de mon parti , fi je vous montrois que
vous n'en pouvez fuivre d'autre avec plus
de raifon. Sans doute que vous avez voulu imiter ces braves , qui ayans entrepris
de défendre une place mal munie , ne fe
rendent pas d'abord aux affiegeans , quoi
qu'ils voyent bien qu'ils ne leur pourront
réfifter , & qui pour donner des preuves
de leur courage , veulent auparavant ufer
toute leur poudre , & tenter les dernieres extrémitez ; d'où il arrive que leur
défaite leur eft fouvent plus glorieufe qu'à
leurs vainqueurs. Car lors que pour expliquer comment le cœur peut encore être
mû dans le cadavre d'un homme par l'a-
me qui en eft abfente , vous avez recours
à la chaleur , & à un efprit vivifique ,
comme à des inftrumens qui ayant fervi
à l'ame pour cet effet , font encore capables de le produire par fa vertu ; de
grace , qu'eft-ce autre chofe que de vouloir tenter les extrémitez ? Car enfin , fi
ces inftrumens font quelquefois fuffifans
pour produire tous feuls cet effet , pourquoi ne le font-ils pas toujours ? Et pour-

quoi vous imaginez-vous plûtôt qu'ils agis-
fent par la vertu de l'ame, quand elle est
abfente , que non pas qu'ils n'ont point
befoin de fa vertu, lors même qu'elle est
prefente.

A la feconde objection, que vous tirez
de la maniere dont les Chirurgiens arrêtent le fang d'une artere ouverte, je répons que quand le poux ne cesse pas au
deffus de la playe, c'est qu'il n'y a que le
trou de la peau, & des chairs par où le
fang pourroit fortir, qui foit bouché, &
que le canal de l'artere par où le fang a
accoutumé de couler ne l'est pas.

A ce que vous ajoutez au même endroit, je répons qu'il y a bien de la difference, entre une artere où le libre passage du fang est empêché par un tuyau qu'on
a mis dedans, & entre celle qu'on a renduë plus étroite par une ligature faite en
dehors.

Car encore que l'opinon de Galien, qui
dit que le mouvement des arteres depend
d'une certaine vertu qui fe coule & fe
gliffe le long de leur tunique, ne me femble nullement probable , je penfe pourtant que la continuité qui est dans les tuniques , fait que l'on peut 'raifonnable-
ment croire, que quand les parties d'une
artere qui font au deffus de la ligature
font ébranlées par les fecouffes du fang ,

celles qui font au deſſous ſe doivent auſſi
par conſéquent reſſentir de leur mouvement, du moins quand le lien n'eſt pas
ſi ſerré qu'il puiſſe arreſter entierement le
mouvement des tuniques de cette artere,
comme il ne peut preſque jamais arriver
dans le cas propoſé. Mais ſi l'on rétrécit
une artere en quelque endroit, beaucoup
plus que dans les autres, & qu'en même
temps ſes tuniques ſoient privées de tout
mouvement en cet endroit-là, par quelque cauſe que cela ſe faſſe, je crois fermement que le battement des parties plus
baſſes ceſſera auſſi.

Dans vôtre troiſiéme inſtance, vous
alleguez le froid des poiſſons comme une
raiſon pour nier que le ſang ſe rarefie
dans leur cœur ; mais ſi vous étiez maintenant icy avec moy, vous ne pourriez pas
déſavoüer que ce mouvement procede de
la chaleur, même dans les animaux les
plus froids ; car je vous ferois voir preſentement le petit cœur d'une anguille,
que j'ay coupé ce matin il y a ſept ou
huit heures, en qui il ne reſte plus aucun ſigne de vie, & qui déja eſt tout ſec
en ſa ſurface, comme revivre, & battre
encore aſſez vîte, dès que j'en approche
par dehors une mediocre chaleur.

Mais afin que vous ſçachiez que la chaleur ſeule ne ſuffit pas, & qu'il faut auſſi

que quelque goute de fang y découle, pour
caufer ce battement, je vous donne avis
que voilà que je mets ce cœur dans le
fang de cette même anguille, lequel j'ay
gardé tout exprès, puis en l'échauffant mé-
diocrement, je fais qu'il ne bat pas moins
vîte ni moins fortement que lors que cette anguille étoit vivante. C'eft dans ce
même cœur que j'ay vû encore clairement ce matin ce que j'ay écrit cy-devant
du mouvement qui arrive aux parties fu-
perieures du cœur, quand le fang en dé-
goute; car après en avoir ôté la partie
où étoit inferée la veine cave, qui eft
proprement la plus haute de toutes, j'ay
pris garde que la partie fuivante, qui étoit
devenuë la plus haute par le retranche-
ment de l'autre, ne battoit plus avec le
refte du cœur, mais feulement que recevant par fois une petite rofée de fang
qui dégoutoit de la playe, elle avoit un
mouvement tout-à-fait different de celuy
du poux ordinaire.

Mais parce que s'il vous arrive jamais
de faire une femblable experience, vous
pourrez voir que le cœur de ces fortes
d'animaux froids bat fouvent, quoi qu'on
ne puiffe aucunement foupçonner qu'il y
tombe du fang d'ailleurs, je veux prévenir une objection que vous en pourriez
legitimement tirer, en vous expliquant

comme je conçois que se fait cette sorte
de battement. Premierement, j'obferve
que ce sang diffère beaucoup de celuy des
animaux, qui ont plus de chaleur, duquel les plus subtiles parties s'envolent en
l'air, dès qu'il est tiré du corps, après quoi ce
qui reste, ou se réfout en eau, ou s'épaissit
en grumeaux; car j'ai gardé tout aujour-
d'huy le sang de cette anguille, fans qu'il
se soit corrompu, ou du moins sans qu'il y
soit arrivé aucun changement que l'on
puisse appercevoir; il ne laisse pourtant
pas d'en sortir toujours quantité de vapeurs, & si-tôt qu'on l'échauffe tant soit
peu, ces vapeurs s'élevent comme une fumée fort épaisse.

De plus, il me souvient d'avoir autrefois observé en voyant brûler du bois
verd, ou cuire des pommes, que la chaleur fait élever certaines vapeurs des parties interieures, lesquelles en passant par
les petites fentes ou crevasses qui se font
à l'écorce, font une espece de vent; ce
que tout le monde peut avoir observé
aussi-bien que moy : mais il arrive aussi
par fois que l'endroit de l'écorce où se
fait une telle crevasse est tellement dif-
posé qu'il s'enfle quelque peu, avant que
la crevasse s'ouvre, & qu'il se defenfle si-
tôt qu'elle est ouverte, parce que toute
la vapeur qui étoit renfermée dans cette

tumeur en fort promptement & avec bruit,
& qu'il n'en fuccede pas fi-tôt de nouvelle ; mais peu de temps après une autre
vapeur fuccedant , la même partie de
l'écorce s'enfle derechef , la petite cre-
vaffe fe r'ouvre , & la vapeur s'échappe
comme auparavant : & ce mouvement
ainfi fouvent repeté imite parfaitement
bien le battement d'un cœur , non pas à
la verité d'un cœur vivant , mais d'un
cœur tel que celuy dont je me fers pour
cette experience , & que j'ai arraché ce
matin d'une anguille. Cela ainfi obfervé,
il n'y a rien , ce me femble , qui doive
empêcher de croire, que les fibres, dont
la chair du cœur eft compofée, font dif-
pofées enforte , que la vapeur du fang ,
qui y eft enfermé , eft capable de les élever , & de faire que de ce qu'elles s'élevent ainfi, il s'ouvre de grands paffages dans
le cœur , par où toute cette vapeur s'en-
vole incontinent , au moyen de quoy le
cœur fe defenfle. Ce que je puis confirmer par une autre obfervation que j'ay
faite encore aujourd'huy , qui eft telle.
J'ai pris le petit cœur d'une anguille , &
en ay coupé la plus haute partie , (c'eft-à-
dire , celle où la veine cave étoit inferée ,
& qui faifoit en cette anguille la même
fonction que fait l'oreille droite dans le
cœur des animaux terreftres.) Après l'a-

voir coupée, toute dégoutante encore de
fang qu'elle étoit, je l'ai mise à part
dans une écuelle de bois, où vous l'euffiez
prife pour une goute de fang un peu épaif-
fi, qui nageoit dans une autre goute de
fang moins épais; après cela j'ai arrêté ma
vûë deffus, pour voir fi je n'appercevrois
point en elle quelque battement, car c'é-
toit pour cette épreuve que je l'avois ainfi
refervée; mais il eft vrai qu'au commencement je n'y en ay apperçû aucun; parce que, (comme j'ay reconnu un peu
après) toute la vapeur qui fortoit de ce
fang, trouvant d'abord des paffages libres
& tout ouverts, s'envoloit d'un cours
continu, & que rien n'interrompoit; mais
à un quart d'heüre de là, quand la goute
de fang, dans laquelle nageoit cette petite portion de cœur, eft venuë à fe fe-
cher par le deffus, il s'eft formé comme
une petite peau fur fa furface, qui retenant ces vapeurs, m'a fait appercevoir un
battement manifefte, lequel s'augmentant
à mefure qu'on en approchoit la chaleur,
n'a point ceffé que toute l'humeur du fang
n'ait été épuifée.

Au refte, je m'étonne fort, que ce que
je vous ay dit de cette efpece de levain
que j'eftime être dans le cœur, vous
femble une chofe vaine & imaginaire;
& que vous croyez que j'en faffe mon

refuge, comme si j'étois fort pressé, &
que je ne puisse me défendre autrement:
car il est certain que mon opinion s'explique facilement, & même qu'elle se
démontre sans cela ; mais en l'admet-
tant, il est necessaire aussi d'avoüer que
d'une Diastole à l'autre, il demeure une
petite partie du sang qui a été rarefié
dans le cœur, laquelle venant à se mêler avec le sang qui y survient de nouveau, aide à le rarefier, en quoy elle imite parfaitement le naturel du levain.

CLARISSIMO VIRO

HENRICO REGIO.

LETTRE XII.

VIR CLARISSIME,

Multùm me vobis devinxistis tu, &
Clar. D. Æmilius scriptum quod ad vos
miseram examinando, & emendando; Video enim vos etiam interpunctiones & or-
tographiæ vitia corrigere non fuisse dedi-
gnatos ; sed magis me adhuc devinxisse-

tis , fi quid etiam in verbis fententiifque
ipfis mutare voluiffetis : Nam quantulum-
cumque illud fuiffet, fpem ex eo conce-
piffem ea quæ reliquiffetis minùs effe vi-
tiofa , Nunc vereor ne iftud non fitis
aggreffi , quia nimis multa , vel forte omnia fuiffent delenda.

Quantùm ad objectiones ; in prima dicitis, ex eo quod in nobis fit aliquid fapientiæ, potentiæ , bonitatis , quantitatis , &c. nos formare ideam infini.æ , vel
faltem indefinitæ fapientiæ , potentiæ , bonitatis , & aliarum perfectionum quæ Deo
tribuuntur, ut etiam ideam infinitæ quantitatis, quod totum libens concedo ; &
planè mihi perfuadeo non effe aliam in
nobis ideam Dei, quam quæ hoc pacto
formatur. Sed tota vis mei argumenti
eft, quod contendam me non poffe effe
talis naturæ , ut illas perfectiones , quæ
minutæ in me funt, poffim cogitando in
infinitum extendere, nifi originem noftram
haberemus ab Ente, in quo actu reperian-
tur infinitæ ; ut neque ex infpectione exi-
guæ quantitatis, five corporis finiti, poffem concipere quantitatem indefinitam ,
nifi mundi etiam magnitudo effet , vel
faltem effe poffet indefinita.

In fecunda dicitis, Axiomatum clarè &
diftinctè intellectorum veritatem per fe
effe manifeftam, quod etiam concedo,

quandiù clarè & diſtinctè intelliguntur,
quia mens noſtra eſt talis naturæ, ut non
poſſit clarè intellectis non aſſentiri ; ſed
quia ſæpè recordamur concluſionum ex
talibus præmiſſis deductarum, e amſi ad
ipſas præmiſſas non attendamus, dico tunc,
ſi Deum ignoremus, fingere nos poſſe illas eſſe incertas, quantumvis recordemur
ex claris principiis eſſe deductas ; quia
nempe talis forte ſumus naturæ, ut falla-
mur etiam in evidentiſſimis ; ac proindè,
ne tunc quidem, cum illas ex iſtis principiis deduximus ſcientiam, ſed tantum
perſuaſionem de illis non habuiſſe ; Quæ
duo ita diſtinguo, ut perſuaſio ſit, cum
ſupereſt aliqua ratio quæ nos poſſit ad dubitandum impellere ; ſcientia vero, ſit
perſuaſio à ratione tam forti, ut nullâ unquam fortiore concuti poſſit, qualem nullam habent qui Deum ignorant. Qui autem ſemel clarè intellexit rationes quæ
perſuadent. Deum exiſtere, illumque non
eſſe fallacem, etiamſi non amplius ad illas attendat, modo tantum recordetur hujus concluſionis, Deus non eſt fallax, re-
manebit in eo non tantum perſuaſio, ſed
vera ſcientia tum hujus, tum etiam aliarum omnium concluſionum quarum ſe
rationes clarè aliquando percepiſſe recor-
dabitur.

Dicis etiam in tuis ultimis (quæ heri

receptæ, me, ut fimul ad præcedentes refponderem, monuerut.) Omnem præcipitantiam intempeſtivi judicii pendere ab
ipfo corporis temperamento, tum acqui-
fito, tum innato, quod nullomodò poſſum
admit.ere; quia fic tolletur libertas, & am-
plitudo noſtræ voluntatis, quæ poteſt iſtam
præcipitantiam emendare; vel fi non fa-
ciat, error inde ortus, privatio quidem
eſt reſpectu noſtri, fed reſpectu Dei mera
negatio.

Venio nunc ad Theſes quas miſiſti; &
quia fcio te velle, ut liberè fcribam meam
mentem, tibi hic obtemperabo. Ubi habes *vicinus aër cujus particula*, &c. mallem
vicinus aër qui, &c. *poteſt*; neque enim
fingulæ particulæ condenfantur, fed totus
aër per hoc quod ejus particulæ magis ad
invicem accedant. Neque video cur velis
perceptionem Univerfalium, magis ad
imaginationem quam ad intellectum pertinere. Ego enim illam folo intellectui tri-
buo, qui, ideam ex fe ipsâ fingularem,
ad multa refert. Mallem etiam non dixif-
fes affectum effe tantum duplicem, *læti-
tiam & triſtitiam*, quia planè aliter affici-
mur ab *irâ*, quam à *metu*, quamvis in
utroque fit *triſtitia*, & fic de cæteris. Quantùm ad auriculas cordis, addidiffem, id
quod res eſt, nos de ipfis curiofiùs non
egiffe, quia tantum iilas ut extremitates
venæ cavæ & arteriæ venofæ, reliquo ip-

farum corpore, &c. Omiferam dubium
tuum de cordis ebullitione, quod mihi videris jam ipfe faris folviffe ; cum enim
partes cordis fponte fubfidant, vafis per
quæ fanguis egreditur adhuc patentibus,
non defiftit egredi, nec clauduntur vafa
ifta, donec cor fubfederit.

In titulo non ponerem, *de triplici cottio-*
ne, fed tantum *de cottione* ; item etiam
lineam nonam pro N. & C. rogo ut totam deleas ; neque enim hic valet Hervæi
exemplum, qui longiùs hinc abeft quam
ego, nec, ut puto, Vallæo tam conjun-
ctus eft, quam ego tibi, & quamvis effet
res fimilis, non tam exemplo moveor,
quam caufa. In Thefium lineâ primâ, tol-
lerem hæc verba, *Caloris vivifici*, &c. In
fine pro his verbis *in retta conformatione*,
&c. mallem, in præparatione particularum infenfibilium ex quibus alimenta con-
ftant, ut eæ, conformationem humano
corpori componendo aptam, acquirant.
Hæc præparatio alia eft communis, &
minus præcipua, quæ fit in omnibus viis
per quas particulæ tranfeunt ; alia particu-
laris & præcipua, quæ eft triplex, 1. in
ventriculo & inteftinis, 2. in hepate, 3.
in corde. 1. In ventriculo & inteftinis fit,
cum cibus ore mafticatus & deglutitus,
ficut & potus, vi caloris à corde commu-
nicati, & humoris ab arteriis eò impulfi,
diffolvitur

diffolvitur & in chylum convertitur. 2. In hepate, cum chylus in illud, ne per aliquam vim attractricem, fed folâ fuâ fluiditate, & preffione vicinarum partium delatus, fanguinique reliquo mixtus, ibi fermentatur, digeritur, & in chymum abit. In corde, cum chymus, fanguini à reliquo corpore ad cor redeunti, permixtus, & fimul cum eo in hepate præparatus, in verum & perfectum fanguinem per ebullitionem pulfificam commutatur. Atque hæc tertia coctio, &c. Vides facilè cur ponam coctionem generalem quæ fit omnibus viis, & ex confequenti etiam in omni parte corporis, quia ubicunque eft motus, fieri poteft ibi aliqua alteratio particularum quæ moventur; & non video quid aliud coctio fit quam talis alteratio; nec cur potius illam in venis Gaftricis & Mezaraicis, quam in reliquis omnibus fieri concedas. Non pono fuccum fpirituofum, quia non video diftinctè quid ifta verba fignificent. Non pono chyli partes meliores, fed chylum, quia omnes ejus partes alendo corpori inferviunt; & fi benè calculum ponamus, ipfa etiam excrementa, præfertim quæ ex venis excernuntur, quandiu funt in corpore, inter ejus partes funt recenfenda, munere enim ibi fuo funguntur, & nulla eft pars quæ tandem non abeat in excrementum; modò id

Tome II. V

quod egreditur per infenfilem tranfpirationem , excrementum etiam appellemus. Chymum autem fermentari puto in hepare , & digeri, hoc eft , prout hoc verbum à Chymicis ufurpatur ; propter aliquam moram alterari.

Pagina 5. delerem *quæ à copiofis ejus fpiritibus, & oleoginofitate moderata oritur* ; neque enim hoc fatis clarè rem explicat. In fine paginæ 8. nomen meum rurfus invenio, quod forté honeftiùs quàm in titulo poffum diffimulare, modò , fi placet, Epithetis magis temperes ; & malim etiam vero nomine *Defcartes*, quam ficto *Cartefiu* vocari. Ubi dicis cur Pl. meas refponfiones mutilaffet , poffet forté addi probatio, quod biennio ante ejus librum, à multis fuerint vifæ & exfcriptæ ; videnturque etiam delenda hæc verba, *vel callido vel ignoranti* , & verba quam mitiffima veritatem caufæ meliùs confirmabunt. Et finem paginæ nonæ fic mutarem ; fecundo, quod fœtus in utero exiftens , ubi ifto refpirationis ufu privatur , duos habet meatus, qui fponté clauduntur in adultis; unumque canaliculi inftar eft,per quem pars fanguinis in dextro cordis finu rarefacti , in Aortem tranfmittitur , parté altera in pu'mones abeunte ; & alium, per quem pars fanguinis, in finiftro cordis finu rarefaciendi, è yena cava defluit , & alteri

parti ex pulmonibus venienti permiſcetur.
Neque enim negari poteſt, quin ſanguinis
pars in fœtu tranſeat per pulmones ; ſed
præterea uſus reſpirationis explicatio, quæ
habetur pagina 10. præcedere debet ejus
cauſas, quæ dantur pag. 8, Quantùm ad
venas lacteas nihil definio, quia nondum
illas vidi ; ſed novi hic duos juvenes medicinæ doctores (Silvius, & Schugen no-
minantur) qui videntur non indocti, & ſe
illas ſæpius obſervaſſe affirmant, earum-
que valvulas humoris regreſſum verſus in-
reſtina impedire, adeò ut planè à te diſ-
ſentiant, & ego in eorum ſententiam valdè propendeo ; ita ut ſuſpicer venas lacteas ab illis Mezaraicis in eo tantum differre, quod nulli arteriæ ſint conjunctæ,
ideoque ſuccus ciborum in iis albus eſt,
in aliis vero ſtatim fit ruber, quia ſanguini per arterias circulato permiſcetur.
Prima occaſione illas in cane vivo ſimul
quæremus : interim, ſi mihi credis, totum
illud corollarium omittes.

Quod ad difficultatem , Quomodo cor
poſſit detumeſcere, ſi pars ſanguinis rarefacti in eo remaneat, facilè ſolvitur ; quia
minima tantum ejus pars manet, ventriculis implendis non ſufficiens ; impetus
enim quo ille egreditur, ſufficeret ad omnem educendum, niſi prius valvulæ arteriæ magnæ, & venæ arterioſæ clauderen-

tur, quàm totus esset elapsus; & quantumvis parva portio in ventriculis manens sufficit ad fermentationem.

. Tandem hodie accepimus sententiam pro I. A. W. Cujus exemplar postquam erit exscriptum, hoc est, post unam aut alteram diem, ad ipsum mittam. Ita facta est, ut si magnus aliquis fuisset condemnandus, non potuissent Judices mitioribus verbis ejus errores significare; sed nihilominus nullum verbum ex iis quæ à W. scripta sunt', non approbant, & nullum verbum, ex iis quæ ab ejus adversario, non condemnant.

Si quid sit de quo ampliorem explicationem desideres, paratum me semper invenies, ut seu scriptis seu verbis tibi serviam; Imò etiam cum istæ Theses disputabuntur, si velis, Ultrajectum excurram, sed modò nullus sciat, & in speculâ illâ ex qua D. à Schurmans solet audire lectiones possim latere. Vale.

A MONSIEUR
REGIUS.

LETTRE XII.

Version nouvelle.

Monsieur,

Vous m'avez fenfiblement obligé, vous
& Monfieur Emilius, d'avoir examiné &
corrigé l'écrit que je vous avois envoyé ;
car je vois que vous avez porté l'exactitude jufqu'à mettre les points & les virgu-
les, & corriger les fautes d'ortographe.
Vous m'auriez fait encore un plus grand
plaifir, fi vous euffiez voulu changer quelque chofe dans les mots & dans les penfées. Quelques petits qu'euffent été ces
changemens, j'aurois pû me flâter que ce
que vous auriez laiffé auroit été moins
fautif ; au lieu que je crains que vous
n'ayez pas voulu tenter cette entreprife,
parce qu'il y auroit eu trop à corriger,
ou peut-être parce qu'il auroit fallu tout
effacer.

A l'égard des objections, vous dites dans la premiere, que de ce qu'il y a en nous quelque fageffe, quelque pouvoir, quelque bonté, qnelque quantité, &c. Nous nous formons l'idée d'une fageffe, d'une puiffance, d'une bonté infinie, ou du moins indéfinie, & des autres perfections que nous attribuons à Dieu, comme l'idée d'une quantité infinie. Je vous accorde volontiers tout cela, & je fuis pleinement convaincu que nous n'avons point d'autre idée de Dieu, que celle qui fe forme en nous de cette maniere ; mais toute la force de ma preuve confifte en ce que je prétens que ma nature ne pourroit être telle que je puffe augmenter à l'infini par un effort de ma penfée ces perfections qui font très-petites en moy ; fi nous ne tirons cet origine de cet être en qui ces perfections fe trouvent actuellement infinies. De-même que par la feule confideration d'une quantité fort petite, ou du corps fini, je ne pourrois jamais concevoir une quantité indefinie, fi la grandeur du monde n'étoit ou ne pouvoit être indefinie.

Vous dites dans la feconde, que la verité des axiomes qui fe font recevoir clairement & diftinctement à nôtre efprit, eft claire & manifefte par elle-même. Je l'accorde auffi pour tout le temps qu'ils

font clairement & diſtinctement compris,
parce que nôtre ame eſt de telle nature,
qu'elle ne peut refuſer de ſe rendre à ce
qu'elle comprend diſtinctement ; mais
parce que nous nous ſouvenons ſouvent
des concluſions que nous avons tirées de
tels prémices , ſans faire attention aux prémices mêmes : je dis alors que ſans la
connoiſſance de Dieu nous pourrions feindre qu'elles ſont incertaines ; bien que
nous nous ſouvenions que nous les avons
tirées des principes clairs & diſtincts, parce
que telle eſt peut-être nôtre nature , que
nous nous ſommes trompez dans les choſes les plus évidentes , & par conſéquent
que nous n'avions pas une veritable ſcience , mais une ſimple perſuaſion , lors que
nous les avons tirées de ces principes ; ce
que je fais pour mettre une diſtinction
entre la perſuaſion & la ſcience. La premiere ſe trouve en nous , lorſqu'il reſte
encore quelque raiſon qui peut nous porter au doute ; & la ſeconde , lorſque la
raiſon de croire eſt ſi forte , qu'il ne s'en
preſente jamais de plus puiſſante , & qui
eſt telle enfin , que ceux qui ignorent
qu'il y a un Dieu , ne ſçauroient en avoir
de pareille : mais quand on a une fois
bien compris les raiſons qui perſuadent
clairement l'exiſtence de Dieu , & qu'il
n'eſt point trompeur ; quand mime on ne

feroit plus attention à ces principes évidens , pourvû qu'on se ressouvienne de
cette conclusion , Dieu n'est pas trompeur, on aura non - seulement la persua-
sion , mais encore la veritable science de
cette conclusion, & de toutes les autres
dont on se souviendra avoir eu autrefois
des raisons fort claires.

Vous dites aussi dans vôtre derniere Lettre que je reçûs hier , & qui m'a fait souvenir de répondre à vos précedentes, que
la précipitation de nos jugemens dépend
du temperament du corps , soit qu'il
nous soit naturel , soit que nous l'ayons
formé par habitude ; ce que je n'admets
point du tout , parce que ce feroit ôter la
liberté & l'étenduë de nôtre volonté , qui
peut corriger une telle précipitation ; ou
que ne la corrigeant pas , l'erreur qui en
naît , est une privation par rapport à nous,
& une pure negation par rapport à Dieu.

Je viens presentement aux Theses que
vous m'avez envoyées : comme je sçai
que vous voulez que je vous écrive librement ma pensée, je vais vous obéir. Au lieu
de ces mots, *l'air voisin dont les petites parties, &c.* j'aime mieux, *l'air voisin qui, &c.
peut* ; car ce n'est pas chacune de ces parties qui se condensent , mais toute la
masse de l'air en ce que ses petites parties s'approchent plus les unes des autres,

que

que dans son état ordinaire. Je ne vois
pas aussi pourquoy vous prétendez que l'i-
dée des universaux appartienne plûtôt à
l'imagination qu'à l'intellect. Pour moy je
l'attribuë au seul intellect qui rapporte à
plusieurs sujets une idée singuliere. J'aurois aussi voulu que vous n'eussiez pas dit
qu'il n'y a que deux affections ou passions,
la joye & la tristesse; car nous sommes bien
autrement affectez *par la colere*, que *par la
crainte*; quoique la tristesse se trouve dans
l'un & dans l'autre , & ainsi du reste.
Quant aux oreillettes du cœur, j'aurois
ajouté, ce qui est vrai en effet, que je
n'en ai pas traité à fond , parce que je
les considere seulement comme les extrémitez de la veine cave , & de l'artere
veneuse , &c. J'avois passé vôtre doute
de la fermentation du cœur : il me paroît
que vous en avez donné une solution suffisante ; car comme les parties du cœur
s'affaissent d'elles - mêmes , les vaisseaux
par lesquels le sang sort étant encore
ouverts , le sang ne cesse d'en sortir, &
ces vases ne se ferment que quand le cœur
est affaissé.

Je ne mettrois point dans le titre, *de la
triple coction* , mais seulement *de la coction*.
Je vous prie aussi d'effacer toute la neuviéme ligne. Il ne sert rien de citer icy l'e-
xemple d'Hervæus, qui est plus éloigné de

cet avis que moy, & qui n'eſt pas ſi uni
à Vallée, que je le ſuis à vous ; & quand
même la choſe ſeroit , l'exemple ne me
touche pas tant que dans la cauſe. Dans
la premiere ligne de vos Theſes j'ôterois
ces paroles : *De la chaleur vivifiante , &c.*
Et à la fin au lieu de ces paroles : *Dans
la droite conformation,&c.* j'aimerois mieux,
*Dans la préparation des petites parties inſen-
ſibles , dont les alimens ſont compoſez. ,* afin
qu'elles acquierent une conformation propre à compoſer le corps humain. Cette
préparation eſt ou commune , ou moins
importante,qui ſe fait dans toutes les voyes
par leſquelles paſſent les petites parties,
ou particuliere & ſpecifique, qui eſt triple. 1. Dans le ventricule & dans les inteſtins. 2. Dans le foye. 3. Dans le cœur.
La premiere ſe fait dans le ventricule &
dans les inteſtins , lorſque la nourriture
broyée par les dents & avalée par la bouche, ce qui s'entend du boire & du manger, eſt diſſoute & convertie en chyle par
la force de la chaleur que le cœur lui com-
munique , & de l'humeur que les arteres y
ont pouſſé. La ſeconde ſe fait dans le foye
lorſque le chyle y étant porté,non par une
force attraĉtice, mais par ſa ſeule fluidité,
& par la compreſſion des parties voiſi-
nes, & étant mêlé au reſte du ſang , s'y
fermente, s'y digere , & ſe change en

chyme, c'est-à-dire en suc. La troisiéme
se fait dans le cœur, lorsque le chyme
mêlé au sang qui retourne du reste du
corps au cœur, est preparé avec luy dans
le foye, se change en un sang parf..it &
veritable, par une fermentation qui cause
le battement du poux & cette troisiéme
coction, &c. Vous comprenez aisément
pourquoi j'ai dit que je mettrois dans le
titre la coction generale qui se fait dans
toutes les voyes, & par conséquent dans
chaque partie du corps, parce que par tout
où il y a du mouvement, il peut s'y faire
quelque alteration des parties qui sont
mûës, & je ne vois pas que la coction
puisse être autre chose, qu'une telle alteration. Je ne vois pas pareillement pourquoy vous voulez qu'elle se fasse p'ûtôt
dans les veines gastriques & mesaraïques,
que dans toutes les autres. Je ne voudrois
pas me servir de ces termes, *suc spiritueux*,
parce que je ne comprens pas clairement
ce qu'ils signifient. Je ne me servirois pas
non plus de ces autres, *les meilleures parties du chyle* : mais je dirois simplement *le
chyle*, parce que toutes ses parties servent
à la nourriture du corps, & a bien examiner les choses, les excremens mêmes ;
sur tout ceux qui sont poussez hors des
veines, doivent être censez partie du
chyle, au moins tant qu'ils sont dans le

corps, car ils y ont leurs fonctions, & il
n'y en aucune qui ne s'en aille enfin en
excremens, pourvû que vous appelliez
excremens, ce qui fort par la tranfpira-
tion infenfible. Quant au chyme, je crois
qu'il fermente dans le foye „ & qu'il s'y
digere dans le fens que les Chymiftes
donnent à ce mot ; c'eft-à-dire qu'il y eft
alteré à caufe de quelque féjour qu'il y
fait.

A la page 5. j'effacerois ces mots : *Qui
naît de ces efprits abondans , & d'un fuc
huileux moderé* ; car cela n'explique pas
bien la chofe, je trouve une feconde fois
mon nom à la fin de la huitiéme page, ce
que ma modeftie peut mieux fouffrir que
dans le titre , pourvû, s'il vous plaît, que
vous n'y ajoûtiez pas tant d'épithetes ;
j'aime mieux aufli qu'on m'appelle par mon
veritable nom *Defcartes*, que par cet autre
qu'on a forgé *Cartefius.* A l'endroit où vous
dites pourquoy Pl. a tronqué mes réponfes,
on pourroit peut-être en ajouter la preuve,
fçavoir que plufieurs les ont vûës & tranf-
crites deux ans avant que fon livre parût.
Il me paroît même qu'il faudroit effacer
ces paroles , *vel callido, vel ignorante. Que
c'eft un trait ou de mauvaife fineffe , ou
d'ignorance.* Les termes les plus honnêtes
prouveront mieux la juftice de vôtre caufe. Je changerois aufli de cette forte la

fin de la neuviéme page. En second lieu,
parce que le fœtus, qui est encore dans
le sein de la mere, où il est privé de
l'usage de la respiration, a deux conduits
qui se ferment d'eux-mêmes dans les
adultes ; l'un qui ressemble à un petit canal par lequel une partie du sang se rarefie dans la cavité droite du cœur, passe
dans l'aorte, & l'autre partie coulant
vers les poumons ; & la seconde, par lequel une partie du sang, qui doit se rarefier dans la cavité gauche du cœur, sort
de la veine cave, & se mêle à cette autre partie qui revient du poumon ; car on
ne peut pas nier que dans le fœtus une
partie du sang ne passe par les poumons ;
outre cela l'explication de l'usage de la
respiration, qui est page 10. doit préceder ses causes qui sont à la page 8. Je ne
définis rien sur les veines lactées, parce
que je ne les ai pas encore vûës ; mais je
connois icy deux jeunes Docteurs en Medecine, Messieurs Silvius & Schagen, qui
paroissent avoir de la science, & qui assurent les avoir observées plusieurs fois,
& que leurs valvules empêchent le retour
de la liqueur vers les intestins ; tellement
qu'ils sont d'un sentiment tout different
du vôtre ; pour moy je panche beaucoup
pour eux , enforte que je crois que les
veines lactées different seulement des me-

saraïques, en ce qu'elles ne font jointes
à aucune artere, ce qui fait qu'en elles
le fuc des viandes eft blanc, & qu'il devient fur le champ rouge dans les autres,
parce qu'il fe mêle au fang qui a circulé
par les arteres. Nous les chercherons enfemble à la premiere occafion dans un
chien en vie. En attendant, fi vous me
croyez, vous effacerez tout ce corollaire.

Quant à la difficulté comment le cœur
peut fe defenfler, s'il y refte une partie du
fang rarefié, elle eft aifée à refoudre, parce qu'il n'en refte qu'une autre très-petite
partie, qui ne fuffit pas pour remplir les
ventricules ; car l'effort avec lequel il fort,
fuffiroit à l'en faire tout fortir, fi les valvules de la grande artere & de la veine
arterieufe ne fe fermoient avant que tout
le fang fût échappé ; & la plus petite
quantité qui refte dans les ventricules, fuffit pour la fermentation.

Enfin, après avoir bien attendu, j'ay
reçû aujourd'huy la Sentence pour I. A.
W. Je luy enverray l'original dès que j'en
auray fait tirer une copie, c'eft-à-dire,
dans deux jours au plus tard. Elle eft conçûë
en termes fi doux & fi moderés, que les
Juges n'auroient pû s'exprimer autrement,
s'il leur avoit fallu condamner quelque
homme de grande qualité ; cependant ils
approuvent tout ce que W. a écrit & con-

damnent tout ce qu'a dit son adversaire.
S'il y a quelque autre chose sur quoi vous
demandiez une explication plus ample,
vous me trouverez toujours prêt à vous
servir, ou de ma plume, ou de ma langue. Bien plus ; si vous trouvez à propos que je me rende à Utrecht lors qu'on
soutiendra ces Theses, je le ferai avec
plaisir, pourvû que personne ne le sçache,
& que je puisse me tenir caché dans les
écoutes d'où Mademoiselle de Schurmans a coûtume d'entendre vos Leçons.
Adieu.

CLARISSIMO VIRO

HENRICO REGIO.

LETTRE XIII.

VIR CLARISSIME,

Cum tuæ litteræ allatæ sunt, hic non
eram, jamque primùm domum reversus
ipsas accipio. Non magni momenti Silvii
objectiones mihi videntur, nihilque aliud
quam ipsum Mechanicæ parum intelligen-
tem esse testantur ; sed tamen vellem ut

paulo blandiùs ei refponderes ; Tranfversâ lineâ in margine notavi ea loca quæ du-riufcula mihi videntur. Ad primum pun-Ctum vellem adderes, *Etfi paucus fit fan-guis in corpore, venas nihilominus ipfo effe ple-nas, quia fe contrahunt ad ejus menfuram;* Imo hoc ipfum pofuifti, fed obiter tan-tum, & puto effe præcipuum ad ejus dif-ficultatem abfolvendam. Ad fecundum, puto fanguinem moribundi afcitici refri-guiffe in ejus venulis minoribus, & à corde remotioribus, ibique coagulatum impediiffe ne novus ex arteriis in venas per circulationem influeret, dum interim fanguis adhuc calens in cavâ juxta cor, in dextrum ejus ventriculum incidebat, atque in cavam fuiffe vacuatam. Ad ter-tium, gravitas eft quidem plerumque cau-fa concomitans & adjuvans, fed non eft caufa primaria ; nam contra fitu corporis inverfo, & gravitate repugnante, fan-guis tamen in cor, non quidem incideret, fed flueret, vel infilieret, ob circulatio-nem, & fpontaneam vaforum contradi-Ctionem. Ad quartum, ubi loqueris de effervefcentiâ fanguinis, mallem ageres de ejus rarefactione, quædam enim magis fer-vent, quæ tamen non adeò rarefcunt. Ad quintum, ubi te accufat quod affinxeris ipfi objeCtionem quam non agnofcit pro fua refponderem me nihil ipfi affinxiffe ;

ñam cum dixisti , *neque his adverſatur quod ventriculi in ſiſtole non ſint omni corpore vacui,* idem ſenſus fuit , ac ſi dixiſſes , *ſufficere quod maximam partem ſaltem va⁻ui ſint,* quâ ratione verò maxima ex parte vacuentur, te poſtea fusè explicuiſſe , nullamque ejus argumenti vim declinaſſe. Denique , circa auriculas cordis , malè videris ipſas diſtinguere ab oſtiis venæ cavæ & arteriæ venoſæ, nihil enim aliud ſunt quam iſta lata oſtia ; & malè etiam aliquam ipſis tribuis ſanguinis coctionem per ebulitionem ſpecificam , &c. Vale.

A MONSIEUR

R E G I U S.

L E T T R E XIII.

Verſion nouvelle.

Monsieur,

Je n'étois point icy lors qu'on apporta vôtre Lettre, & je ne fais que de la recevoir à mon retour. Les objections de M. Silvius ne me paroiſſent pas de grande

importance, & elles prouvent qu'il n'eſt
pas bien habile en Mechanique. Je voudrois pourtant que vôtre réponſe fût un
peu plus douce. J'ay marqué avec un crayon
à la marge les endroits qui me paroîſſent
un peu durs. Je voudrois que vous ajou-
taſſiez au premier point, *que bien qu'il y*
ait peu de ſang dans le corps, les veines en
ſont cependant remplies, parce qu'elles ſe reſ-
ſerrent & ſe propo·tionnent à ſa meſure.
Vous avez bien dit la même choſe: mais
ce n'a été ſeulement qu'en paſſant, & je
crois que cela n'eſt pas eſſentiel pour ré-
ſoudre ſa difficulté. Au ſecond, je crois
que le ſang d'un homme qui meurt d'hy-
dropiſie ſe refroidit dans les plus petites
de ſes veines, & qui ſont les plus éloignées du cœur, & qu'étant figé, il empêche que de nouveau ſang ne coule par
la circulation des arteres dans les veines,
tandis cependant que le ſang encore chaud
dans la veine cave auprès du cœur tombe
dans ſon ventricule droit, & qu'ainſi la
veine cave s'eſt vuidée. Au troiſiéme, la
peſanteur eſt à la verité ſouvent une cauſe concomitante & adjutrice, mais elle
n'eſt pas cauſe premiere; car au contraire
la ſituation du corps étant renverſée, & la
peſanteur y reſiſtant, le ſang ne laiſſeroit
pas, je ne dis pas de tomber dans le cœur,
mais d'y couler, ou d'y ſaillir, à cauſe de la

circulation & de la contraction naturelle
des vaisseaux. Au quatriéme, où vous parlez de l'effervescence du sang, j'aimerois
mieux que vous traitassiez de sa rarefaction; car il y a certaines choses qui boüil-
lonnent d'avantage sans se rarefier si con-
siderablement. Au cinquiéme, où il vous
accuse de luy prêter une objection qu'il
n'avoüe pas. Je répondrois, que je ne
luy prête rien ; car lors que vous avez dit,
& il n'est pas contraire à ces choses de dire
que dans le mouvement de systole, les ventri-
cules ne sont pas vuides de tout corps ; c'est
la même chose que si vous eussiez dit,
qu'il suffit qu'ils soient vuides au moins pour
la plus grande partie ; que vous avez ensuite
expliqué fort au long comment ils sont vuides pour la plus grande partie, & que
vous avez répondu à cette objection sans
recourir à aucun faux-fuyant. Enfin à l'é-
gard des oreillettes du cœur, il paroît
que vous avez tort de les distinguer des
extremitez de la veine cave, & de l'artere
veneuse ; car ce ne sont autre chose que
l'extension de cette ouverture, & vous leur
attribuez aussi mal à propos une sorte de
coction du sang par une ébullition particuliere, &c. Adieu.

CLARISSIMO VIRO.

HENRICO REGIO.

LETTRE XIV.

VIR CLARISSIME,

Legi omnia quæ ad me mififti , curfim
quidem , fed ita tamen ut non putem quicquam in iis contineri quod impugnem.
Sed fanè multa funt in Thefibus tuis , quæ
fateor me ignorare , ac multa etiam , de
quibus fi fortè quid fciam ; longè aliter
explicarem quàm ibi explicueris. Quòd tamen non miror ; longè enim difficil-
lius eft, de omnibus quæ ad rem medicam
pertinent fuam fententiam exponere , quod
docentis officium eft , quam cognitu fa-
ciliora feligere , ac de reliquis prorfus
tacere , quod ego in omnibus fcientiis
facere confuevi. Valdè probo tuum confilium , de non amplius refpondendo Syl-
vii quæftionibus , nifi forte , ut pauciffi-
mis verbis illi fignifices , tibi quidem ejus
litteras effe pergratas , ejufque ftudium
inveftigandæ veritatis , & gratias agere
quod te potiffimum elegerit cum quo con-

ferret ; Sed quia putas te abundè in tuis
præcedentibus ad omnia, quæ circa motum cordis pertinebant, respondisse, nuncque videtur tantum disputationem ducere
velle, atque ex una quæstione ad alias transire, quæ res esse posset infinita, rogare
ut te excuset, si aliis negotiis occupatus,
ipsi non amplius respondeas. Initio enim
cum disputat, an venæ contractæ ad men-
suram sanguinis quem continent, dicendæ
sint plenæ vel non plenæ, movet tantum
quæstionem de nomine. Ac postea, dum
petit sibi ostendi alligatum ferro sanguinem, & quænam sit vera gravitatis natura, novas quæstiones movet, quales im-
peritissimus quisque plures posset proponere, quàm omnium doctissimus in tota
vita dissolvere. Cum ex eo quod sanguis
ex venis in cor possit insilire, infert venas ergo debere pulsare, facit æquivocationem in verbo *insilire*, tanquam si dixe-
ris sanguinem salire in venis. Cum in comparatione inflationis vesicæ notat aliquam
dissimillitudinem, quod sit violenta, &
puer à patente fistula os auferat, nihil
agit, quia nulla comparatio in omnibus
potest convenire ; ut neque cum aliâ ratione quam per spontaneam venarum con-
tractionem vult explicare sanguinis pro-
pulsationem, affert enim fibras transver-
sas vasa coarctantes, quod non est diver-

fum à venarum contractione, idem enim
fignificat fibras vafa coarctare, ac venas
contrahere. Cætera perfequerer, fed omnia per te meliùs potes, & jam ex parte
folvifti in Thefibus. In his autem adjun-
gis corollarium de maris æftu, quod non
probo, non enim rem fatis explicas, ut intelligatur, nec quidem ut aliquo modo
probabilis fiat, quod jam in multis aliis,
quæ eodem modo propofuifti, à plerifque
reprehenfum eft. Qui motum cordis aiunt
effe Animalem, non plus dicunt, quam
fi faterentur fe nefcire caufam motus cordis ; quia nefciunt quid fit motus Animalis. Cum autem partes Anguium diffectæ
moventur, non alia in re caufa eft, quam
cum cordis mucro etiam diffectus pulfat,
nec alia quam cum nervi teftudinis in particulas diffecti, atque in loco calido & hu-
mido exiftentes, vermium inftar fe contrahunt, quamvis hic motus dicatur Arti-
ficialis, & prior Animalis ; in omnibus enim
iftis caufa eft difpofitio partium folidarum
& motus fpirituum, five partium fluida-
rum, folidas permeantium. Meditationum
mearum impreffio ante tres menfes Pari-
fiis abfoluta eft, nec dum tamen ullum
exemplar accepi, & idcirco fecundam
editionem hic fieri confenti. Caufam, cur
in vorticibus injecta Corpora ad Centrum
ferantur, puto effe, quia aqua ipfa dum

circulariter movetur in vortice , tendit
versus exteriora , ideo enim alia corpora
quæ nondum habent istum motum circularem tam celerem in Centrum protru-
dit. Gratulor D. Vander H. iterum Con-
suli , & dictaturâ perpetuâ dignum existimo , tibique gratulor quod in eo fidum &
potentem habeas defensorem. Vale.

A

MONSIEUR

REGIUS.

LETTRE XIV.

Version nouvelle.

MONSIEUR,

J'ai lû assez rapidement tout ce que
vous m'avez envoyé : mais cependant j'y
ai donné assez d'attention, pour croire que
de tout ce qui y est contenu , il n'y a rien
que je condamne. Pour vos Theses, il y
a à la verité bien des choses que je n'entends pas , & plusieurs même ausquelles,

en tant que je puis les entendre, je donnerois une autre explication que la vôtre;
ce qui ne me surprend pas : car il est bien
plus difficile d'expliquer son sentiment sur
toutes les parties de la Medecine, ce qui
est du devoir du Professeur, que de choisir ce qu'on connoît de plus facile sur cette matiere, & garder un profond silence
sur tout le reste, comme j'ai fait dans les
autres sciences. J'approuve fort vôtre dessein de ne plus répondre aux questions de
M. Silvius. Tout ce que vous pouvez faire, c'est de lui marquer en peu de mots
que ses Lettres vous font très-grand plaisir, que le zele qu'il a pour la recherche
de la verité vous est très-agreable, & que
vous le remerciez bien affectueusement
de vous avoir choisi pour vous demander
vôtre avis : mais que vous croyez avoir
suffisamment répondu dans vos preceden-
tes, à tout ce qui regarde le mouvement
du cœur, qu'il semble à present qu'il n'a
plus d'autre vûë, que de continuer la dispute, & passer d'une question à une autre, ce qui iroit à l'infini ; que vous le
priez de vous excuser, si vous ne lui répondez plus, parce que vous êtes fort
occupé d'ailleurs ; en effet, au commencement de sa dispute, où il demande
si les veines resserrées selon la mesure du
sang qu'elles contiennent, doivent être
dites

dites pleines ou non pleines. Il agite feulement une queftion de nom, & enfuite
lors qu'il demande qu'on lui montre le
fang arrêté par le fer, & quelle eft la veritable nature de la pefanteur des corps, il
remuë de nouvelles queftions, & telles que
les plus ignorans font en état d'en propofer en fi grand nombre, que le plus
fçavant homme du monde n'en pourroit
jamais refoudre dans tout le cours de fa
vie. Quand, de ce que le fang peut fauter
des veines dans le cœur, il infere de là que
les veines doivent donc battre. Il fe jouë
fur l'équivoque du mot *infilire*, fauter,
comme fi vous difiez que le fang faute
dans les veines, lorfqu'il remarque quelque difference dans la comparaifon d'une
veffie enflée, comme qu'elle eft dans un
état violent, & qu'elle fe defenfle auffi-
tôt qu'on ôte la bouche de deffus l'ouverture, il ne gagne rien à cela, parce que
toute comparaifon cloche : comme lors
qu'il veut expliquer l'action par laquelle
le fang eft chaffé continuellement par une
autre raifon que par la contraction naturelle des veines, car de dire que ces fibres refferrent les vaiffeaux, ou que les
veines fe contractent, c'eft précifément
la même chofe. Je parcourerois le rette
de même, mais vous êtes en état de le
faire mieux que moi, & vous y avez déja

répondu en partie dans vos Theſes , dans
leſquelles vous ajoutez pourtant un corollaire ſur le flux & reflux de la mer, que
je n'approuve pas ; car vous n'expliquez
pas aſſez la choſe pour la rendre intelli-
gible , ni même probable , ce que pluſieurs perſonnes trouvent auſſi à redire ,
dans pluſieurs autres propoſitions , que
vous avez avancées de la même maniere.
Ceux qui diſent que le mouvement du
cœur eſt animal, ne diſent pas davantage, que s'ils avoüolent bonnement qu'ils
ne ſçavent point la cauſe du mouvement
du cœur , parce qu'ils ne ſçavent pas ce
que c'eſt que ce mouvement animal. A
l'égard des parties des anguilles qui ſe
remuent après avoir été coupées , il n'y
en a point d'autre cauſe que celle qui fait
battre la pointe du cœur , quand elle eſt
auſſi coupée , & la même qui fait que des
cordes de boyaux coupées en morceaux,
& conſervées dans un lieu chaud & hu-
mide ſe replient comme des vers de terre, quoique ce mouvement s'appelle ar-
tificiél, & le premier animal. Dans toutes ces experiences, la ſeule & veritable
cauſe , eſt la diſpoſition des parties ſolides
& le mouvement des eſprits ou des parties fluides qui penetrent les ſolides. Il y
a trois mois que l'impreſſion de mes Meditations a été achevée à Paris, je n'en

ai pourtant pas encore reçû aucun exem-
plaire , c'eſt ce qui me fait conſentir à
une ſeconde édition dans ces païs. Je
crois que ce qui fait que des corps unis
dans un tourbillon ſont chaſſez au centre, c'eſt que l'eau même agitée circulairement , fait 'effort pour s'écarter en
tout ſens, & par ce moyen repouſſe vers
le centre les parties étrangeres qui n'ont
pas encore acquis toute ſa vîteſſe. Je felicite Monſieur Vander H. de ſon nouveau Conſulat ; je le crois digne d'une
dictature perpetuelle. Je vous felicite auſſi d'avoir en ce ſage Magiſtrat un ſi fidelle
& ſi puiſſant défenſeur. Adieu.

CLARISSIMO VIRO

HENRICO REGIO.

LETTRE XV.

VIR CLARISSIME,

Queri ſane non poſſum de tua & Domini
de Raey humanitare , quod meum nomen
veſtris theſibus præmittere volueritis , ſed
neque etiam ſcio qua ratione à me gratiæ

vobis agendæ fint ; & tantum video novum opus mihi imponi, quod nempe homines inde fint credituri, meas opiniones à veftris non diffentire, atque ideo ab iis quæ afferuiftis, pro viribus deffendendis, me impofterùm excufare non debeam, & tantò diligentius ea quæ legenda mififti debeam examinare, ne quæ in iis prætermittam, quod tueri recufem.

Primum itaque quod ibi minus probo, eft, Quod dicas animam homini effe triplicem, hoc enim verbum in mea religione eft hærefis, & reverâ, fepofitâ religione, contra Logicam etiam eft, animam concipere tanquam genus, cujus fpecies fint *mens, vis vegetativa,* & *vis motrix animalium* ; per *Animam* enim *Senfitivam* non aliud debes intelligere præter vim motricem, nifi illam cum rationali confundas. Hæc autem vis motrix, à vi vegetativa, ne fpecie quidem differt ; utraque autem toto genere à mente diftat: Sed quia in re non diffentimus, ego rem ita explicarem.

Anima in homine unica eft, nempe *rationalis* ; neque enim actiones ullæ humanæ cenfendæ funt, nifi quæ à ratione dependent. Vis autem vegetandi, & corporis movendi, quæ in plantis & brutis *anima vegetativa* & *fenfitiva* appellantur, funt quidem etiam in homine, fed non

debent in eo *Animæ* appellari, quia non
sunt primum ejus actionum principium, &
toto genere differunt ab *Anima Ratio-*
nali.

Vis autem vegetativa in homine, nihil
aliud est quam certa partium corporis
constitutio, quæ &c. Et paulo post,

Vis autem sensitiva est, &c. & postea.

Hæ duæ itaque nihil aliud sunt quam
corporis humani, &c. Et postea. Cumque *mens, sive anima rationalis* à corpore
sit distincta, &c, non immerito *sola* à nobis *Anima* appellatur.

Denique, ubi ais, Volitio vero & intellectio differunt tantum, ut diversi circa diversa objecta agendi modi ; Mallem, differunt tantum ut actio & passio
ejusdem substantiæ ; intellectio enim propriè mentis passio est, & volitio ejus actio;
sed quia nihil unquam volumus, quin simul intelligamus, & vix etiam quicquam
intelligamus, quin simul aliquid velimus,
ideo non facilè in iis passionem ab actione distinguimus.

Quod autem tuus Voëtius hic annotavit, nullo modo tibi adversatur ; cum
enim dicunt Theologi nullam substantiam
creatam esse immediatum suæ operationis
principium, hoc ita intelligunt, ut nulla
creatura possit absque concursu Dei ope-
rari, non autem quod debeat habere fa-

cultatem aliquam creatam , à se distinctam , per quam operetur ; absurdum enim
esset dicere istam facultatem creatam esse
posse immediatum alicujus operationis
principium , & ipsam substantiam non posse. Alia vero quæ annotavit, in iis quæ
misisti non reperio , ideoque nihil possum
de ipsis judicare.

Ubi agis de coloribus, non video cur
nigredinem ex illorum numero eximas ,
cum alii etiam colores sint tantum modi ;
sed dicerem tantum, nigredo etiam inter
colores censeri solet, sed tamen nihil aliud
est quam certa dispositio , &c.

De judicio, ubi ais : *Hæc nisi accurata
& exacta fuerit , necessario in decidendo*;
&c. pro *necessario* ponerem *facile* ; & paulo
post, pro *itaque hæc potest suspendi* , &c.
ponerem *Atque hæc*, &c neque enim quæ
subjungis ex præcedentibus deducuntur ,
ut verbum *itaque* videtur significare

Quod dicis de affectibus, illorum sedem
esse in cerebro, est valde paradoxum, atque etiam ut puto contra tuam opinionem; & si enim spiritus moventes mus-
culos veniant à cerebro, sedes tamen af-
fectuum sumenda est pro parte corporis
quæ maxime ab illis alteratur, quæ procul-
dubio est cor ; & idcirco dicerem, Affec-
tuum , quatenus ad corpus pertinent, sedes
præcipua est in corde, quoniam illud præ-

cipue ab illis alteratur ; sed quatenus etiam
mentem afficiunt , est tantum in cerebro,
quoniam ab illo solo mens immediatè pati potest.

Paradoxum etiam est dicere, receptionem esse actionem , cum reverà tantum
sit passio actioni contraria ; sed eadem tamen quæ posuisti, videntur sic posse reti-
neri. Receptio est actio (vel potius passio)
animalis Automatica , qua motus rerum
recipimus ; hic enim , ad omnia quæ in
homine peraguntur sub uno genere com-
prehendenda , passiones cum actionibus
conjunximus,

Quæ denique habes in fine de tempe-
rie ad calidum aut frigidum, &c. deflec-
tente, non examinavi ; quia nullis talibus, tanquam Evangelio , credendum puto. Gaudeo tuum respondentem rectè fun-
ctum fuisse officio , nec puto quicquam tibi
esse metuendum ab iis qui contra te sti-
lum exercebunt. Quæcumque mittes libenter legam , & cum solita mea libertate
quicquid sensero rescribam. Nihil scripsi de
Centro gravitatis, sed de vario pondere
gravium , secundum varia à centro terræ
intervalla , quod non habeo nisi in libro,
in quo multa alia simul compacta sunt ;
sed tamen si legere vis, prima occasione
qua D. Van. S. Ultrajectum ibit, illum ad
te per ipsum transmittam.

Non probo quod nolis fquammas pifcium, &c. vocari corpora lucida, quia
non impellunt ipfæmet globulos æthereos;
Id enim etiam non facit carbo ignitus,
fed fola materia fubtiliffima, quæ tunc
carbonis partes terreftres, tunc globulos
illos æthereos impellit. Quod etiam venæ
Mezaraicæ Chylum in Pancreate à venis
lacteis accipiant mihi non conftat, nec
fanè affirmare debes, nifi certiffimâ expe-
rientiâ cognoveris, nec etiam eâ de re fcri-
bere, tanquam fi nullæ venæ lacteæ ad hepar ufque chylum deferant, quoniam funt
qui affirmant fe id expertos, & admodum
verifimile mihi videtur. Vellem etiam ut
ea deleres quæ habes contra Waleum de
motu cordis, quia vir ille eft pacificus, &
tibi nihil gloriæ poteft accedere, ex eo quod
ipfi contradicas. Non etiam tibi affentior,
cum definis actiones effe operationes ab
homine, vi animæ & corporis factas; fum
enim unus ex illis qui negant hominem
corpore intelligere; nec moveor argumen-
to quo contrarium probare contendis; etfi
enim mens impediatur à corpore, ab illo
tamen ad intellectionem rerum immate-
rialium juvari planè non poteft, fed tantummodò impediri. De anima hominis
triplici jam refpondi in præcedentibus quas
mifi nudius-tertius, & idcirco hic tantum
addo, me tibi addictiffimum femper futurum,   A

A
MONSIEUR
REGIUS.

LETTRE XV.

Verſion nouvelle.

MONSIEUR,

J'aurois tort de me plaindre de vôtre honnêteté & de celle de Monſieur de Rais, de m'avoir fait l'honneur de mettre mon nom au commencement de vos Theſes ; mais je ne ſçai bonnement comment m'y prendre pour vous en faire mon remerciement. Je vois ſeulement un ſurcroit de travail pour moi , parce qu'on va croire dans la ſuite que mes opinions ne different plus des vôtres , & que je n'ai plus d'excuſe à l'avenir, pour m'empêcher de défendre de toutes mes forces vos propoſitions ; ce qui me met par conſéquent dans la neceſſité d'examiner avec un ſoin extrême, ce que vous m'avez en-

voyé pour lire, de peur de paſſer quelque
choſe que je ne vouluſſe pas ſoutenir dans
la ſuite.

La premiere choſe donc que je ne ſçaurois approuver dans vos Theſes, eſt ce que
vous dites que l'ame de l'homme eſt triple. Ce mot eſt une hereſie parmi ceux
de ma Religion ; & toute religion à part
il eſt contre toute bonne Logique de concevoir l'ame comme genre, *dont la pen-*
ſée, la force vegetative, & la force motrice
des eſprits animaux ſoient les eſpeces ; car
par *ame ſenſitive* vous ne devez entendre
autre choſe, qu'une force motrice, à
moins de la confondre avec la raiſonnable : or cette force motrice ne differe pas
même en eſpece de la force negative, &
l'une & l'autre different en tout de l'eſprit ; mais puiſque nous ſommes d'accord
dans la choſe, voici comme je m'explique-
rois. Il n'y a qu'une ſeule ame dans l'homme, c'eſt-à-dire *la raiſonnable* ; car il ne
faut compter pour actions humaines que
celles qui dépendent de la raiſon. A l'é-
gard de la force vegetative & motrice du
corps à qui on donne le nom d'ame vegetative & ſenſitive dans les plantes & dans
les brutes, elles ſont auſſi dans l'homme :
mais elles ne doivent pas être appellées
dans lui *ames*, parce qu'elles ne ſont pas
le premier principe de ſes actions, & el-

les different *de l'ame raisonnable* en toute
maniere Or la force vegetative dans l'homme n'est autre chose qu'une certaine dif-
position des parties du corps, qui, &c.
& un peu après, je dirois, mais pour la
force sensitive, c'est, &c. & ensuite. Ainsi ces deux ames ne sont autre chose dans
le corps humain que, &c. Et ensuite; &
comme *l'esprit ou l'ame raisonnable* est diftincte du corps, &c. c'est avec juste raison que nous lui donnons à elle *seule* le
nom d'*ame*.

Enfin, vous dites, l'acte de la volonté & l'intellection different seulement entr'eux, comme differentes manieres d'agir
par rapport à divers objets ; j'aimerois
mieux dire seulement comme l'action & la
passion de la même substance ; car l'intellection est proprement la passion de l'ame,
& l'acte de la volonté son action : mais
comme nous ne sçaurions vouloir une chose sans la comprendre en même temps, &
que nous ne sçaurions presque rien comprendre sans vouloir en même tems quelque chose, cela fait que nous ne distin-
guons pas facilement en elles la passion de
l'action.

Quant à l'observation que vôtre Voëtius a fait sur cet article, elle ne vous
porte aucun coup ; car lors que les Theologiens disent qu'aucune substance créée

n'eſt le principe immediat de ſon operation, ils entendent que nulle creature ne
peut agir ſans le concours de Dieu, &
non qu'elle doive avoir une faculté créée
diſtinĉte d'elle-même par le moyen de laquelle elle agiſſe ; car il feroit abſurde de
dire que cette faculté créée peut être le
principe immediat de quelque operation,
& que la ſubſtance elle-même ne le peut
pas. Je ne trouve pas ſes autres obſervations dans ce que vous m'avez envoyé,
ainſi je ne ſçaurois en porter aucun jugement. Dans l'endroit où vous parlez des
couleurs, je ne vois pas pourquoi vous
ôtez le noir de ce nombre, puiſque les autres couleurs ne ſont auſſi que des modes;
je dirois donc ſeulement, on range auſſi le
noir parmi les autres couleurs, cependant
il n'eſt autre choſe qu'une certaine diſpoſition, &c.

Sur le jugement où vous dites, *ſi elle
n'eſt ponĉtuelle & exaĉte*, il faut qu'en dé-
cidant neceſſairement, &c. au lieu de *neceſſairement*, je mettrois *facilement* ; & peu
après au lieu de ces mots, *c'eſt pourquoy
elle peut être ſuſpenduë*, je mettrois, *&
elle peut être ſuſpenduë* ; car ce que vous
ajoutez ne ſuit point de ce que vous avez
dit auparavant, comme le mot, *c'eſt pourquoi*, ſemble le ſignifier. Ce que vous
dites des paſſions, que leur ſiege eſt dans

le cerveau , cela eſt fort paradoxe , &
même à ce que je crois contraire à vos
ſentimens ; car bien que les eſprits qui
ébranlent les muſcles viennent du cerveau , il faut cependant aſſigner pour place
aux paſſions la partie du corps qui en eſt
la plus alterée , laquelle partie eſt ſans
contredit le cœur ; c'eſt pourquoi je dirois,
le principal ſiege des paſſions en tant qu'elles regardent le corps , eſt dans le cœur,
parce que c'eſt lui qui en eſt le plus alteré ; mais leur place eſt dans le cerveau ,
en tant qu'elles affectent l'ame , parce
que l'ame ne peut ſouffrir immediatement que par luy ; c'eſt auſſi un paradoxe
de dire que la reception eſt une action ,
puiſque dans le fond elle n'eſt qu'une paſſion contraire à l'action ; cependant vous
pouvez , ce me ſemble , retenir vos poſitions en les expliquant de cette ſorte. La
reception eſt une action ou plûtôt une
paſſion animale ſemblable à celle des automates , par laquelle nous recevons le
mouvement des choſes ; car pour renfer-
mer ſous le même genre tout ce qui ſe
paſſe en l'homme , nous avons joint les
paſſions avec les actions.

Je n'ai point examiné ce que vous dites à la fin de la temperature qui tourne
au chaud ou au froid , parce que je ne
crois pas qu'il faille croire à ces choſes
Z iij

comme à l'Evangile. Je suis charmé que
vôtre répondant ait bien fait son devoir.
Je ne crois pas que vous ayez rien à craindre de ceux qui voudront exercer leur
plume contre vous. Je lirai volontiers
tout ce que vous m'enverrez, & je vous
écrirai tout ce que j'en pense avec ma
liberté ordinaire. Je n'ai rien écrit du
centre de gravité, mais du different poids
des choses graves, selon leur differente
distance du centre de la terre; ce que je
n'ai que dans mon livre, où j'ai assemblé
en même temps plusieurs autres choses.
Si cependant vous voulez les lire, je vous
les ferai tenir par M. Van S. la premiere
fois qu'il ira à Utrecht. Je n'approuve pas
que vous refusiez d'appeller les écailles
des poissons des corps luisans, parce
qu'elles ne poussent pas elles-mêmes les
globules de la substance étherée, car le
charbon allumé ne le fait même pas, mais
seulement la matiere très-subtile, qui
pousse tantôt les parties terrestres du charbon, tantôt les globules étherées. Je ne
suis pas bien certain aussi que les veines
Mezaraiques reçoivent le chile des veines
lactées dans le pancreas; vous ne devez
point l'assurer sans une experience très-
certaine, ni écrire là-dessus, comme si aucunes veines lactées ne portoient le chile
jusqu'au foye, parce qu'il y en a qui af-

furent en avoir fait l'experience, & cela me paroît tout-à-fait vrai-semblable. Je voudrois aussi que vous effaçassiez ce que vous dites contre Walée du mouvement du cœur, parce que c'est un homme pacifique, & qu'il ne peut vous revenir aucune gloire de le contredire. Je ne suis pas aussi de vôtre sentiment lorsque vous définissez les actions des operations que l'homme produit par la force de son ame & de son corps ; car je suis du sentiment de ceux qui disent que l'homme ne comprend point par le moyen du corps ; & l'argument par lequel vous tâchez de prouver le contraire, ne me fait aucune impression ; car quoique le corps empêche quelques fonctions de l'ame, il ne peut neanmoins lui être d'aucun secours pour la connoissance des choses immaterielles, & il ne peut en cette occasion que lui nuire : je vous répondis, il y a trois jours dans ma derniere, sur la triple ame que vous établissez, je n'ai rien à ajouter à celle-ci que de vous assurer du parfait attachement de celui qui est, Vôtre, &c.

CLARISSIMO VIRO

HENRICO REGIO.

LETTRE XVI.

VIR CLARISSIME,

Tota noſtra controverſia de Anima triplici magis eſt de nomine quam de re. Sed primò, quia Romano Catholico non licet dicere animam in homine eſſe triplicem, vereorque ne mihi homines imputent, quod in tuis theſibus ponis ; mallem ab iſto loquendi modo abſtineas. 2. Etſi vis vegetandi & ſentiendi in brutis ſint actus primi, non tamen idem ſunt in homine, quia mens prior eſt, ſaltem dignitate. 3. Etſi ea quæ ſub aliqua generali ratione conveniunt poſſint à logicis tanquam ejuſdem generis partes poni, omnis tamen ejuſmodi generalis ratio non eſt verum genus ; nec bona eſt diviſio niſi veri generis in veras ſpecies : & quamvis partes debeant eſſe oppoſitæ, ac diverſæ, ut tamen bona ſit diviſio, non debent partes à ſe mutuo nimium diſtare ; nam si quis, exempli causâ, totum humanum corpus in duas partes distingueret, in quarum unâ solum nasum, & in aliâ cætera omnia membra poneret, peccaret ista divisio, ut tua, quod partes essent nimis inæquales. 4. Non admitto vim vegetandi & sentiendi in brutis mereri *anima* appellationem, ut mens illam meretur in homine ; sed vulgus ita voluisse, quia ignoravit bruta mente carere, atque idcirco animæ nomen esse æquivocum, respectu hominis & brutorum. 5. Denique, *deest reliquum.*

A

MONSIEUR

REGIUS.

LETTRE XVI.

Version nouvelle.

MONSIEUR,

Toute nôtre dispute sur la triple ame que vous établissez, est plûtôt une question

de nom, qu'une queſtion réelle : mais 1.
Parce qu'il n'eſt pas permis de dire à un
Catholique Romain, qu'il y a trois ames
dans l'homme, & que je crains qu'on ne
m'impute ce que vous mettez dans vos
Theſes, j'aimerois mieux que vous vous
abſtinſſiez de cette maniere de parler. 2.
Quoique la force négative & ſenſitive
dans les brutes ſoient des actes premiers,
ce n'eſt pas la même choſe dans l'homme,
parce que l'ame eſt premiere en lui, du
moins en dignité. 3. Bien que les choſes
qui conviennent ſous quelque raiſon generale, puiſſent être admiſes par les Logiciens, comme les parties d'un même
genre ; cependant toute raiſon generale
de cette ſorte n'eſt point un veritable
genre, & il n'y a point de bonne diviſion, ſi ce n'eſt du veritable genre en ſes veritables eſpeces, quoi que
les parties doivent être oppoſées & diverſes ; cependant afin que la diviſion ſoit
bonne, les parties ne doivent pas être trop
éloignées les unes des autres : car ſi quelqu'un, par exemple, diſtinguoit tout le
corps humain en deux parties, dans l'une
deſquelles il mît ſeulement le nez, &
dans l'autre tous les autres membres, cette diviſion pecheroit comme la vôtre,
parce que les parties ſeroient trop inéga-
les. 4. Je n'admets point que la force ne-

gative & fensitive dans les brutes meri-
tent le nom d'ame, comme l'ame merite
ce nom dans l'homme ; mais que le peuple l'a ainsi voulu , parce qu'il a ignoré
que les bêtes n'ont point d'ames , & que
par conséquent le nom d'ame est équivoque à l'égard de l'homme & de la bête.
3. Enfin , *le reste manque.*

CLARISSIMO VIRO

HENRICO REGIO.

LETTRE XVII.

VIR CLARISSIME ,

Accepi tuas theses , & gratias ago ; nihil in ipsis invenio quod non arrideat. Quæ
ais de actione & passione nullam mihi videntur habere difficultatem , modo illa
nomina rectè intelligantur : Nempe, in
rebus corporeis omnis actio & passio in
solo motu locali consistunt , & quidem
actio vocatur, cum motus ille consideratur in movente , passio vero cum consideratur in moto. Unde sequitur etiam,
cum illa nomina ad res immateriales extenduntur , aliquid etiam motui analogum
in illis esse considerandum ; & actionem

dicendam esse , quæ se habet parte motoris , qualis est volitio in mente ; passionem vero ex parte moti , ut intellectio & visio in eâdem mente, Qui vero putant perceptionem dicendam esse actionem , videntur sumere nomen actionis pro omni reali potentia , & passionem pro sola negatione potentiæ ; ut enim perceptionem putant esse actionem, ita etiam haud dubiè dicerent in corpore duro receptionem motus, vel vim per quam admittit motus aliorum corporum , esse actionem ; quod rectè dici non potest , quia passio isti actioni correlativa esset in movente, & actio in moto. Qui autem dicunt actionem omnem ab agente auferri posse, rectè si per actionem motum solum intelligant , non autem si omnem vim sub nomine actionis velint comprehendere ; ut longitudo , latitudo, profunditas , & vis recipiendi omnes figuras, & motus, à materia sive quantitate tolli non possunt, nec etiam cogitatio à mente. In Chartulis quas misisti pag. 2. lin. 17. *ac præcipuè cordis* , videtur ibi esse aliquis error calami, non enim premuntur partes à corde, sed sanguis ad hepar ex aliis partibus missus , ac præcipuè ex corde, juvat coctionem. Non intelligo etiam quæ ibi sequuntur de ligatura geminata , & alternatim dissoluta. Pagina 4. experimen-

tum de corde follibus inflando , nifi fe-
ceris, non auctor fum ut apponas ;. vereor enim ne corde excifo & frigido, tam
rigidum evadat, ut ita inflari non poffit;
fed facile eft experiri, & fi fuccedat, po-
nes ut certum , non autem cum verbis
judico, & videntur. Pagina 5. Quæ habes de
magnete mallem omitti ; neque enim adhuc plànè funt certa ; ut neque illa quæ habes pag. 6. de gemellis, & fimilitudine
fexus. Vale & me ama , & communes
amicos meo nomine plurimùm faluta.

A MONSIEUR

R E G I U S.

Lettre XVII.

Verfion nouvelle.

Monsieur,

J'ai reçû vos Thefes , & je vous en
fais mon remerciement ; je n'y ai rien
trouvé qui ne m'y plût. Ce que vous y
dites de l'action & de la paffion ne me
paroît point faire de difficulté , pourvû

que l'on comprenne bien ce que fignifient
ces noms : c'eft-à-dire que dans les chofes corporelles toute action & paffion con-
fiftent dans le feul mouvement local, &
on l'appelle action lorfque ce mouvement
eft confideré dans le moteur, & paffion
lorfqu'il eft confideré dans la chofe qui
eft mûë ; d'où il s'enfuit auffi que lorfque
ces noms font appliquez à des chofes immaterielles, il faut confiderer en elle
quelque chofe d'analogue au mouvement,
& qu'il faut appeller action celle qui eft
de la part du moteur, telle qu'eft la vo-
lition dans l'ame, & paffion de la part
de la chofe mûë, comme l'intellection &
la vifion dans la même ame. Quant à ceux
qui croyent qu'il faut donner le nom d'action à la perception, ils femblent prendre
le nom d'action pour toute puiffance réelle, & celui de paffion pour la feule negation de puiffance ; car comme ils croyent
que la perception eft une action, ils ne
feroient pas auffi difficulté de dire que la
reception du mouvement dans le corps
dur, où la force par laquelle il reçoit le
mouvement des autres corps eft une action, ce qui ne peut pas fe dire ; parce
que la paffion qui eft correlative à cette
action feroit dans le moteur, & l'action
dans la chofe mûë. A l'égard de ceux qui
difent que toute action peut être ôtée de

l'argent, ils ne se trompent pas, si par
action ils entendent le seul mouvement,
sans vouloir comprendre sous le nom d'action toute force, telle qu'est la longueur,
la largeur, la profondeur, & la force de
recevoir toutes sortes de figures & de
mouvemens ; car ces choses ne peuvent
non plus être ôtées de la matiere ou de
la quantité, que la pensée le peut être de
l'ame. Dans les papiers *que vous m'avez en-*
voyez, pag. 2. ligne 7. sur ces mots, *&*
sur tout du cœur, il paroît y avoir quelque
erreur de copiste, car les parties ne sont
pas pressées par le cœur, mais le sang envoyé au foye des autres parties, & sur
tout du cœur, facilite la coction. Je ne
comprends pas aussi ce qui suit sur cette
double ligature, & alternativement dis-
soluë à la page 4. à moins que vous ne
fassiez l'experience du cœur, qu'on peut
enfler avec des soufflets, je ne vous conseille pas de mettre cela, car je crains
que le cœur étant arraché & froid, ne
devienne si roide, qu'il ne soit pas possible de l'enfler ainsi : mais l'experience est
facile à faire, & si elle réüssit, vous la
mettrez comme certaine, sans vous servir de ces expressions : *je juge, il ne sem-*
ble que cela est ainsi. J'obmettrois, si j'é-
tois à vôtre place, ce que vous dites p.
5. de l'aiman, car ces choses ne sont pas

encore bien certaines, non plus que celles de la page 6. touchant les jumeaux & la reſſemblance du ſexe. Adieu, Monſieur, aimez-moi toûjours un peu, & faites bien mes complimens à nos amis communs.

CLARISSIMO VIRO

HENRICO REGIO.

LETTRE XVIII.

Vir clarissime,

Legi raptiſſimè illa omnia quæ juſſeras ut perlegerem, nempe partem primi, & partem ſecundi quaternionis, & quinque alios integros. Quæ in primo de aſtringentibus, incraſſantibus, & narcoticis de tuo habes, mihi non placent ; peculiarem enim aliquem modum, quo fortè poteſt aliquando contingere ut res fiat, tanquam univerſalem proponis, cum tamen plures alii poſſint excogitari ex quibus probabile eſt eoſdem effectus ſæpius ſequi. In ſecundo, ais Idiopathiam eſſe morbum per ſe ſubſiſtentem ; mallem dicere,

eſſe

esse ab alio non pendentem , ne quis
philosophus indè concludat te fingere morbos esse substantias. De febribus autem
breviter hic dicam quid sentiam, ne nihil
in hac Epistola contineatur ; de reliquis
enim vix quicquam dicam. Itaque febris
est. *Deest reliquum. Etsi candidè & gene-
rosè D. Regius velit agere , illud supplebit.*

A

MONSIEUR

REGIUS.

LETTRE XVIII.

Version nouvelle.

MONSIEUR,

J'ai lû fort rapidement tout ce que vous
m'aviez ordonné de lire , c'est-à dire ,
une partie du premir cahier , & une partie du second , & les cinq autres tout entiers. Je n'approuve point ce que vous
dites dans vôtre premier cahier touchant

les choſes aſtringentes , celles qui épaiſſiſ-
ſent , & les narcotiques ; car vous donnez
comme univerſelle une matiere particuliere
dont une choſe peut arriver ; quoi qu'on
puiſſe imaginer pluſieurs autres manieres
qui probablement peuvent produire le
même effet. Dans le ſecond vous dites que
l'Idiopathie eſt une maladie ſubſiſtante par
elle-même ; j'aimerois mieux dire qu'elle
ne dépend point d'une autre , de peur qu'il
ne prenne fantaiſie à quelque Philoſophe de
conclure que vous faites les maladies des
ſubſtances. Je vais vous dire en deux mots
ce que je penſe des fievres, afin que ma
Lettre contienne quelque choſe ; car je ne
parlerai preſque pas du reſte. La fievre eſt
donc....... *le reſte ne ſe trouve point.*

Si M. Regius veut agir en galant homme ,
il aura la bonté d'y ſuppléer , en nous ren-
voyant ce qu'il a devers lui.

CLARISSIMO VIRO

HENRICO REGIO.

LETTRE XIX.

VIR CLARISSIME,

Accepi duas litteras in quibus duas proponis difficultates, circa ea quæ de febribus ad te scripseram: Ad quarum primam,
*Cur, scilicet, causam regularium recursuum
in febribus, fere semper oriri dixerim, à materia, quæ maturatione quadam indiget, antequam sanguini misceri possit: irregularium
vero ab eâ quæ cavitatem aliquam implendo,
solâ distentione poros aperit,* facile intelli-
ges, si advertas non dari rationem cur
istæ cavitates tantæ sint magnitudinis, &
tantus fiat in illis materiæ affluxus, ut semper in omnibus hominibus, vel singulis
diebus, vel alternis, vel quarto quoque
die, vacuentur; dari autem rationem cur
aliquis humor unâ tantum die, alius duobus, alius tribus indigeat ad maturescen-
dum. Alteram etiam, *cur nempe poris
apertis tota aut ferè tota materia expurgetur:*

facilè folves, advertendo multò difficilius
effe poros planè claufos aperire, quam
poftquam femel aperti funt impedire ne
rurfus claudantur ; adeo ut fatis magna
copia materiæ debeat effluere antequam
claudantur; imo ferè tota(debet effluere,
cum nulla eft cavitas, nifi quæ ex affluxu
iftius materiæ, partes vi diftendentis, effi-
citur; quia partes diftentæ ad fitum naturalem redire debent, antequam pori claudantur. Si autem fit cavitas per extenfio-
nem partium facta, concedo quidem illam materiâ corruptâ plenam manere poft
expurgationem ; adeo ut cum pori aperti
funt, non nifi pars exuperans, & latera
cavitatis impellens, expurgetur, quæ po-
reft effe decima vel vigefima tantùm pars
materiæ in illa cavitate contentæ ; fed
quia fola eft hæc pars exuperans, quæ febris paroxifmum accendit, ideo fola videtur effe numeranda, & ita femper verum
eft, totam materiam febris expurgari in
fingulis paroxifmis. Quantum autem ad
gangrænam, etfi fanguinis circulatio, in
aliquâ parte impedita, poffit aliquandò
effe remota ejus caufa, proxima tantum
eft corruptio five putrefactio ipfius partis; quæ ab aliis caufis, quam ab impe-
ditâ circulatione poteft oriri, atque, ipsâ
jam factâ, circulationem impedire.

Quæ de palpitatione habes, non mihi

satisfaciunt, & tam varias judico esse posse
ejus causas, ut non ausim etiam aggredi
ipsas hîc enumerare. Non etiam existimo
excrementa difficiliùs egredi per pilos amputatos, quam per integros, sed planè
econtra faciliùs, nisi fortè cum radicitùs
extirpantur, & pori per quos egressi fue-
rant occluduntur; multique capitis dolores
experiuntur, cum longos alunt pilos, iis-
que postea liberantur, capillis amputatis.
Causam autem cur capilli amputati cres-
cant, puto esse quod excrementa copio-
siùs per amputatos egrediantur : Hocque
etiam confirmat experientia, quia majores recrescunt, quam si nunquam fuissent
amputati; quia nempe ob majorem copiam excrementorum per ipsorum radices
transeuntium, eæ ampliores evadunt. Denique convulsionem non puto fieri propter
tunicarum densitatem, sed tantum quia
valvulæ quædam in nervorum tubulis existentes, præter ordinem aperiantur, aut
claudantur; quod & spirituum crassities, &
organi læsio, ut punctura in tendine vel
nervo, causare potest. Vale.

A

MONSIEUR

REGIUS.

LETTRE XIX.

Version nouvelle.

MONSIEUR,

J'ai reçû vôtre Lettre dans laquelle vous me proposez deux difficultez sur ce que je vous avois écrit touchant les fiévres. Dans la premiere vous demandez *pourquoi j'ai dit que la cause des accez des fiévres reglées, vient presque toujours de la matiere qui a besoin de se mûrir en quelque façon avant de se pouvoir mêler au sang, & que les accez de celles qui ne sont pas reglées proviennent d'une matiere, qui se logeant dans quelque cavité, gonfle tellement les parties, qu'elle oblige les pores de s'ouvrir.* Il ne vous sera pas difficile de comprendre tout cela, si vous faites attention qu'il n'y a point de raison qui

montre que ces cavitez puiſſent être aſſez
grandes, & qu'il s'y amaſſe aſſez de matiere pour qu'elle ſe vuide regulierement
dans tous les hommes, ou chaque jour,
ou de deux jours l'un, ou de quatre jours
l'un : mais qu'il y en a une qui nous fait
voir pourquoi certaine humeur a beſoin
d'un jour pour ſe mûrir, une autre de
deux, & une troiſiéme de trois. Quant
à la ſeconde queſtion, *pourquoi les pores*
étant ouverts, toute la matiere, ou du moins
preſque toute la matiere ſe purge : vous en
trouverez facilement la ſolution en re-
marquant qu'il eſt beaucoup plus difficile
d'ouvrir des pores entierement fermez,
que d'empêcher qu'ils ſe referment quand
une fois ils ont été ouverts, enforte qu'u-
ne aſſez grande abondance de matiere
doit s'écouler avant qu'ils ſoient fermez.
Elle doit même s'écouler preſque toute,
lorſqu'il n'y a d'autre cavité que celle qui
eſt formée par le concours de cette matiere qui dilate par force les parties ; parce que les parties dilatées doivent retour-
ner à leur ſituation naturelle avant que
les pores ſoient fermez. Que s'il y a une
cavité produite par quelque humeur qui
aura rongé les parties, j'avoüe qu'après
l'expurgation elle demeure pleine de matiere corrompuë, enforte que quand les
pores ſont ouverts, il n'y a que la partie

furabondante, & qui pouſſe les côtés de
la cavité, qui ſorte, qui peut être ſeulement la dixiéme, ou la vingtiéme partie
de la matiere contenuë dans cette cavité:
mais comme il n'y a que cette partie ſur-
abondante, qui allume l'accez de la fiévre, il ſemble par conſéquent qu'on doive la compter ſeule ; ainſi il eſt toujours
vrai que toute la matiere de la fiévre ſe
purge dans chaque accez. Quant à la gan-
grene, quoique la circulation du ſang arrêtée en quelque partie, puiſſe être quelquefois ſa cauſe éloignée, ſa cauſe prochaine eſt ſeulement une corruption ou
pourriture de la partie qui peut provenir
d'autres cauſes, que de la circulation qui
a été arrêtée, laquelle corruption étant
déja formée, peut empêcher la circulation. Ce que vous dites de la palpitation
ne me ſatisfait point, & je crois qu'elle
peut avoir tant de differentes cauſes, que
je n'oſerois entreprendre d'en faire ici
l'énumeration. Je ne crois pas non plus que
les excre ens ſortent plus difficilement
par les cheveux coupez, que par ceux
qui ne le ſont pas ; ces excremens doivent même ſortir plus facilement à moins
que les cheveux ne fuſſent arrachez juſqu'à la racine, & que les pores par leſquels ils ſeroient ſorti ne fuſſent enrie-
xement bouchez. Pluſieurs perſonnes ſen-

ſent

tent des maux de tête lorsqu'ils ont les
cheveux fort longs. Le remede est de les
couper ; je crois que la cause pourquoi les
cheveux coupez croissent, est que les excremens sortent en plus grande abondance
dans le bout des cheveux coupez : l'experience confirme encore cela , parce
qu'ils reviennent plus longs que si on ne
les avoit jamais coupez , parce que la
grande abondance d'excremens qui passent
par leurs racines , les fait devenir plus
grands ; enfin je ne crois pas que la con-
vulsion arrive à cause de l'épaisseur des
tuniques, mais seulement parce que certaines petites valvules qui sont dans les
petits tuyaux des nerfs s'ouvrent ou se ferment contre la regle ordinaire, ce que la
grossiereté des esprits & la lezion de l'organe peuvent causer , comme une piqueure
dans un tendon ou dans un nerf.

CLARISSIMO VIRO
HENRICO REGIO.

LETTRE XX.

VIR CLARISSIME,

Habui hîc toto pomeridiano tempore præstantissimum virum D. Al. qui multa mecum de rebus Ultrajectinis amicissimè ac prudentissimè disseruit. Planè cum ipso sentio, tibi ad aliquod tempus à publicis disputationibus esse abstinendum , & summoperè cavendum , ne ullos in te verbis asperioribus irrites. Vellem etiam quàm maximè , ut nullas unquam novas opiniones proponeres , sed antiquis omnibus nomine tenus retentis , novas tantum rationes afferres; quod nemo posset reprehendere , & qui tuas rationes rectè caperent , fponte ex iis ea quæ velles intelligi concluderent; ut de ipfis formis fubftantialibus , & qualitatibus realibus, quid opus tibi fuit eas palam rejicere ? nunquid meministi me in Meteoris pag. 173. editionis gallicæ exprefsissimis verbis mo-

fuisse ipsas nullomodo à me rejici, aut
negari, sed tantummodo non requiri ad
rationes meas explicandas? Quod idem si
fuisses secutus, nemo tamen ex tuis auditoribus non illas rejecisset, cum nullum
earum usum esse perspexisset, nec interim in tantam collegarum tuorum invidiam incidisses. Sed quod factum est in-
fectum fieri nequit. Nunc curandum est,
ut quæcunque vera proposuisti, quam mo-
destissimè deffendas, & si quæ minus vera, vel tantum minus apte dicta, elapsa
sint, absque ullâ pertinaciâ emendes, pu-
tesque nihil esse in philosopho magis laudandum, quam liberam errorum suorum
confessionem. Ut in hoc, *quod homo sit
ens per accidens*, scio te nihil aliud intel-
lexisse, quam quod alii omnes admittunt,
nempe illum esse compositum ex duabus
rebus realiter distinctis; sed quia verbum,
ens per accidens, eo sensu non usurpatur in
scholis, idcirco longè melius est (si fortè
uti non possis explicatione, quam præcedentibus meis litteris suggesseram, video
enim te ab illâ nonnihil deflectere, nec
dum scopulos satis vitare in tuo ultimo
scripto) ut apertè fatearis te illum scholæ
terminum non rectè intellixisse, quam ut
malè dissimiles; ideoque, cum de re
planè idem quod alii sentires, in verbis
tantum discrepasse; atque omnino ubi-

cumque occurret occasio, tam privatim
quam publicè debes profiteri, te credère
hominem esse *verum ens per se*, *non autem
per accidens*, & mentem corpori realiter
& substantialiter esse unitam, non per situm aut dispositionem, ut habes in tuo
ultimo scripto (hoc enim rursus reprehen-
sioni obnoxium est, & meo judicio non
verum) sed per verum modum unionis,
qualem vulgò omnes admittunt, etsi nulli,
qualis sit, explicent, nec ideo etiam te-
neris explicare; sed tamen potes, ut ego
in Metaphysicis, per hoc, quod percipiamus sensus doloris, aliosque omnes, non
esse puras cogitationes mentis à corpore
distinctæ, sed confusas illius realiter unitæ
perceptiones; si enim Angelus corpori humano inesset, non sentiret ut nos, sed
tantum perciperet motus qui causarentur
ab objectis externis, & per hoc à vero homine distingueretur.

Quantùm ad tuum scriptum, & si non
videam quid eo facere velis, mihi videtur, ut ingenuè & candidè fatear quod
sentio, nec ad rem propositam, nec ad
fortunam hujus temporis satis esse accom-
modatum; multa enim in eo nimis dura,
& non satis apertè rationes explicas, quibus
bona causa deffenditur, adeò ut in eo scri-
bendo, ex tædio forsan atque indignatione,
ingenium tuum languisse videatur. Excu-

fabis ut confido libertatem meam ; & quia
mihi eſſet difficilius , de ſingulis quæ ſcrip-
ſiſti monere quid ſentiam , quam aliquod
tale ſcriptum delineare , hoc potius agam,
& quamvis multò me alia negotia urgeant,
unam tamen aut alteram huic rei diem
impendam. Exiſtimo itaque operæ pretium
eſſe , ut ad Appendicem Voëtii publico
ſcripto reſpondeas ; quia ſi planè taceres,
tibi forte tanquam victo magis inſultarent
inimici ; ſed tam blandè ac modeſtè reſpondeas , ut neminem irrites , ſimulque
tam ſolidè , ut rationibus tuis ſe vinci
Voëtius animadvertat , & ideo , ne ſæpius
vincatur , tibi contradicendi animum de-
ponat , ſeque à te demulceri patiatur.

Curſim hic ponam argumentum illius
reſponſionis , qualem ego ipſam facien-
dam putarem , ſi tuo in loco eſſem ; &
partim Gallicè , partim Latinè ſcribam , pro
ut verba celeriùs occurrent , ne forte , ſi
latine tantum ſcriberem , verba mea mutare negligeres , & ſtilus nimis incultus pro
tuo non agnoſceretur.

A

MONSIEUR

REGIUS,

LETTRE XX.

Version nouvelle.

MONSIEUR,

J'ai eu l'honneur de posseder ici touté cette après-dînée l'illustre Monsieur Al. il m'a entretenu fort long-temps des affaires d'Utrecht, avec une bonté & une sagesse qui m'ont charmé ; je suis tout-à-fait de son avis que vous devez vous abstenir durant un certain temps des disputes publiques, & vous donner bien de garde d'aigrir personne contre vous par des paroles trop dures. Je souhaiterois bien aussi que vous n'avançassiez aucunes opinions nouvelles ; mais que vous vous tinssiez seulement de nom aux anciennes, vous contentant de donner des raisons nouvelles, ce que personne ne pourroit

reprendre , & ceux qui prendroient bien
vos raisons, en concluroient d'eux-mêmes
ce que vous souhaittez qu'on entende.
Par exemple, sur les formes substantielles
& sur les qualitez réelles , quelle necessité de les rejetter ouvertement? Vous pouvez vous souvenir que dans mes Meteores page 173. de l'Edition Françoise , j'ai
dit en termes exprès que je ne les rejet-
tois, ni ne les niois aucunement, mais
seulement, que je ne les croyois pas necessaires pour expliquer mes sentimens.
Si vous eussiez tenu cette conduite, aucun
de vos Auditeurs ne les auroit admises,
quand il se seroit apperçû qu'elles ne sont
d'aucun usage , & vous ne vous seriez
pas chargé de l'envie de vos collegues :
mais ce qui est fait est fait ; le seul remede que j'y trouve presentement , est de
défendre les propositions vrayes que vous
avez avancées le plus modestement qu'il
vous sera possible ; & s'il vous en est
échappé quelques-unes de fausses , ou qui
ne soient pas assez exactes, vous les corrige-
rez sans entêtement; vous devez être persuadé qu'il n'y a rien de plus loüable à un
Philosophe , que d'avoüer sincerement ses
erreurs. Par exemple , lors que vous dites
que l'homme est un être par accident , je
sçai que vous n'entendez que tout ce que
les autres Philosophes entendent ; sçavoir

qu'il eſt un compoſé de deux choſes réellement diſtinctes : mais comme les écoles
n'entendent pas ce mot, *être par accident,*
dans le même ſens, il eſt beaucoup mieux,
(ſuppoſé que vous ne puiſſiez pas vous
ſervir de l'explication que je vous avois
inſinuée dans mes précedentes ; car je
vois que vous vous détournez un peu du
ſens que j'y donne, & que vous n'évitez
pas tout-à-fait cet écüeil dans vôtre dernier écrit,) il eſt, dis-je, beaucoup mieux
d'avoüer bonnement que vous n'aviez pas
tout-à-fait bien compris ce terme de l'école, que de déguiſer la choſe mal-à-propos ; & qu'étant d'accord avec les autres
pour le fonds, vous n'avez été different
que pour les termes ; ainſi toutes les fois
que l'occaſion s'en preſentera, vous devez
avoüer, ſoit en particulier, ſoit en public,
que vous croyez que-l'homme eſt *un ve-*
ritable être par ſoi, & *non par accident* ; &
que l'ame eſt réellement & ſubſtantielle-
ment unie au corps, non par ſa ſituation
& ſa diſpoſition, (comme vous dites dans
vôtre dernier écrit, ce qui eſt encore faux
& ſujet à être repris ſelon moy :) mais
qu'elle eſt, dis-je, unie au corps par une
veritable union, telle que tous les Philo-
ſophes l'admettent : quoi (qu'on n'explique point quelle eſt cette union, ce que
vous n'êtes pas tenu non plus de faire,

cependant vous pouvez l'expliquer, comme je l'ai fait dans ma Metaphyſique, en diſant que nous percevons que les ſentimens de douleur, & tous autres de pareille nature ne ſont pas de pures penſées de l'ame diſtincte du corps ; mais des perceptions confuſes de cette ame qui eſt réellement unie au corps : car ſi un Ange étoit uni au corps humain, il n'auroit pas les ſentimens tels que nous, mais il percevroit ſeulement les mouvemens cauſez par les objets exterieurs, & par là il ſeroit different. d'un veritable homme.

A l'égard de vôtre écrit, quoi que je ne voye pas bien ce que vous prétendez par là, il me ſemble cependant, pour vous avoüer ingennëment ma penſée, qu'il ne tend pas à vôtre but, & qu'il ne s'accorde nullement au temps preſent, car vous y dites beaucoup de choſes aſſez dures, & vous n'y expliquez pas aſſez clairement les raiſons qui peuvent ſervir à la défenſe de la bonne cauſe ; enſorte qu'on diroit qu'en l'écrivant vôtre eſprit eſt tombé dans une eſpece de langueur que le chagrin ou l'indignation vous ont cauſé. J'eſpere que vous excuſerez la liberté que je prends ; & comme il me ſeroit plus difficile de vous dire ce que je penſe ſur chaque article de vôtre écrit), que de vous tracer un modele ſemblable, je prendrai ce der-

nier parti ; & bien que je fois accablé
d'une multitude d'autres affaires , je donnerai un ou deux jours à ce travail. Je
penfe donc, qu'il importe au bien de vos
affaires , que vous répondiez par un écrit
public à l'Appendix de Voëtius , parce que
fi vous gardiez un profond filence là-deffus, vos ennemis pourroient peut-être vous
infulter comme à un homme vaincu ; mais
que vôtre réponfe foit fi douce & fi mo-
defte que vous n'irritiez perfonne , & en
même temps qu'elle foit fi folide, que
Voëtius s'apperçoive qu'il eft vaincu par
vos raifons , & qu'il n'ait plus à l'avenir
la démangeaifon de vous contredire, pour
n'être pas toûjours vaincu , & qu'enfin il
fouffre que vous adoucifliez fon humeur
fauvage.

Je vais vous donner en gros le fujet de la
réponfe que vous devez lui faire , & telle
que je la ferois moi-même fi j'étois à vôtre place : je la mettrai partie en françois,
partie en latin , felon que les termes fe pre-
fenteront plus facilement à mon efprit, de
peur que fi j'écrivois feulement en latin ,
vous ne vouluffiez point changer mes paroles , & que mon ftile negligé ne fît mé-
connoître le vôtre.

REPONSE

D'HENRY REGIUS, &c;

A L'APPENDIX,

OU NOTES SUR L'APPENDIX ;

Et sur les Corollaires de Theologie & de Philosophie de Mr Gisbert Voëtius,&c.

JE voudrois après commencer par une «
honnête Lettre à M. Voëtius, en la- «
quelle je dirois, qu'ayant vû les très- «
doctes, très-excellentes, & très-subti- «
les Theses qu'il a publiées touchant les «
formes substantielles, & autres matie- «
res appartenantes à la Physique, & «
qu'il a particulierement adressées aux «
Professeurs en Medecine & en Philo- «
sophie de cette Université au nombre «
desquels je suis compris ; j'ai été extré- «
mement aise de ce qu'un si grand hom- «
me a voulu traiter de ces matieres, «
comme ne doutant pas qu'il n'auroit «
usé de toutes les meilleures raisons qui «
peuvent se trouver pour prouver les «
opinions qu'il défend ; ensorte qu'après «

» les siennes il n'en faudroit plus atten-
» dre d'autres ; & même que je me suis
» réjoüi de ce que la plûpart des opi-
» nions qu'il a voulu défendre en ces
» Theses, étant entierement contraires à
» celles que j'ai enseignées, il semble
» que ç'a été particulierement à moi qu'il
» a adressé sa Preface, & qu'il a voulu
» par là me convier à lui répondre, &
» ainsi m'inviter, par une honnête ému-
» lation, à rechercher d'autant plus curieu-
» sement la verité. Que je m'estime bien
» glorieux de ce qu'il m'a voulu faire cet
» honneur, que je ne puis manquer de
» tirer de l'avantage de cette attaque ;
» à cause que ce me sera même de là
» gloire si je suis vaincu par un si fort ad-
» versaire, que je lui en rends graces
» très-affectueusement, & mets cela au
» nombre des graces que je lui ai, & que
» je reconnois être très-grandes. *Hic suse*
» *commemorarem, quomodo me juverit, in*
» *professione acquirenda, quomodo mihi patro-*
» *nus, mihi fautor, mihi adjutor semper fue-*
» *rit, &c.* je m'étendrois ici sur l'obligation
» que je lui ai de ma chaire de Professeur,
» avec quelle bonté il m'a toujours servi de
» *patron & d'aide, &c.* Enfin que je n'au-
» rois pas manqué de répondre à ses The-
» ses, & de faire comme lui des dispu-
» tes publiques sur ces matieres, si je

pouvois esperer une audiance auſſi favorable & auſſi tranquille ; mais qu'il a en
cela beaucoup d'avantage pardeſſus moi,
à cauſe que le reſpect & la veneration
qu'on a pour lui, non-ſeulement à cauſe
de ſes qualités de Recteur & de Mi-
niſtre, mais beaucoup plus à cauſe de
ſa grande pieté, de ſon incomparable
doctrine, & de toutes ſes autres excel-
lentes qualitez, eſt capable de retenir
les plus inſolens, & d'empêcher qu'ils
ne faſſent aucun deſordre aux lieux où
il préſide ; au lieu que n'ayant pas le
même reſpect pour moi, deux ou trois
fripons que quelque ennemi aura en-
voyez à mes diſputes, ſeront ſuffiſans
pour les troubler ; & ayant éprouvé
cette fortune en mes dernieres, je crois
m'abbaiſſer trop, & ne pas aſſez con-
ſerver la dignité du lieu, que nôtre
très-ſage Magiſtrat m'a fait l'honneur
de vouloir que j'occupaſſe en cette Academie, ſi je m'y oppoſois doreſnavant ;
non pas que je ſois fâché pour cela,
ni que je penſe devoir aucunement être
honteux de ce qui s'eſt paſſé ; car au
contraire, ces faiſeurs de bruit ayant
toûjours interrompu mes réponſes avant
que de les avoir pû entendre, il a été
très-aiſé à remarquer que nous n'avons
point donné occaſion à leur inſolence

» par nos fautes ; mais qu'ils étoient ve-
» nus à nos difputes tout à deffein de les
» troubler , & d'empêcher que nous ne
» puiffions avoir le temps de faire bien
» entendre nos raifons ; & l'on ne peut
» juger de là autre chofe, finon que mes
» ennemis fe fervant d'un moyen fi fé-
» ditieux & fi injufte, ont temoigné qu'ils
» ne cherchent point la verité , & qu'ils
» n'efperent pas que leurs raifons foient
» fi fortes que les miennes, puifqu'ils ne
» veulent pas qu'on les entende; & quand
» on ne fçauroit pas que ces troubles
» m'auroient été procurez par l'artifice
» d'aucuns ennemis , *fed à fola ji .num*
» *aliquot lafcivia ; mais encore par la petu-*
» *lance de quelques jeunes gens.* On fçait
» bien que les meilleures chofes étant ex-
» pofées au public, font auffi fouvent fu-
» jettes à cette fortune, que les plus mau-
» vaifes & les plus impertinentes. Auffi
» on étoit autrefois fort attentif aux badi-
» neries d'un danfeur de corde, là où ceux
» qui reprefentoient une très-belle & très-
» elegante Comedie de Terence étoient
» chaffez du theâtre par de tels battemens
» de mains ; ainfi, &c. Ces raifons donc
» me donnent raifon de publier pûtôt cet-
» te reponfe , que de faire des Thefes ,
» joint auffi qu'on peut mieux trouver la
» verité en examinant à loifir & de fens

froid deux écrits oppofez fur un même «
fujet, que non pas en la chaleur de la «
difpute où l'on n'a pas affez de temps «
pour pefer les raifons de part & d'autre, «
& où la honte de paroître vaincus, fi «
les nôtres étoient les plus foibles, nous «
en ôte fouvent la volonté ; c'eft pour- «
quoi je le fupplie de la recevoir en bon- «
ne part, comme ne l'ayant fait que pour «
lui plaire, & lui témoigner que je ne «
fuis pas fi negligent que de manquer de «
fatisfaire à l'honnête femonce qu'il m'a «
faite par les Thefes, de faire voir au «
public les raifons que j'ai pour foutenir «
les raifons qu'il a impugnées, & ce pour «
le bien general, *totius rei litteraria*, de «
la republique des lettres, & particuliere- «
ment pour le bien & la gloire de cette «
Univerfité, & que je l'annoncerai & ef- «
timerai, *ut patronum, fautorem ami-* «
ciffimum, &c. comme un patron & un «
protecteur très-zelé ; &c. Vale. Adieu. «

Après une Lettre de cet argument, je «
ferois imprimer : «

Domini Gisberti præfatiuncula ad doctif- «
fimum expertiffimum Medicum, &c. ufque «
ad thefim primam. «

Petite Preface de M. Gisbert Voëtius à «
M...... très-docte, très-experimenté Mede- «
cin, &c. jufqu'à la premiere Thefe. «

RESPONSIO
AD PRÆFATIONEM,
Réponse à la Préface.

» QUe je loüe ici grandement ſa ci-
» vilité & ſa courtoiſie, de ce que
» nonobſtant le pouvoir que ſa Theolo-
» gie, qui eſt la principale ſcience, lui
» donne ſur toutes les autres , & celui
» que ſa qualité de Recteur lui donne par-
» ticulierement en cette Academie, il n'a
» pas voulu traiter de matiere de Phyſique
» ſans uſer de quelques excuſes envers
» les Profeſſeurs en Philoſophie & en Me-
» decine ; que je ſuis fort d'accord avec
» lui de ce qu'il blâme les *adoleſcentes*
» *qui vix elementis Philoſophiæ imbuti abſ-*
» *que evidenti & valida demonſtrationum*
» *evictione omnium ſcholarum Philoſophiam*
» *exſibilant antequam terminos ejus intelle-*
» *xerint, eorumque notione deſtituti, aucto-*
» *res ſuperiorum facultatum ſine fluctu le-*
» *gant, lectioneſque & diſputationes tanquam*
» *muta perſona aut ſtatua Dedalea, au-*
» *dire cogantur.* Que je blâme ces jeunes gens
» qui à peine inſtruits des premiers élemens

de

de la Philosophie, & destituez de cette "
conviction que donne à l'esprit l'évidence "
& la force des démonstrations, sifflent tout "
cequi est de la Philosophie de l'école avant "
d'en avoir compris les termes, & qui privez "
de la connoissance de ces choses, se voyent "
dans la necessité de lire sans fruit les Au- "
teurs qui traitent des sciences superieures, "
& se voyent réduits à écouter les leçons & "
les disputes qu'on y fait comme des person- "
nes muettes, & comme des statuës de De- "
dale. Sed quia valdè diligenter ipsos hoc in "
exordio admonet, ne tam facilè id agant. "
Mais le soin qu'il prend de les avertir dans "
son exorde de se précautionner contre ces er- "
reurs ; & comme si c'étoit une faute fort "
ordinaire, laquelle toutefois a été incon- "
nuë jusqu'à present, non immerito suspi- "
cor hoc de solis auditoribus meis intelligi ; "
j'entre dans des soupçons legitimes que vous "
ne parlez ici que de ceux qui prennent mes "
leçons : car j'ai déja sçû que quelques- "
uns étant jaloux de voir les grands pro- "
grez que mes Auditeurs faisoient en peu "
de temps, ont tâché de décrier ma fa- "
çon d'enseigner, en disant que je négli- "
geois de leur expliquer les termes de la "
Philosophie, & ainsi que je les laissois "
incapables d'entendre les Livres & les "
autres Professeurs ; & que je ne leur "
apprenois que certaines subtilitez dont "

» la connoiſſance leur donnoit après cela
» tant de préſomption, qu'ils oſoient ſe
» moquer des opinions communes;& pour
» ce ſujet me perſuadent que M. Voëtius
» (ou *Rector magnificus*, ou *Recteur magni-*
» *fique*, *&c.* donnez-lui les titres les plus
» obligeans & les plus avantageux que
» vous pourrez) ayant été averti de cette
» calomnie, en a voulu toucher un mot
» ici en paſſant, afin de me donner occa-
» ſion de m'en purger ; ce que je ferai fa-
æ cilement, en faiſant voir que je ne
» manque pas d'expliquer tous les termes
» de ma profeſſion, lorſque les occaſions
» s'en preſentent ; bien que j'aye encore
» plus de ſoin d'expliquer les choſes ; &
» je veux bien confeſſer que d'autant que
» je me ſers de raiſons qui ſont très évi-
» dentes & très-intelligibles à ceux qui ont
» ſeulement le ſens commun, je n'ai pas
» beſoin de beaucoup de termes étran-
» gers pour les faire entendre : & ainſi
» qu'on peut bien plûtôt avoir appris les
» veritez que j'enſeigne, & trouver ſon
» eſprit ſatisfait touchant les principales
» difficultez de la Philoſophie, qu'on ne
» peut avoir appris tous les termes dont
» les autres ſe ſervent pour expliquer
» leurs opinions touchant les mêmes dif-
» ficultez de la Philoſophie, & avec tous
» leſquels il ne ſe ſatisfont jamais ; ainſi

les esprits qui se servent de leur raison- «
nement naturel, mais les remplissent seu- «
lement de doutes & de nuages ; & enfin «
que je ne laisse pas d'enseigner aussi les «
termes qui me sont inutiles, & que les «
faisant entendre en leur vrai sens, *Cele-* «
rius à me quàm vulgò ab aliis discuntur. On «
les apprend en moins de temps ùe moi, que «
du commun des Philosophes : ce que je puis «
prouver par l'experience que plusieurs «
de mes Auditeurs ont faite, & dont «
ils ont rendu preuve en disputant pu- «
bliquement, après n'avoir étudié que «
tant de mois, &c. Or je m'assure qu'il «
n'y a personne de bon sens qui ose dire «
qu'il n'y a rien à blâmer en tout ceci, ni «
même qui ne soit grandement à priser : «
Etsi enim sæpè hinc contingat, ut qui mea «
audiverunt,ea quæ ab aliis in contrarium do- «
centur ut minus rationi consentanea, con- «
temnant, vel etiamsi placet exsibilent : Et «
s'il arrive souvent de là que ceux qui ont «
pris mes leçons, méprisent, ou si vous «
voulez sifflent, ce que les Professeurs en- «
seignent de contraire à mes sentimens, com- «
me moins conformes à la raison : on n'en «
doit pas rejetter la faute sur ma ma- «
niere d'enseigner, mais plûtôt sur celle «
des autres, & les conduire à suivre la «
mienne autant qu'il leur sera possible, «
plûtôt que de la calomnier : *Et velle ipsam* «

» *calumnia sua obruere. Et vouloir l'ensevelir*
» *sous des ruines si odieuses.*

T H E S I S   P R I M A, &c.

Responsio ad primam Thesim.

PLanè hic affentior fententiæ Domini Rectoris Magiftri, nempe quod innoxia illa entia, quæ formas fubftantiales & qualitates reales vocant, non fint temerè de antiqua fua poffeffione deturbanda; quin & ipfa nondum hactenus abfolutè rejecimus, fed tantummodò profitemur nos ipfis non indigere, ad caufas rerum naturalium reddendas, putamufque rationes noftras eo præcipue nomine effe commendandas, quod ab ejufmodi affumptis incertis & obfcuris nullomodò dependeant. Quoniam in talibus idem ferè eft dicere, fe iis nolle uti, ac dicere, fe non admittere : quia nempe ab aliis non aliam ob caufam admittuntur, quam quia neceffariæ effe putantur ad effectuum naturalium caufas explicandas ; non difficiles erimus in confitendo nos illa planè rejicere : neque id, ut fpero, Mag. Rector vitio nobis verret, quia dudum fcholarum Philofophiam, nominatim Logicam, Metaphyficam, Phyficam, fi non accuratiffimè,

ſaltem mediocriter perdidicimus, & miſe-
ra illa entia nullius uſus eſſe percipimus,
niſi ad excæcanda ſtudioſorum ingenia, &
ipſis, in locum doctæ illius ignorantiæ,
quam Rect. Mag. tantopere commendat,
ſuperbam quandam aliam ignorantiam ob-
trudendum. Sed ne parùm liberales videa-
mur, laudo etiam quod Mag. Rect. adoleſcentes à feroce contemptu, & fugâ ſtudii Philoſophi, atque inſuper ab idioticâ,
ruſticâ, & ſuperbâ ignorantiâ velit revoca-
re, nec ullomodò poſſum ſuſpicari eum
hîc reſpexiſſe ad illam in meos auditores
querelam, de quâ paulò antè, quod ſcilicet vulgarem Philoſophiam meâ intellectâ
contemnant. Neque enim fas pûto, exiſti-
mare tam pium virum, ab omni maledi-
cendi ſtudio tam alienum, & mihi privatim ſummè amicum, tam alienis nominibus uti voluiſſe, ut cognitionem Philoſophiæ quam doceo, quæque tam vera &
aperta eſt, ut qui ſemel ipſam didicit,
alias facilè contemnat, ruſticam, idioti-
cam & ſuperbam ignorantiam appellet,
contemptumque iſtum opinionum quæ falſæ
exiſtimantur, ortum ex cognitione Philoſophiæ verioris, vocet ferocem, & fu-
gam ſtudii Philoſophici; tanquam ſi per
ſtudium Philoſophicum, nil niſi ſtudium
earum controverſiarum, in quibus nulla
unquam certa veritas habetur, non au-

tem studium ipsius veritatis, sit intelligen-
dum.

THESIS SECUNDA, &c.

Responsio ad Thesim secundam, &c.

Duodecim hîc puncta proponuntur, quæ
optimè paulò antè ab ipso Mag. Rectore
præjudicia & dubia fuerunt appellata ;
quia nihil affirmandi, sed dubitandi tantum occasionem dare possunt, iis qui
magis præjudiciis quam rationibus moventur, & perfacilè solvuntur ab iis qui rationum momenta examinant.

In primo qaærit *an conciliari possit opinio
negans formas substantiales cum sacrâ scri-
pturâ.* Qua de re nemo potest dubitare,
qui tantùm sciet, Prophetas & Apostolos ;
aliosque qui dictante Spiritu Sancto sacras
scripturas composuerunt, de Entibus istis
Philosophicis, & extra scholas planè igno-
tis, nunquam cogitasse. Ne enim aliqua
sit ambiguitas in verbo, hîc est notandum,
nomine formæ substantialis, cum illam negamus, intelligi substantiam quandam materiæ adjunctam, & cum ipsâ totum aliquod merè corporeum componentem,
quæque non minùs, aut etiam magis quam
materia, sit vera substantia, sive res per
se subsistens, quia nempe dicitur esse

Actus, illa vero tantum Potentia, Hujus autem substantiæ, seu formæ substantialis, in rebus merè corporalibus, à materiâ diversæ, nullibi planè in sacra scriptura mentionem fieri putamus. Atque inter cætera, ut agnoscatur quam parum urgeant ea loca scripturæ, quæ à Mag. Rect. hîc citantur, puto sufficere si omnia referamus: Nempe Gen. 1. vers. 11. habetur. *Et ait germinet terra herbam virentem & facientem semen, & lignum pomiferum faciens fructum juxta genus suum. Et 21. Creavit Deus Cete grandia, & omnem animam viventem atque motabilem, quam produxerunt aqua in species suas, & omne volatile secundum genus suum, &c.* Je vous prie de mettre tous les autres passages, car je les ai tous cherchez, & je ne vois rien qui serve aucunement à son sujet. Neque enim potest dici verba generis aut speciei designare differentias substantiales, cum sint etiam genera & species accidentium ac modorum, ut figura est genus, respectu circulorum & quadratorum, quæ tamen nemo suspicatur habere formas substantiales, &c.

2. Veretur, *ne si formas substantiales in rebus purè materialibus negemus, dubitare etiam possimus, an detur aliqua in homine; illorumque erroes qui animam mundi universalem, aut quid simile imaginantur, non tam fœliciter & tutò retundere, quam assertores formarum.*

Ad secundum. Addi poteſt, è contrà ex opinione affirmante formas ſubſtantiales, facillimum eſſe prolapſum in ipinionem eorum qui dicunt Animam humanam eſſe Corpoream, & Mortalem; quæ cum agnoſcitur ſola eſſe forma ſubſtantialis, alias autem ex partium configuratione & motu conſtare, maxima hæc ejus ſupra alias prærogativa oſtendit ipſam ab iis natura differre, & naturæ differentia viam aperit facillimam ad ejus immaterialitatem immortalitatemque demonſtrandam, ut in Meditationibus de primâ Philoſophiâ nuper editis videri poteſt; adeò ut nulla excogitari poſſit hac de re opinio, Theologiæ magis favens.

Ad quintum. Abſurdum ſanè ſit pro iis qui ponunt formas ſubſtantiales, ſi dicant ipſas eſſe immediatum ſuarum actionum principium; non autem abſurdum eſſe poteſt pro iis qui formas iſtas à qualitatibus activis non diſtinguunt; nos autem qualitates activas non negamus, ſed negamus tantum ipſis entitatem aliquam majorem quam modalem eſſe tribuendam; hoc enim fieri non poteſt niſi tanquam ſubſtantiæ concipiantur. Nec etiam negamus habitus, ſed duplicis generis illos intelligimus; nempe alii ſunt purè materiales, qui à ſola partium configuratione, aut alia diſpoſitione, dependent; alii vero

immateriales,

immateriales, sive spirituales, ut habitus fidei, gratiæ, &c. apud Theologos, qui ab eâ non pendent, sed sunt modi spirituales menti inexistentes, ut motus, aut figura, est modus corporeus corpori inexistens.

Ad octavum. Vellem explicare quomodò etiam automata sint opera naturæ, & homines in iis fabricandis nihil aliud faciant, quam applicare activa passivis; ut etiam faciunt dum triticum seminant, vel Mulum generari curant; quod nullam differentiam essentialem, sed tantum à natura inductam affert; valdè tamen facit differre secundum magis & minùs, ut ais, quia paucæ illæ rotæ in horologio, cum innumeris ossibus, nervis, venis, arteriis, &c. vilissimi animalculi nullomodo sunt comparandæ. Loca autem scripturæ quæ citat essent hîc rursus omnia afferenda, ut calumnia appareat, nihil enim urgent.

Ad decimum. Eodem titulo Geometria & Mechanicæ omnes essent rejiciendæ; quod quàm ridiculum, & à ratione alienum nemo non videt. Nec hoc sine risu possem prætermittere, sed non suadeo.

Ad undecimum. Non dicimus Terram à situ, positurâ, & figurâ moveri, sed tantum disponi ad motum; Nec verò est circulus una ū rem ab unâ moveri, & ab

aliâ difponi ad motum. Nec etiam vitio-
fus eft circulus , quod unum corpus moveat aliud , & hoc moveat tertium , &
hoc tertium moveat rurfus primum , fi
prius moveri defierit ; ut neque eft circulus , quod unus homo pecuniam tradat
alteri , quam hic alter tradat tertio , qui
tertius primo rurfus tradere poteft.

Ad duodecimum. Qui dicunt per hæc
principia nihil explicari , legant noftra meteora, & conferant cum Ariftotelis Meteoris ; item Dioptricam cum aliorum fcriptis , qui de eâdem materiâ fcripferunt ,
& agnofcent opprobrium omne opinionibus à natura diverfis remanere.

Ad tertiam Thefim.

Rationes omnes , ad probandas formas
fubftantiales , applicari poffunt formæ ho-
rologii , quam tamen nemo dicet fubftantialem.

Ad quartam Thefim.

Rationes , five demonftrationes Phyficæ
contra formas fubftantiales , quas intellectum veritatis avidum planè cogere ar-
bitramur , funt in primis hæc à priori Me-
taphyfica , five Theologica ; Quod planè
repugnet ut fubftantia aliqua de novo exiftat , nifi de novo à Deo creetur : Vide-

mus autem quotidiè multas ex illis formis, quæ substantiales dicuntur, de novo
incipere esse , quamvis à Deo creari non
putentur ab iis qui putant ipsas esse subf-
tantias ; ergo malè hoc putant. Quod con-
firmatur exemplo Animæ, quæ est vera
forma substantialis hominis ; hæc enim
non aliam ob causam à Deo immediatè
creari putatur, quam quia est substantia ;
ac proinde, cum aliæ non putentur eodem modo creari, sed tantum educi è
potentiâ materiæ, non putandum etiam est
eas esse substantias. Atque hinc patet non
eos qui formas substantiales negant, sed
potius eos qui affirmant, eò tandem per
solidas consequentias adigi posse, ut fiant
aut Bestiæ, aut Athei. Nollem itaque ut
rejiceres argumentum ab ortu formarum
petitum, nec Thersiticum appellares, quia
videtur ad hoc referri; sed ponerem tantum ea quæ ab aliis eâ de re dicta sunt
nos non tangere, quoniam ipsos non se-
quimur. Altera demonstratio petitur à fine,
sive usu formarum substantialium ; non
enim aliam ob causam introductæ sunt
à Philosophis, quam ut per illas reddi
posset ratio actionum propriarum rerum
naturalium, quarum hæc forma esset principium & radix, ut habetur in Thesi præcedenti ; sed nullius planè actionis naturalis ratio reddi potest per illas formas

ſubſtantiales, cum earum aſſertores fateantur ipſas eſſe occultas, & à ſe non intellectas ; nam ſi dicant aliquam actionem procedere à forma ſubſtantiali, idem eſt ac ſi dicerent, illam procedere à re à ſe non intellectâ, quod nihil explicat. Ergo formæ illæ ad cauſas actionum naturalium reddendas nullo modo ſunt inducendæ. Contra autem à formis illis eſſentialibus, quas nos explicamus, manifeſtæ ac Mathematicæ rationes redduntur actionum naturalium, ut videre eſt de forma ſalis communis in meis Meteoris; & hîc ſubjungi poteſt quæ habes de motu cordis.

Ad quintam Theſim.

Quod tam ſæpe jactat de doctâ ignorantiâ dignum eſt explicatione. Nempe cum ſcientia humana ſit admodùm limitata, & totum id quod ſcitur, ferè nihil ſit, comparatum cum iis quæ ignorantur, doctrinæ ſignum eſt, quod quis liberè fateatur ſe ignorare illa quæ reverà ignorat : & in hoc propric docta ignorantia conſiſtit, quia ſcilicet eſt peculiaris eorum qui verè docti ſunt ; Nam alii qui vulgò doctrinam profitentur, nec tamen verè docti ſunt, non valentes ea dignoſcere, quæ nemo eruditus ignorat, ab iis quæ ſine dedecore vir doctus fateri poteſt ſe igno-

rare, omnia ex æquo se scire profitentur;
atque ad facilè reddendas omnium rerum
rationes (si tamen ratio ullius rei reddatur, cum explicatur obscurum per obscu-
rius) formas substantiales & qualitates reales excogitarunt ; quâ in re ipsorum ignorantia nequaquam docta, sed tantum su-
perba & pædagogica dici debet : in hoc
enim manifesta superbia est, quod ex eo
solo quod naturam alicujus qualitatis ignorent, concludunt ipsam esse occultam, hoc
est omnibus hominibus imperscrutabilem,
tanquam si ipsorum cognitio esset men-
sura omnis humanæ cognitionis.

« *Ad sextam.*

Non video hominis ratiocinium in iis
quæ de me infert ; ait me in dissertatio-
ne de Methodo non satis evidenter demonstrasse esse Deum , quod ipse etiam
ibi professus sum : Quid autem ad hoc
spectans inferri potest ex his verbis *cogito,
ergo sum* ? Et quam malè hîc citat, & mihi
opponit, tractatum patris Mersenni, &
suum; cum suus adhuc in herbâ sit, & Mer-
sennus nullum planè præter meas Medita-
tiones de prima Philosophia edi cura-
verit.

Ad septimam.

Pro his verbis, *ipsa tamen, ut verum fatear, &c.* ponerem; De ipsâ tamen nihil
simile opinionibus Taurelli aut Gorlæi sustinuimus, nihilque omnino quod in re à
vulgari & orthodoxâ Philosophorum omnium sententiâ dissideat; Asserimus enim
hominem ex corpore & anima componi,
non per solam præsentiam, sive appropinquationem unius ad alterum, sed per veram unionem substantialem; (*ad quam
quidem ex parte corporis requiritur naturaliter
situs & partium conforma io; sed quæ tamen sit diversa à situ & figurâ modisque
aliis purè corporeis, non enim solum Corpus,
sed etiam Animam, quæ incorporea est, attingit.*) Quantum autem ad modum loquendi, etsi forte sit minùs usitatus, ad
id tamen quod significare voluimus satis
aptum fuisse existimamus; non enim diximus hominem esse *ens per accidens*, nisi
ratione partium, animæ scilicet & corporis: ut nempe significaremus, unicuique
ex his partibus esse quodammodò accidentarium, quod alteri juncta sit, quia
seorsim potest subsistere, & id vocatur
accidens, quod adest vel abest sine subjecti corruptione: Sed quatenus homo in
se totus consideratur, omnino dicimus

ipfum effe unum ens *per fe*, & non per
accidens ; quia unio, qua corpus humanum & anima inter fe conjunguntur, non
eft ipfi accidentaria, fed effentialis, cum
homo fine ipsâ non fit homo. Sed quoniam multò plures in eo errant, quod pu-
tent animam à corpore non diftingui realiter, quam in eo quod admiffa ejus dif-
tinctione unionem fubftantialem negent ;
majorifque eft momenti ad refutandos illos qui animas mortales putant, docere
iftam diftinctionem partium in homine,
quam docere unionem ; majorem me gra-
tiam initurum effe fperabam à Theologis, dicendo hominem effe ens per accidens, ad defignandam iftam diftinctionem, quam fi refpiciendo ad partium unionem, dixiffem illum effe ens *per fe*. Atque
ita non meum eft refpondere ad ea quæ in
opiniones Taurelli & Gorlæi fusè objiciun-
tur, fed tantummodò conqueri, quod tam
immeritò, ac tam feverè, mihi aliorum
errores affingantur.

Cæterum in his fui prolixior quam putaram, & quia non certus fum te hoc meo
fcripto effe ufurum, nolo jam plura fcri-
bere ; fed fi uti velis, rogo ut moneas
quam primùm, & reliqua protinus ufque
ad finem abfolvam, fcribafque quâ me
linguâ uti malis. Ubi pofui, *&c.* Intellexi
aliquid deeffe quod de tuo fit addendum,

omnia · autem si placet cum Achille ac
Neftore de noftro Domino V. L. commu-
nicabis, & nihil planè nifi ex ejus confilio
fufcipies ; vel fanè fi quid fit quod ipfe
nolit fcire, Domini Æmilii viri prudentif-
fimi nobifque amiciffimi confilio uteris ;
& ipfis multò magis quam mihi credes,
quia prævalent ingenio, & ibi præfentes
de omnibus faciliùs poffunt judicare, quam
ego abfens divinare. Non puto te nimis
honorificè de Voëtio loqui poffe, velim-
que etiam ut caveas ne quam eâ in re
ironiæ des fufpicionem, nifi quatenus ex
bonitate tuæ caufæ nafcetur ; ut poftea fi
nos cogat mutare ftilum, tantò meliori
jure id poffimus, & ipfe tantò magis ridi-
culus evadat. Expedit etiam ut tua refpon-
fio quam primùm edatur, & ante finem
feriarum, fi fieri poteft.

Miratus fum admodum quòd fcribas te
de tuâ profeffione periclitari, fi Voëtio
refpondeas ; nefciebam enim illum in
veftra civitate regnare, magifque liberam
putabam ; & miferet me ejus, quod Peda-
gogo tam vili ac tam mifero tyranno fervire fuftineat. Te quoniam in eâ vivis ad
patientiam hortor, atque ut ea tantum facias quæ Dominis tuis magis placitura effe
exiftimabis : Idcircò non modò non per te,
fed ne quidem etiam per alium, Voëtio
refpondendum cenfeo, quia hoc illum

non minùs offenderet. Notulas tamen extemporaneas , quæ mihi tuum scriptum
cum omnibus Thesibus conferendo occur-
rerunt , mitto , ut ipsis utaris ut lubet.
Injuriam autem facis noftræ Philofophiæ,
fi eam nolentibus obtrudas , imò fi communices aliisquam enixè rogantibus. Memini te olim mihi gratias egiffe, quod ejuscau-
sá profeffionem fuiffes adeptus , atque ideo
putabam illam Dominis tuis non effe ingra-
tam. Nam fi aliter fe res habet , & malint
te id quod placet Voëtio , quam quod ve-
rius putas docere , cenfeo ut morem geras;
& vel fabulas Æfopi potiùs legas , quam
ut ipfis eâ in re difpliceas.

Quæ habes in fine tuæ Epiftolæ de globulis æthereis , non intelligo ; quia non cenfeo illos à materia fubtiliffima moveri , fed
à fe ipfis , cum motum habeant ab exordio
mundi fibi inditum ; nec etiam majores
vehementiùs moveri quam minores , fed
abfolutè contrarium puto : Dixi quidem
in Meteoris , majores cum magis funt agi-
tati majorem calorem efficere , fed non
ideò faciliùs moveri. Vale.

PREMIERE THESE, &c.

Réponse à la premiere Thèse , &c.
Version nouvelle.

JE souscris ici volontiers au sentiment de Monsieur le Recteur , qui dit qu'il ne faut pas chasser sans sujet de leur ancien domaine des pauvres innocens ; c'est--à-dire ces êtres qu'on appelle formes substantielles , & qualitez réelles ; pour nous jusques ici nous ne les avons pas encore absolument rejettez. Nous declarons seulement que nous n'avons pas besoin d'eux, pour rendre raison des choses naturelles , & nous croyons que nos sentimens sont particulierement recommandables , en ce qu'ils sont indépendans de ces êtres supposez incertains , & dont on ignore la nature : mais comme en cette occasion c'est presque la même chose de dire qu'on ne veut pas se servir de ces êtres , & de dire qu'on les rejette, parce que la seule raison qui les fait admettre aux autres , est qu'ils les croyent necessaires pour expliquer la cause des effets naturels , nous ne ferons pas difficulté d'avoüer , que nous les rejettons entierement, & Monsieur le Recteur ne nous fera pas un crime de cela , comme je l'espere ; car il y a déja

long-temps que nous sommes inſtruits, ſinon parfaitement , du moins mediocre-
ment de la Philoſophie des Colleges , &
nommément de la Logique, de la Metaphyſique , & de la Phyſique , & nous
avons reconnu que ces miſerables êtres
ne ſont d'aucun autre uſage, que d'aveu-
gler l'eſprit de la jeuneſſe , & de mettre à
la place de cette docte ignorance que M.
le Recteur rend ſi fort recommandable ,
une autre eſpece d'ignorance pleine de
vanité & de préſomption : mais pour n'être
pas en reſte de liberalité avec Monſieur le
Recteur , je le louë auſſi de vouloir rame-
ner à l'étude de la Philoſophie les jeunes
gens qui ajoutoient à l'éloignement & au
mépris brutal qu'ils avoient pour elle, une
ignorance groſſiere , ruſtique & orgüeil-
leuſe ; & il ne ſçauroit m'entrer dans
l'eſprit qu'il ait eu ici en vûë les plaintes
qu'il forme contre mes écoliers , comme je l'ai déja dit , de ce qu'après avoir
goûté ma Philoſophie , ils n'ont que du
mépris pour celle de l'école : car je croirois faire injure à ſa pieté , à l'éloignement
infini qu'il a pour la médiſance, & à l'amitié qu'il m'a toujours témoignée, de croire
qu'il ait voulu ſe ſervir de termes ſi
impropres pour mépriſer la Philoſophie
que j'enſeigne , qui eſt ſi veritable & ſi
claire, que dès qu'on l'a appriſe, on mé-

prife les autres, pour la traiter d'idiote &
de ruftique, & d'ignorance orgüeilleufe;
& pour appeller feroce, & fuite de l'étude
de la Philofophie, le mépris que l'on fait
des opinions qui font regardées comme
très-fauffes, & qui ne vient que de la
connoiffance d'une Philofophie plus veritable, comme fi par étude de la Philofophie, il ne falloit entendre que l'étude de
ces controverfes, où ne fe trouve jamais
une verité certaine, & non l'étude même
de la verité.

SECONDE THESE, &c.

Réponfe à la feconde Thefe, &c.

ON prouve ici douze points aufquels
Monfieur le Recteur a donné à jufte
titre un peu auparavant le nom de préjugez & de doutes, parce qu'ils ne donnent
occafion de rien affurer, mais feulement
de douter, à ceux qui font plûtôt entraînez par les préjugez que par les raifons,
quoique ces doutes n'embaraffent pas
beaucoup ceux qui examinent la force des
raifons.

Dans la premiere, il demande, *fi on peut
concilier avec l'Ecriture Sainte le fentiment de
ceux qui nient les formes fubftantielles.* On

n'en sçauroit douter , pourvû qu'on sçache que les Prophetes , les Apôtres , & les
autres Ecrivains sacrez, qui ont écrit par
l'inspiration du Saint Esprit, n'ont jamais
pensé à ces êtres Philosophiques & incon-
nus hors des écoles ; & pour ôter toute
équivoque dans les mots , il faut observer que par les formes substantielles que
nous nions , on entend une certaine substance jointe à la matiere , & qui compose avec elle un certain tout purement
corporel , & qui n'est pas moins une substance ou un être qui subsiste par lui-même , que la matiere ; & l'on peut dire que
c'est encore à plus juste titre, puisque
l'on dit qu'elle est un *Ete*, & que la matiere n'est appellée que *puissance*. Or nous
croyons que l'Ecriture Sainte ne fait nulle
part mention de cette substance ou de cette forme substantielle , differente de la
matiere dans les choses purement corporelles , & pour faire connoître aux autres
combien ces passages de l'Ecriture que
Monsieur le Recteur nous oppose , sont
peu pressans, je crois qu'il suffira pour cela
de les rapporter tous. Il est dit au premier
chapitre de la Genese vers. 11. *Dieu dit en-*
core que la terre pousse de l'herbe qui porte de
la gran. ,& des arbres fruitiers qui portent des
fruits chacun selon son e pece. Et vers. 21.
Dieu créa donc les grands poissons & tous les

animaux qui ont la vie *&* le mouvement que
les eaux produisent chacun selon son espece,
& il créa aussi tous les oiseaux selon leur
espece, *&c.* " Je vous prie de mettre tous
„ les autres passages ; car je les ai tous
„ cherchez, & je ne vois rien qui serve
„ aucunement à ce sujet. Car on ne peut
pas dire que les mots de genre ou d'espece désignent des differences substantielles, puisqu'il y a aussi des genres & des
especes d'accidens & de modes, comme
la figure est genre à l'égard des cercles
& des quarrez, sans que personne s'avise
jamais de croire que ces choses ayent des
formes substantielles, &c.

2. Il apprehende *que si nous nions les choses substantielles, dans les choses purement
materielles, nous ne puissions aussi douter s'il
y en a une dans l'homme, & que nous ne puissions pas si heureusement & si sincerement
combattre l'erreur de ceux qui imaginent une
ame universelle du monde, ou quelque chose
de semblable, que les partisans des formes
substantielles.* On peut ajoûter *au second
point*, qu'au contraire le sentiment qui
établit les formes substantielles, peut très-
facilement nous faire tomber dans l'opinion de ceux qui disent que l'ame humaine est corporelle & mortelle, laquelle
étant seule reconnuë forme substantielle,
& les autres ne consistant que dans la con-

figuration & le mouvement des parties,
cette seule prérogative qu'elle a sur les
autres, montre clairement qu'elle diffère
des autres en nature, & cette différence
de nature nous fournit un moyen très-fa-
cile pour prouver son immaterialité & son
immortalité, comme on peut voir dans
les Meditations sur la Metaphysique qu'on
vient d'imprimer depuis peu ; enforte
qu'on ne sçauroit inventer là-dessus une
opinion qui convienne mieux aux principes
de la Theologie.

Au cinquième, ceux qui admettent les
formes substantielles, tombent dans une
grande absurdité, en disant qu'elles sont
le principe immediat de leurs actions : ce
que l'on ne peut pas imputer à ceux qui
ne distinguent point ces formes des qualitez actives. Pour nous nous ne nions
pas les qualitez actives, nous disons seulement qu'il ne faut pas leur attribuer aucune entité plus grande qu'une entité de
mode ; car on ne peut le faire sans les
concevoir comme veritables substances.
Nous ne nions pas aussi les habitudes ;
mais nous les comprenons sous un double
genre, les unes purement materielles, qui
dépendent de la seule configuration, ou
autre disposition des parties ; & les autres
immaterielles ou spirituelles, comme les
habitudes de la foy, de la grace, &c. dont

parlent les Theologiens , qui ne dépendent point d'elle , mais qui font feulement des modes fpirituels exiftans dans
l'ame : comme le mouvement ou la figure
eft un mode corporel exiftant dans le
corps.

Au huitiéme. Je voudrois expliquer comment les automates font auffi des ouvrages de la nature , & que les hommes en
les fabriquant ne font qu'appliquer les chofes actives aux paffives , comme par exemple , en femant du grain , ou en procurant
la generation d'un mulet.

Ce qui n'apporte aucune difference ef-
fentielle , mais feulement naturelle. Cette
difference pourtant du plus ou du moins,
eft grande, comme vous dites , parce que
le peu de roües qui compofent une horloge , ne peuvent entrer en aucune comparaifon avec le nombre infini d'os & de
nerfs , de veines , d'arteres , &c. qui fe
trouvent dans le plus vil de tous les plus
petits animaux. Ce feroit encore ici le
lieu d'apporter tous les paffages qu'il cite
de l'Ecriture Sainte, afin que la calomnie
parût , car ils ne forment pas la moindre
preuve du monde.

Au dixiéme. Donc il faudroit rejetter la
Geometrie , & toute la Mechanique. On
fent le ridicule de cela , & rien n'eft plus
deraifonnable. Je ne pourrois jamais paffer
cet

article sans rire un peu à ses dépens : mais je ne vous le conseille pas.

A l'onziéme. Nous ne difons pas que la terre se meuve par rapport à sa situation, à sa position & à sa figure, mais seulement qu'elle est disposée par là au mouvement. Ce n'est point non plus faire un cercle dans le raisonnement, de dire qu'une chose est mûë par une cause, & qu'elle est disposée au mouvement par une autre ; ce n'est point aussi un cercle vicieux, qu'un corps en remuë un autre, ce second un troisiéme, & ce troisiéme derechef le premier. Si le premier cesse derechef d'être mû ; comme ce n'est pas un cercle qu'un homme donne de l'argent à un autre, lequel le donne à un troisiéme, & ce troisiéme le redonne au premier.

Au douziéme. Ceux qui se plaignent que nous n'expliquons rien par ces principes, n'ont qu'à lire nos Meteores, & les confronter avec ceux d'Aristote ; ils peuvent lire aussi ma Dioptrique, avec les écrits de ceux qui ont travaillé sur la même matiere, & ils reconnoîtront sans peine que tout le deshonneur & toute la honte ne retomberont que sur des opinions qui sont si éloignées de la simple nature.

A la troisiéme These.

Toutes les raisons qui servent de preuves aux formes substantielles, se peuvent appliquer à la forme de l'horloge, que personne ne dira jamais être substantielle.

A la quatriéme These.

Les raisons, ou les démonstrations Physiques contre les formes substantielles, que nous croyons capables de convaincre tout esprit qui aime la verité, sont principalement les suivantes, tirées de la Metaphysique, ou Theologie naturelle, & qu'on peut appeler *à priori* (ou preuve d'un effet par ses causes:) il est contre le bon sens que quelque substance que ce soit existe de nouveau, si Dieu ne l'a créée de nouveau : cependant nous voyons tous les jours que plusieurs de ces formes qu'on nomme substantielles, commencent d'être de nouveau, quoi que ceux qui les admettent pour substances, ne croyent pas que Dieu les crée. Ils se trompent donc, ce qui est confirmé par l'exemple de l'ame, qui est la veritable forme substantielle de l'homme ; car la veritable raison pour laquelle on croit que Dieu l'a créée immediatement dans chaque corps, c'est qu'elle est une substance ; & par conséquent comme on ne croit pas que les au-

tres soient créées de la même maniere, mais seulement qu'elles sont tirées de la puissance de la matiere, il
ne faut pas croire aussi qu'elles soient
substances. On voit par là clairement que
ce n'est pas ceux qui nient les formes substantielles, mais plûtôt ceux qui les admettent, qui méritent à plus juste titre,
par une suite necessaire de raisonnement,
le nom de bêtes & d'athées. Je ne voudrois donc pas que vous rejettassiez la
preuve tirée de l'origine des formes subf-
tantielles, & que vous l'appellassiez une
preuve de Thersite, parce qu'elle y a
du rapport, en ce qu'elle est donnée par
des aveugles ; je mettrois seulement que
ce que les autres ont dit sur cela, ne
vous regarde point, parce que nous ne
suivons point leur opinipn. L'autre démonstration se tire de la fin ou de l'usage
des formes substantielles ; car les Philosophes ne les ont introduites que pour
rendre raison des actions propres des choses naturelles dont cette forme seroit le
principe & la source, comme on voit dans
la These précedente ; mais ces formes
substantielles ne sçauroient nous fournir
une raison solide d'aucune action naturelle, puisque leurs partisans avoüent qu'elles sont occultes, & qu'ils ne les comprennent pas ; car s'ils disent que quelque

action procede d'une forme substantielle; c'est la même chose que s'ils disoient qu'elle procede d'une chose qu'ils ne comprennent pas, ce qui n'explique rien; ainsi il ne faut se servir en aucune maniere de ces formes pour rendre raison des actions naturelles; au contraire, les formes essentielles, telles que nous les admettons, nous fournissent des raisons certaines & Mathematiques pour rendre raison des actions naturelles, comme on le peut voir dans mes Meteores touchant la forme du sel commun. Vous pouvez joindre ici ce que vous dites du mouvement du cœur.

A la cinquiéme Thefe.

Ces mots, *de docte ignorance*, qu'il repete si souvent avec tant de plaisir, méritent une petite explication. Comme la science humaine est fort limitée, & que tout ce que l'on sçait, comparé à ce que l'on ignore, n'est presque rien, c'est une marque de science d'avoüer sincerement qu'on ignore ce que l'on ignore veritablement, & c'est en cela que consiste principalement cette docte ignorance, parce qu'elle est particuliere aux veritables sçavans; car les autres qui font profession de science sans être veritablement sça-

vans , n'ayant pas affez d'efprit pour faire
le difcernement neceffaire de ce que tout
vrai fçavant fçait, de ce dont le même fçavant avouë fon ignorance fans craindre
qu'il y aille de fon honneur : ces faux fça-
vans , dis-je , fe vantent de tout fçavoir
également ; & pour rendre facilement raifon de toutes chofes (fi toutefois on peut
dire qu'ils rendent raifon des chofes, lorfqu'ils expliquent une chofe obfcure, par
une autre qui l'eft encore plus) ils ont
inventé les formes fubftantielles & les
qualitez réelles , en quoi leur ignorance
n'eft point accompagnée de fcience , &
ne merite que le nom d'orgüeilleufe &
de pedantefque ; car l'orgüeil confifte vi-
fiblement en ce qu'ignorant la nature de
quelque qualité , ils concluent que c'eft
une qualité occulte , c'eft-à-dire , impenetrable à l'efprit humain , comme fi leur
connoiffance devoit être la regle de toutes les connoiffances humaines.

A la fixiéme Thefe.

Je ne vois pas quel eft le raifonnement
de cet homme, fur ce qu'il a mis à mon
fujet. Il dit que dans ma Differtation fur
la Methode , je n'ai pas donné une démonftration affez évidente de l'exiftence
de Dieu : c'eft ce que j'ai dit dans le mê-

me endroit. Que peut-il donc inferer à cet
égard par ces paroles, *je pense, donc je suis.* Il
cite & il m'oppose là bien mal-à-propos
le traité du Pere Mersenne & le sien, puifque le sien est encore en herbe, & que
le Pere Mersenne n'a jamais rien fait imprimer de Metaphysique, que mes Meditations.

A la septiéme Thesé.

Je dirois en changeant un peu la phra-
fe. Nous n'avons cependant rien soutenu
là-dessus qui soit conforme aux opinions
de Taurellus, ou de Gorleus, & tout ce
que nous y avons avancé s'accorde parfaitement avec le sentiment le plus commun & le plus orthodoxe des Philosophes;
car nous assurons que l'homme est un composé de corps & d'ame, non par la seule
presence ou la proximité de l'un à l'autre, mais par une veritable union subf-
tantielle, pour laquelle à la verité il faut
naturellement une certaine situation &
conformation dans les parties du corps ;
mais cette union est bien differente de
celles qui n'ont pour principes que la situation, la figure, & d'autres modes purement corporels, parce qu'elle appartient
non-seulement au corps, mais encore à
l'ame qui est incorporelle. Quant à l'ex-

preſſion, bien qu'elle ſoit peut-être moins
uſitée, nous croyons pourtant qu'elle eſt
propre pour ſignifier ce que nous voulons
dire ; car nous ne diſons pas que l'homme
eſt *un être par accident*, ſi ce n'eſt à raiſon des parties qui le compoſent, je veux
dire l'ame & le corps, voulant marquer
par là qu'il eſt en quelque façon accidentel à ces deux parties d'être unies enſemble, parce que chacune d'elles peut ſubſiſter ſéparément ; ce qui s'appelle un accident qui peut ſe trouver preſent ou ab-
ſent ſans la corruption du ſujet ; mais en
tant que nous conſiderons l'homme tota-
lement en lui-même, nous diſons qu'il eſt
un être exiſtant *par ſoi-même*, & non par
accident, parce que l'union qui joint le
corps humain & l'ame enſemble, n'eſt
point accidentelle, mais eſſentielle, puiſque ſans elle l'homme n'eſt point homme, mais parce qu'il y a plus de gens qui
ſe trompent, en ce qu'ils ne croyent pas
que l'ame ſoit réellement diſtinguée du
corps, qu'en ce qu'après avoir admis cette
diſtinction, ils nient l'union ſubſtantielle,
& que c'eſt un plus fort argument pour
refuter ceux qui croyent l'ame mortelle,
d'établir cette diſtinction des parties dans
l'homme, que d'établir cette union ; j'eſ-
perois que les Theologiens me ſçauroient
meilleur gré en diſant que l'homme eſt

un être par accident pour marquer cette
diſtinction ; que ſi n'ayant conſideré que
l'union des parties , j'avois dit que l'homme eſt un être *par ſoy* : ainſi ce n'eſt pas
à moi de répondre à ce que l'on objecte
au long contre les opinions de Taurellus
& de Gorleus , mais de me plaindre de
ce qu'on me prête ſi injuſtement & avec
tant de ſeverité les erreurs d'autrui. Au
reſte, je me ſuis étendu plus que je ne
voulois ſur ces choſes , & comme je ne
ſçai point ſi vous ferez uſage de cet écrit,
je ne veux pas en écrire davantage ; mais
ſi vous trouvez à propos de vous en ſervir ,
je vous prie de me le faire ſçavoir au plûtôt , & j'acheverai ſur le champ le reſte
juſqu'à la fin : mandez-moi auſſi en quelle
langue vous aimez mieux que je vous
écrive ; quand j'ai mis un &c. ma penſée
eſt qu'il manque quelque choſe que vous
devez ſuppléer. Vous communiquerez toutes ces choſes, ſi vous le trouvez bon , à
nôtre Achille , & nôtre Neſtor. M VI. &
vous , n'entreprendrez rien ſans ſon conſeil ; & s'il y a quelque choſe qu'il feigne
de ne pas ſçavoir, vous vous ſervirez du
conſeil de Monſieur Emilius, dont la prudence eſt égale à l'amitié dont il nous
honore, & vous ajouterez plus de foy à
leurs paroles, qu'aux miennes, parce qu'ils
ont plus d'eſprit que moi , & qu'étant ſur .

les

les lieux, ils font plus en état de porter
un jugement exact, que moi de deviner
d'ici ce qu'il y aura à faire. Je ne crois
pas que vous puiſſiez employer des termes trop honnêtes pour parler de Voé-
tius. Je vous prie auſſi de prendre garde de
ne pas donner lieu de ſoupçonner que vous
avez employé l'ironie, qu'autant qu'elle
naîtra de la bonté de vôtre cauſe, afin
que dans la ſuite, s'il nous contraignoit
de changer de ſtile, nous fuſſions d'autant
plus en état de le faire, & le rendre plus
ridicule. Il eſt auſſi important que vôtre
réponſe voye au plûtôt le jour, & avant la
fin même des vacances, s'il eſt poſſible.

J'ai été étrangement ſurpris de ce que
vous m'écrivez que vous craignez pour
vôtre Chaire de Profeſſeur, ſi vous faites
une réponſe à Voëtius ; car je ne ſçavois
pas qu'il eût une autorité ſouveraine
dans vôtre Ville. Je croyois qu'elle joüiſ-
ſoit d'une plus grande liberté, & j'ai com-
paſſion d'elle, voyant qu'elle veut être
ſous l'eſclavage d'un ſi vil pedagogue, &
d'un ſi miſerable tyran : puiſque vous êtes
obligé d'y vivre, je vous exhorte à la patience, & de ne faire que ce que Meſ-
ſieurs vos Magiſtrats trouveront bon, c'eſt
pourquoi mon ſentiment eſt qu'il faut non-
ſeulement ne pas répondre à Voëtius par
vous-même, mais encore par quelqu'autre

que ce soit , parce qu'il ne s'en sentiroit
pas moins offensé. Je vous envoye pourtant ces petites notes que j'ai écrites sur
le champ , & qui se sont presentées à mon
esprit comme je conferois vôtre écrit avec
toutes ses Theses. Vous en ferez usage
si vous le trouvez bon ; mais c'est faire
outrage à nôtre Philosophie de la produire à des gens qui n'en veulent point; bien
plus , de la communiquer à d'autres qu'à
ceux qui la demanderont avec empressement. Je me souviens que vous m'avez
autrefois remercié d'avoir eu par son
moyen vôtre Chaire de Professeur, ce qui
me faisoit croire qu'elle ne déplaisoit pas
à vos Magistrats. Si la chose est autrement,
& s'ils aiment mieux que vous enseigniez
ce qui plaît à Voëtius , que ce que vous
croyez plus conforme à la verité, je vous
conseille d'obéir, & d'enseigner plûtôt les
Fables d'Esope , que de leur déplaire en
cela.

Je ne comprens pas ce que vous dites à
la fin de vôtre Lettre sur les globules éthe-
rés , parce que je ne crois pas qu'ils soient
mûs par la matiere subtile , mais par eux-
mêmes , puisqu'ils ont un mouvement qui
leur a été communiqué dès le commencement du monde ; je ne crois pas non plus
que les plus grands ayent un mouvement
plus prompt que celui des plus petits. Je

penſe abſolument le contraire. J'ai dit à la
verité dans les Meteores que les plus
grands étant plus agitez, produiſent une
plus grande chaleur, mais ils ne ſont pas
mûs pour cela avec plus de facilité. Adieu.

CLARISSIMO VIRO

HENRICO REGIO.

Lettre XXI,

V IR CLARISSIME,

Vix quicquam durius, & quod majorem
offenſæ ac criminationis occaſionem daret,
in Theſibus tuis ponere potuiſſes, quam hoc,
Quod homo ſit ens per accidens : nec video
quâ ratione inelius poſſit emendari quàm ſi
dicas te in nonâ theſi conſideraſſe totum
hominem in ordine ad partes ex quibus
componitur, contra verò in decimâ conſideraſſe partes in ordine ad totum. Et quidem in nonâ te dixiſſe hominem ex corpore & anima fieri per accidens, ut ſigni-
ficares dici poſſe *quodammodo* accidentarium corpori, quod animæ conjungatur,
& animæ quod corpori, cum & corpus

F f ij

sine anima, & anima sine corpore esse pol-
sint; Vocamus enim accidens, omne id
quod adest vel abest sine subjecti corruptione, quamvis fortè in se spectatum sit
substantia, ut vestis est accidens homini;
sed te non idcirco dixisse *hominem esse ens
per accidens*, & satis ostendisse in decimâ
thesi, te intelligere illum esse ens per se;
ibi enim dixisti, Animam & Corpus, ratione ipsius, esse substantias imcompletas,
& ex hoc quod sint incompletæ, sequitur
illud quod componunt esse ens per se,
Utque appareat, id quod est Ens per se
fieri posse per Accidens, nunquid mures
generantur, sive fiunt per accidens, ex
sordibus? & tamen sunt entia per se. Objici tantum potest, non esse Accidentarium humano corpori, quod animæ conjungatur, sed ipsissimam ejus naturam; quia
corpore habente omnes dispositiones re-
quisitas ad animam recipiendam, & sine
quibus non est propriè humanum corpus,
fieri non potest sine miraculo, ut anima
illi non uniatur; atque etiam non esse accidentarium animæ, quòd juncta sit corpori, sed tantum accidentarium esse illi
post mortem, quod à corpore sit sejuncta;
quæ omnia non sunt prorsus neganda, ne
Theologi rursus offendantur; sed respondendum nihilominus, ista ideo dici posse
accidentaria, quod considerantes corpus

folùm , nihil planè in eo percipiamus, propter quod animæ uniri defideret ; ut nihil
in anima, propter quod corpori debet uniri;
& ideò paulò antè dixi , effe *quodammodo*
accidentarium , non autem *abfolutè* effe
accidentarium. Alteratio fimplex eft illa
quæ non mutat formam fubjecti , ut cale-
factio in ligno ; generatio verò, quæ mutat formam , ut ignitio ; & fanè , quamvis unum alio modo non fiat quam aliud,
eft tamen magna differentia in modo con-
cipiendi , ac etiam in rei veritate ; nam
formæ , faltem perfectiores , funt conge-
ries quædam plurimarum qualitatum , quæ
vim habent fe mutuo fimul confervandi ;
at in ligno eft tantum moderatus calor ad
quem fponte redit poftquam incaluit ; in
igne vero eft vehemens calor , quem femper confervat , quamdiu eft ignis. Non debes irafci Collegæ illi qui confilium da-
bat de addendo corollario ad interpretan-
dam tuam Thefim ; amici enim confilium
fuiffe mihi videtur. Omififti aliquod verbum in tuis thefibus manu fcriptis , Thefi
decimâ , *omnes aliæ* , non dicis quæ fint illæ
aliæ , nempe *qualitates* ; in cæteris nihil habeo quod dicam , video enim vix quicquam in iis contineri , quod non jam ante
alibi pofueris , & laudo : effet enim labo-
riofum nova femper velle invenire. Si huc

adveneris; semper mihi tuus adventus erit
pergratus. *Vale.*

A MONSIEUR

REGIUS.

LETTRE XXI.

Version nouvelle.

MONSIEUR,

Vous ne pouviez rien mettre de plus
dur, & qui fût plus capable de reveiller
les mauvaises intentions de vos ennemis,
& leur fournir des sujets de plainte, que
ce que vous avez mis dans vos Theses, que
l'homme est un être par accident. Je ne
vois pas de plus sûr moyen pour corriger
cela, que de dire que dans vôtre neuviéme These vous avez consideré tout l'homme par rapport aux parties qui le composent, & que dans la dixiéme vous avez
consideré les parties par rapport au tout;
que dans la neuviéme, dis-je, vous avez
dit que l'homme est composé d'une ame,
& d'un corps par accident, pour marquer

qu'on pourroit dire *en quelque façon* qu'il étoit accidentaire au corps d'être uni à l'ame , & à l'ame d'être unie au corps, puisque le corps peut exister sans l'ame, & l'ame sans le corps : car nous appellons accident tout ce qui est present ou absent sans la corruption du sujet ; quoique consideré en soi-même ce soit peut-être une substance, comme l'habit est accidentel à l'homme; mais que vous n'avez pas prétendu dire que l'homme soit un être par accident, & que vous aviez assez fait voir dans vôtre dixiéme These que vous entendiez qu'il est un être par soi-même ; car vous y avez dit que l'ame & le corps par rapport à lui étoient des substances incomplettes , & dès là qu'elles sont incomplettes, il s'ensuit que le tout qu'ils composent, est un être par soi - même ; & pour faire voir que ce qui est un être par soi - même , peut devenir un être par accident , les rats qui sont engendrez ou faits par accident , des ordures , sont cependant des êtres par eux-mêmes. On peut seulement vous objecter qu'il n'est point accidentel au corps humain d'être uni à l'ame , mais que c'est sa propre nature ; parce que le corps ayant toutes les dispositions requises pour recevoir l'ame , sans lesquelles il n'est pas pro-

F f iiij

prement un corps humain, il ne se peut
faire sans miracle que l'ame ne lui soit
unie. On nous objectera aussi qu'il n'est
pas accidentel à l'ame d'être jointe au
corps, mais seulement, qu'il lui est accidentel après la mort, d'être separé du
corps, ce qu'il ne faut pas absolument
nier, de peur de choquer derechef les
Theologiens ; mais cependant il faut répondre qu'on peut appeller ces deux substances accidentelles, en ce que ne considerant que le corps seul, nous n'y voyons
rien qui demande d'être uni à l'ame, &
rien dans l'ame qui demande d'être uni
au corps ; c'est pourquoi j'ai dit un peu
auparavant, que l'homme est *en quelquefaçon*
& non *absolument* parlant, un être accidentel. L'alteration simple est celle qui ne change point la forme du sujet, comme quand le
bois s'échauffe ; & la generation est celle
qui change la forme comme quand le bois
est consumé par le feu ; & en effet, quoi
que l'un ne se fasse pas d'une autre maniere que l'autre, il y a cependant une
grande difference, soit dans la maniere de
concevoir, soit dans la verité de la chose ;
car les formes du moins les plus parfaites,
sont un amas de plusieurs qualitez qui ont
la force de se conserver mutuellement ensemble ; mais dans le bois c'est seulement
une chaleur moderée à laquelle il retourne

de foi-même , après qu'il s'eft échauffé
dans le feu ; c'eft une chaleur vehemente
qu'il conferve toûjours tant qu'il eft feu.
Vous ne devez pas être fâché contre le
collegue qui vous confeilloit d'ajouter un
corollaire pour expliquer vôtre Thefe, il
me paroît qu'il vous donnoit un confeil
d'ami. Vous avez oublié un mot dans vos
Thefes manufcrites. Dans la dixiéme Thefe vous mettez ces mots, *toutes les autres*,
& vous ne. dites point ce que c'eft. Vous
voulez dire *toutes les autres qualitez*. Je n'ai
rien à dire fur tout le refte, car je vois
qu'elles ne contiennent prefque autre chofe que ce que vous avez déja mis autre
part ; vous avez raifon , car ce feroit un
très-grand travail de vouloir inventer toujours quelque chofe de nouveau. Si vous
.venez me voir , vous me ferez toujours
un très-grand plaifir. Adieu.

CLARISSIMO VIRO
HENRICO REGIO.

LETTRE XXII.

VIR CLARISSIME,

Hic te ab aliquot diebus expectavi, jam autem aliquid audio, quod etfi non videatur effe ullius momenti, vereor tamen ne forte tuum iter tardaverit; & ego è contra tantò magis tecum loqui exopto, ut quid fuper hac re agendum fit communibus confiliis videamus. Nempè audio tuos adverfarios tandem viciffe, atque effeciffe, ut tibi interdiceretur, ne noftra amplius doceres; Quo animo iftud feras nefcio, fed fi mihi credis planè irridebis, & contemnes, tamque apertam invidiam tibi magis gloriofam effe exiftimabis, quam imperitorum applaufus. Neque profectò mirandum eft, quod in re in qua vocum pluralitas locum habet, tu folus, cum veritate paucifque fautoribus, adverfariorum multitudini refiftere non potueris. Si hoc folo rifu & filentio ulcifci velis, atque

otium fequi , non dehortabor , fin minùs,
quantum in me erit, tibi non deero. Interim rogo ut vel voce, vel litteris tui me
inftituti quamprimum facias certiorem.
Vale & me ama. Si huc venias , rogo ut
quamplurimas ex adverfarii tui thefibus ,
tecum afferas. Vale.

A

MONSIEUR

REGIUS.

LETTRE XXII.

Verfion nouvelle.

MONSIEUR,

Je vous attendois ces jours paffez , &
j'apprends aujourd'hui une nouvelle, qui
bien que de peu de conféquence, ne laiffe
pas de me faire craindre qu'elle n'ait été
la caufe de vôtre retardement ; cela re-
double l'empreffement que j'ay de vous
voir pour prendre enfemble là-deffus de
juftes mefures. J'apprends donc que vos

ennemis ont enfin le deſſus, & qu'ils ſont
venus à bout de vous faire défendre d'en-
ſeigner mes Principes. Je ne ſçai comment
vous prenez la choſe, mais ſi vous m'en
croyez vous ne ferez qu'en rire & mépriſer tout cela. Vous regarderez la jalouſie
qu'on fait paroître contre vous, comme
plus glorieuſe que tous les applaudiſſemens
des ignorans ; & certes il n'eſt pas ſurpre-
nant que dans une affaire qui ſe decide à
la pluralité des voix, vous n'ayez pû reſiſter avec le ſeul ſecours de la verité &
de quelques-uns de ſes partiſans, à la multitude de vos adverſaires. Si pour toute
vengeance vous prenez le parti d'en rire
en vôtre particulier, de garder un profond
ſilence, & de vous tenir en repos, j'y
donne les mains. Si vous voulez vous ſervir d'autres moyens, je ne vous manquerai point au beſoin. Je vous prie cependant de m'apprendre au plûtôt, ou par
lettres de vive voix, quelles ſont vos re-
ſolutions. Adieu, aimez-moi toujours un
peu. Si vous venez me voir, apportez, je
vous prie, avec vous le plus de Theſes
que vous pourrez de vôtre adverſaire.
Adieu.

CLARISSIMO VIRO
HENRICO REGIO.

LETTRE XXIII.

VIR CLARISSIME,

Quantùm audio ab amicis, nemo legit responsionem tuam in Voëtium, qui non eam valdè laudet ; legerunt autem quam plurimi ; nemo qui Voëtium non irrideat, & dicat ipsum de causâ suâ desperasse, quando quidem ope vestri Magistratûs induit ad ipsam defendendam. Formas autem substantiales omnes explodunt, & palam dicunt, si reliqua omnis nostra Philosophia ita esset explicata, neminem non eam amplexurum. Dolere non debes quod tibi Physicorum problematum explicatio interdicta sit, quin & vellem etiam ut privata institutio interdicta fuisset, talia enim omnia in honorem tuum cedent, & in dedecus adversariorum. Ego certè, si tuorum consulum loco essem, & Voëtium vellem evertere, non aliter tecum agerem ejus causa, quam faciunt ; & quis scit

quid in animo habent? Certe non dubito
quin Dominus V. H. tibi faveat, debefque
accurratè ejus confiliis mandatifque ob-
temperare ; Gaudeo quod noluerit , ut litteras quas ad te nuper fcripferam, cuiquam
oftenderes ; etfi enim à me ipfo impetraf-
fem, antequam mitterem, ut ea , fi opus
effet , præftarem , quæ Voëtio per ipfas
promittebam, longè tamen malo ut ne fit
opus ; nimis multa me quotidie avocant
à Philofophia mea , quam tamen hoc anno
abfolvere decrevi. Cæterum obfequere
accuratè ac læto animo iis omnibus , quæ
tibi à Dominis tuis præfcribentur, ut certus, ea tibi dedecori nullo effe poffe. Dif-
putationes autem quæ in te fient contem-
ne, ac dicas tantum , fi quid in illis boni
afferant , ipfos etiam poffe illud idem
fcriptis mandare, te vero non poffe nifi
editis fcriptis refpondere. Vale.

A

MONSIEUR

REGIUS.

LETTRE XXIII.

Version nouvelle.

MONSIEUR,

J'apprens par mes amis que perſonne ne-
lit vôtre réponſe à Voëtius qu'il n'en ſoit
très-content, & qu'une infinité de gens
l'ont lûë. Ils ajoutent qu'il n'y a perſonne
qui ne ſe moque de Voëtius, & ne diſe
qu'il deſeſpere de la bonté de ſa cauſe,
puiſqu'il a eu recours à vos Magiſtrats
pour la défendre. Tout le monde ſiffle
les formes ſubſtantielles ; & l'on dit tout
haut que ſi le reſte de nôtre Philoſophie
étoit expliqué comme cet article, chacun
l'embraſſeroit. Vous ne devez pas être
fâché de ce qu'on vous a interdit l'explication des problêmes de la Phyſique. Je
voudrois même qu'on vous défendît de les

enseigner en particulier. Tout cela tour-
neroit à vôtre honneur & à la honte de vos
adversaires. Pour moi si j'étois à la place
de vos Consuls, & que je voulusse ruiner
Voëtius, je ne me comporterois pas autrement à son égard qu'ils font ; & qui sçait
ce qu'ils ont dans l'ame ; au moins je ne
doute point que Mr V. H. ne soit pour
vous ; vous devez suivre exactement ses
conseils & ses ordres. Je suis ravi qu'il
n'ait pas voulu que vous montrassiez à qui
que ce soit, les lettres que je vous écrivis
dernierement ; car bien qu'avant de vous
les envoyer j'eusse obtenu de moi-même
d'effectuer, s'il étoit besoin, ce que je
promettois par elles à Voëtius, j'aime cependant mieux que cela ne soit pas necessaire. Bien des choses me détournent tous
les jours de ma Philosophie, que j'ai pourtant resolu d'achever cette année ; au
reste obéissez exactement & avec plaisir
à tout ce que Messieurs vos Magistrats
vous ordonneront ; & soyez assuré qu'il
ne sçauroit vous en arriver aucun deshonneur. Méprisez les disputes que l'on fera
contre vous ; & dites seulement que s'ils
ont quelque chose de bon à dire, ils n'ont
qu'à vous le donner par écrit, & que vous
ne pouvez y répondre autrement. Adieu.

CLARISSIMO

CLARISSIMO VIRO
HENRICO REGIO.

LETTRE XXIV.

VIR CLARISSIME,

Gratulor tibi , quod perfecutionem pa-
tiaris propter veritatem ; gratulor,inquam,
& ex animo ; non enim video tibi quicquam mali ex iftis turbis poffe contingere,
fed contra gloriæ tuæ multum accedet. Lætari debes quod Deus inimicis tuis confilium ac bonam mentem ademerit ; vides
enim jam prohibitione libri tui nihil aliud
effectum eſſe , nifi tantum ut cupidiùs ema-
tur , accuratiùs examinetur , ejus iniqui-
tas & caufæ tuæ bonitas à pluribus agnof-
catur. Plures jam advertent quam acerbè ,
quam injuriosè , ac quam fine causâ , folâ
invidentiâ fuâ permotus, te ille prior lacef-
fiverit ; Et contra tu quam modeftè, quam
leniter , quam etiam (quod fanè indigniſſi-
mum eft) reverenter refponderis , & quam
juftæ ac graves caufæ te ad refpondendum
coëgerint. Plures agnofcent quam infirmæ

sint rationes omnes quibus tuas opiniones impugnare conatus est, & contra quam validæ sint eæ quibus ipsum refutas. Plures concludent nullas amplius ei superesse ad tibi respondendum, atque omnino plures indignabuntur, quod tantum possit contra jus & fas in vestra civitate, ut ei licuerit publico scripto te Atheum, Bestiam, & aliis ejusmodi nominibus vocare, falsasque adhibere rationes ad falsis te criminibus onerandum; tibi vero nequidem liceat verissimis uti rationibus, verbisque modestissimis ad te purgandum. Egregium vero est quod audio ab ipso proponi, ut nempe verbis sibi liceat in te disputare apud delegatos, qui judicent uter superior sit futurus; haud dubiè quia ejus rationes, dum adhuc calent, ut quædam juscula, sint sorbendæ, & cum frigescunt, corrumpuntur. Hac in re, ut & in aliis multis est St. nostro simillimus;& sanè non judico tibi quicquam à tali adversario esse metuendum. Quid enim deinceps moliri potest? forte ut tibi prohibeatur à Magistratu, ne amplius doceas ea quæ soles docere; forte etiam ut tanquam falsa & hæretica condemnentur; forte denique, quod extremum est, ut tu ipsemet tuo docendi munere priveris. Sed nec puto Consules vestros tam illi fore obsequentes, ut quicquid ei placuerit decernant; Quinimo neminem ex iis eſſe exiſtimo, cui non faᴄile ſuboleat, quam ob cauſam tum à Voëtio, tum ab aliis pleriſque ex tuis collegis philoſophia tua tam acriter impugnetur; nempe quia verior eſt quam vellent, rationeſque habet tam manifeſtas, ut erroneas ipſorum opiniones etiam non impugnando evertat, & ridiculas eſſe oſtendat. Nam ſanè illi vitio vertere non poſſunt, quod ſit nova, quoniam illi etiam Philoſophi quotidiè novas excogitant opiniones, & inde maximè gloriam quærunt, nulluſque unquam hoc prohibuit; ſed nempe illas ſibi mutuo non invident, quia veras non putant; neque etiam tibi tuas inviderent, ſi falſas eſſe arbitrarentur. At certè Magiſtratus, qui haᴄtenus non prohibuerunt ne docerent novas & falſas, non vetabunt etiam ne doceas novas & veras. Et quamvis forcè nonnulli, qui tricas iſtas ſcholarum, utpote ad benè regendam Rempublicam minimè utiles, nunquam didicerunt, æquitatem cauſæ tuæ non videant; confido tamen ipſos tam æquos & prudentes fore, ut non magis teſtimonio tuorum adverſariorum ſint credituri, quam tuo; & vel unicum D. V. qui veritatem controverſiæ procul dubio reᴄtè intelligit, ſatis autoritatis apud collegas ſuos eſſe habiturum, ut te ab omni injuria deffendat. Sed, etiamſi aliter contingeret, ac vel profeſlio, quod effet mirabiliter abfurdum, ac fine ullo exemplo, tibi auferretur, non tamen ideo tibi vel minimùm dolendum effe arbitrarer, nec ullum in te dedecus, fed immortale in alios redundaret; Atque tunc profectò, vel craffa ignorantia, vel veritatis odium, vel ridenda in veftra civitate potentia toti mundo innotefceret. Quin etiam profectò, fi tuo effem loco, vellem fcire à confulibus, quot ego habeiem Dominos, & me potius fponte munere meo abdicare, quam Voëtio fervire. Nec dubito quin brevi, fi velles, perfacilè alibi profeffionem & magis honorificam, & magis utilem effes habiturus; citiufque mille alii à veftris invenirentur, qui eadem quæ tui adverfarii docerent, quam unus qui eadem quæ tu; Et tamen fortè ille unus magis à ftudiofis defideraretur. Quantum ad me, credidi hactenus me beneficio affectum effe à Dominis tuis, quod cum fcirent te à meis in Philofophia opinionibus non effe alienum, non ideo minùs libenter te in profefforem elegerunt; ac fortè etiam, ut mihi perfuadere voluifti, ob hanc præcipuè caufam elegerunt. Hoc me peculiariter illis devinxit; atque ideo valdè exopto, ut jactari poffit apud pofteros, veftram civitatem omnium primam fuiffe, in qua Philofophia noftra publicè fuerit recepta,

quòd fpero ipfi dedecori non futurum,
ut è contrario non eſſet laudi, ſi te nunc
tutum ab adverſariorum injuriis non præ-
ſtaret. Debuit enim ſciri ab iis qui te primum in profeſſorem receperunt, fieri non
poſſe ut ea nova quæ habebas, aliquid
eximii continerent, quin ſtatim plures eorum ex tuis collegis, qui ſatis ingenii non
haberent ad eadem amplectenda, magnam invidiam in te conflarent, atque
ideò parati eſſe debuerunt ad te contra
hos protegendum. Nec ſanè ipſis erit difficile; nam quid in te vel per calumniam objici poteſt? te ſcilicet nova docere? quaſi
vero in Philoſophia hoc non ſit tritum, ut
quicunque non planè ingenio ſunt deſtituti
novas excogitent opiniones, atque inde
maximè gloriam quærant; ſed nempe illas
ſibi mutuo non invident, quia veras non
putant; ut neque etiam tibi tuas inviderent, ſi falſas eſſe arbitrarentur; an vero
æquum eſſet, cum eæ aliorum permittan-
tur opiniones, quæ novæ ſunt & falſæ, ut
tuæ prohiberentur, quia novæ ſunt & veræ? Magnum aliud crimen objicitur, quod
in Voëtium ſcripſeris. Quaſi vero ſit aliquis ſanæ mentis, qui legendo utriuſque
libellum, ac monitus eorum quæ priùs ab
illo facta fuerunt, non clarè videat illum
ipſum fuiſſe qui acerbiſſimè in te ſcripſit,
calumniiſque evertere conatus eſt; Te

vero tantum nimis humaniter , ac nimis
moderatè respondisse , eodem modo ac si
cum quis te ad occidendum stricto ense fuisset persecutus , tu vero manu ictum à corpore avertisses , nihilque præterea egisses,
nisi quod verbis quam humanissimis ejus
iram mollire conatus fuisses , ille furore
ardens accusaret te , quòd te à se occidi
non permisisses. At fortè Voëtius ipse te
non accusat , sed alii collegæ ? tanquam
si obscurum esset illos ejus voluntate id
facere , eâdemque in te invidiâ flagrare;
Ac tanquam si ideo justa esset accusatio,
quod impetum in te facientem repuleris ,
nec ille potius ut aggressor & calumniator
sit puniendus. Calumniatorem ob id præcipuè appello , quod sciam ipsum te ini-
quissimè accusare voluisse , quod aliquas
opiniones , Theologiæ vestræ contrarias
docuisses, cum tamen omnes tuæ, melius
quam vulgares, cum Theologiâ consen-
tiant , & facile esset, vel ex solis ejus
thesibus de Atheismo, quas vidi, per certas & evidentes consequentias ostendere,
illum potius esse quod de nobis falsò vo-
luit credi. Quin , & si esset operæ pretium ipsum qualis est describere , arteique
omnes ejus detegere, talis fortè appareret, ut civitati vestræ foret indecorum,
ipsum diutiùs in concionatorem aut pro-
fessorem retinere ; magna enim est vis

veritatis. Ultimum & præcipuum quod objicitur est Academiæ vestræ detrimentum, quod ex professorum inimicitiis, ut inquiunt, orietur. At primò, non video quid privatæ istæ inimicitiæ universitati nocere possint; nam è contra hoc efficiet, ut singuli reprehensionem aliorum metuentes, tanto diligentiùs officio suo fungantur; ac deinde, si vel maximè hoc noceret, certè alii potius, qui sunt inimiciarum authores, quam tu, qui illas fugis, eo nomine essent deponendi. Nec dicent, opinor, tua dogmata talia esse ut studiosos avertant ab Academiâ vestrâ frequentandâ, nam audio te '& satis multos auditores, & maximè insignes habere; eaque videtur esse fortuna nostrarum opinionum, non solum apud vos, sed & aliis omnibus in locis, ut à præstantioribus ingeniis amentur & æstimentur, nec nisi à vilioribus ludi magistris, qui sciunt se falsis artibus ad aliquam eruditionis famam pervenisse, ideoque timent ne cognitâ veritate illam amittant, odio haberi, Et nisi me augurium fallit, spero fore, ut aliquando, propter te unum plures Academiam vestram sint adituri, quam propter omnes eos qui tibi adversantur; nec forte ad hoc nocebit editio Philosophiæ quam paro; adeò ut si Domini vestræ civitatis ad utilitatem & decus Academiæ suæ respi-

ciant, omnes potius tuos inimicos quam
te unum ejicient; nam etiam facilius mille alios invenient, qui eadem doceant, quæ
illi, quam unum qui eadem, quæ tu. Nec
vereor ne fortè aliqui ex veftris confulibus, non imbuti fcholafticis ftudiis, ut
pote ad rectè regendam Rempublicam
non neceffariis, magis credant adverfariis tuis quam tibi, neque enim illos
puto tam obefæ naris, ut horum invidiam
non advertant; & vel unicus D. V. R. qui
ftatum totius controverfiæ, atque æquitatem tuæ caufæ procul dubio rectè perfpe-
xit, eftque rerum iftarum planè intelligens, fatis authoritatis apud collegas fuos
eft habiturus, ut te ab omni injuria deffendat; tantamque in eo effe fcio integrita-
tem ac prudentiam, ut non verear ne magis faveat adverfariis tuis quam veritati.
Ac denique ob hoc præcipuè debes lætari,
quod tua caufa fit talis, ut poftquam judi-
cata fuerit à tuis, judicari etiam debeat
ab incolis totius orbis terrarum, & cum
in ea de honore tantum agatur, fi quid
tibi priores contra jus ademerint, cum
fœnore ab aliis reftituetur. Vale.

A MONSIEUR

MONSIEUR REGIUS.

LETTRE XXIV.

Version nouvelle.

MONSIEUR,

Je vous felicite de la perfecution que vous fouffrez pour la verité ; je vous en felicite, dis-je, de tout mon cœur , car je ne vois pas qu'il puiffe vous arriver le moindre mal de tous ces troubles ; au contraire je prévois pour vous une augmentation de gloire. Vous devez vous réjoüir de ce que Dieu a ôté à vos ennemis la prudence & le bon efprit. Vous voyez ce qu'ils ont gagné en faifant défendre vôtre Livre ; on n'eft que plus empreffé à l'acheter , on l'examine plus attentivement, la bonté de vôtre caufe & la malignité de vôtre ennemi en font connuës d'un plus grand nombre de perfonnes. Plus

de perſonnes s'appercevront deſormais que
ce n'eſt que par jalouſie & ſans ſujet qu'il
vous a attaqué le premier avec aigreur &
malignité, tandis que vous de vôtre côté,
ayant tous les ſujets du monde d'entrer
dans une juſte défenſe, lui avez répondu
avec modeſtie, avec douceur, & même
(triſte ſituation pour un honnête homme)
avec un reſpect qu'il ne mérite pas. Plus de
perſonnes, dis-je, connoîtront la foi-
bleſſe des raiſons avec leſquelles il attaque vos opinions, & en même temps la
force de vos réponſes. De là plus de perſonnes concluront qu'il n'a plus rien de
bon à vous répondre, & feront juſtement
indignez contre luy de ce qu'il a aſſez
de pouvoir dans vôtre Ville contre toute
juſtice, pour vous traiter impunément
dans un écrit public d'athée & de bête,
vous donner d'autres noms odieux, &
employer mille mauvaiſes raiſons pour
vous charger de crimes ſuppoſez & debi-
ter ſes calomnies, tandis qu'il ne vous
eſt pas permis d'avoir recours à la verité,
& de vous juſtifier en vous ſervant des
termes les plus modeſtes. Je trouve en verité admirable qu'il propoſe qu'il lui ſoit
permis de diſputer avec vous devant des
Commiſſaires qui puiſſent juger du fond
de l'affaire: apparemment que ſes raiſons
ſont de la nature de ces potions qu'il faut

avaler toutes chaudes, & qui ne font plus
bonnes quand elles font froides. Veritable
finge en cela, comme en plufieurs autres
chofes de nôtre St. en bonne foy je ne
vois pas que vous ayez rien à craindre
d'un tel adverfaire. Que peut-il faire contre, vous davantage, vous faire peut-être
défendre par le Magiftrat d'enfeigner ce
que vous avez coutume d'enfeigner, ou
de faire condamner vôtre doctrine comme fauffe & heretique; ou enfin, ce qui
feroit de pis, vous obliger de vous dé-
mettre de vôtre chaire: mais je ne crois
pas que vos Confuls pouffent leur com-
plaifance pour lui jufqu'au point de fta-
tuer tout ce qui pourroit luy plaire.
Bien plus, je ne crois pas qu'il y ait un
feul d'eux tous, qui ne fente les motifs
qui pouffent Voëtius, & la plûpart de vos
autres collegues, à attaquer avec tant
d'aigreur vôtre Philofophie: je veux dire
qu'elle eft plus vraye qu'ils ne fouhaite-
roient, & que vos raifons font fi claires,
qu'elles fappent jufques au fondement leurs
opinions erronées, & les rendent même
ridicules fans les attaquer; car enfin ils ne
fçauroiënt luy faire un crime de ce qu'elle
eft nouvelle, puifqu'ils mettent toute leur
gloire à enfanter tous les jours de nouvelles opinions, fans que jamais aucun
s'y foit oppofé; & la raifon pourquoy ils

ne se portent aucune envie là-dessus ; c'est qu'ils ne les croyent pas veritables, & ils n'auroient aucune jalousie contre les vôtres, s'ils les croyoient fausses ; mais du moins les Magistrats qui ne les ont pas empêchez jusques ici d'enseigner ces opinions nouvelles & fausses, ne vous empêcheront pas, je pense, d'enseigner les vôtres qui sont nouvelles, mais veritables; & quoique peut-être quelques-uns d'entr'eux qui n'ont jamais appris toutes ces chicanes de l'école, comme très-peu utiles au gouvernement de la Republique, ne voyent pas la bonté de vôtre cause; cependant je me repose tellement sur leur équité & leur prudence que je ne sçaurois croire qu'ils s'en rapportent plûtôt au témoignage de vos adversaires qu'au vôtre, & je suis persuadé que le seul M. D. V. qui sans doute entend très-bien le fond de la question, aura assez d'autorité sur l'esprit de ses collegues pour empêcher qu'il ne vous soit fait aucun tort. Mais quand la chose arriveroit autrement, & que par un évenement aussi extraordinaire, qu'absurde, & sans exemple, vous vous verriez privé de vôtre Chaire de Professeur. Je ne crois pas que vous dûssiez vous inquieter le moins du monde. Je n'y vois aucun deshonneur pour vous : mais une honte éternelle pour les autres, & alors

vôtre Ville auroit le déplaisir de voir ex-
posées aux yeux de l'univers, ou l'ignorance crasse, ou la haine de la verité, ou
un usage ridicule du pouvoir de ses Magiftrats. Bien plus, si j'étois à vôtre place,
je voudrois sçavoir des Consuls, combien j'aurois de maîtres, & renoncer plûtôt à mon employ que de ramper devant
Voëtius. Je suis sûr qu'en peu de temps, si
vous le vouliez, vous auriez facilement
ailleurs une Chaire de Professeur plus ho-
norable & plus utile, & on en trouveroit
plûtôt mille qui enseigneroient les mêmes
choses que vos adversaires, qu'un seul qui
enseignât ce que vous enseignez ; & cependant ce seul homme seroit peut - être
plus recherché par les amateurs de la science, que tous les autres ensemble. Pour
ce qui me regarde, j'ai crû jusques icy
avoir une veritable obligation à vos Magiftrats, qui sçachant bien que vous n'é-
tiez pas éloigné de mes Principes de Philosophie, n'ont pas été moins disposez à
vous donner une Chaire de Professeur,
ou peut-être-même y ont été principalement portez par ce motif, comme vous
avez voulu me le persuader.

C'est ce qui m'a attaché d'une maniere
particuliere à eux, & c'est ce qui fait que
je souhaite passionnément que la posterité
puisse dire que vôtre Ville a été la pre-

miere de toutes où nôtre Philosophie ait été publiquement reçûë, ce qui ne leur fera, comme je l'espere, aucun deshonneur ; au lieu qu'il seroit honteux pour eux s'il étoit jamais dit qu'ils n'ont pas sçû vous mettre à couvert des mauvais traitemens de vos ennemis.

Car ceux qui vous ont nommé à la Chaire de Professeur ont dû sçavoir, que les opinions que vous enseignez ne pouvoient avoir quelque chose d'excellent, sans exciter infailliblement l'envie de plusieurs de vos Collegues qui n'avoient pas assez d'esprit pour embrasser les mêmes sentimens ; ils ont donc dû être prêts à vous proteger contre eux.

Ce qui ne leur sera pas difficile ; car enfin de quoi la calomnie peut-elle vous accuser ? Que vous enseignez des choses nouvelles, comme si ce n'étoit pas un usage commun dans la Philosophie, que ceux qui ont quelque esprit inventent de nouvelles opinions, & cherchent par là à se faire un nom ; mais enfin ils ne se portent point mutuellement envie , parce qu'ils ne les croyent pas veritables, comme on n'envieroit point les vôtres, si on les croyoit fausses ; mais quoi est-il de la justice que tandis qu'on souffre les opinions des autres, qui sont nouvelles & fausses, on rejette les vôtres, parce qu'el-

les sont nouvelles & veritables. On vous
fait encore un grand crime d'avoir écrit
contre Voëtius ; mais pour peu de bon
sens qu'on ait, on verra en lisant l'écrit
de l'un & de l'autre, & sçachant ce qui
s'est passé auparavant de sa part, que c'est
Voëtius qui a écrit contre vous d'une maniere très-aigre & très-piquante, & qu'il
a tâché de vous perdre par ses calomnies,
& que toute la faute qui se trouve en vous,
c'est de lui avoir répondu avec trop d'honnêteté & trop de moderation ; de sorte
qu'on pourroit vous comparer à un homme qui seroit poursuivi par un ennemi
l'épée nuë, & qui ne feroit que détourner
avec la main le coup mortel, sans faire
autre chose que de tâcher par des paroles
très-[douces de ralentir sa colere, tandis que lui plein de fureur & de rage vous
accuseroit de ne vouloir pas souffrir qu'il
vous tuât ; mais peut-être dira-t'on, ce
n'est pas Voëtius qui forme contre vous
ces accusations, mais d'autres de vos
collegnes ; comme si l'on ne sçavoit pas
bien qu'ils ne le font qu'en se confor-
mant à ses desseins, & qu'ils sont tour-
mentez de la même jalousie ; & comme
si on avoit raison de vous faire un crime
d'avoir repoussé celui qui vous attaquoit,
enfin si on ne devoit pas le punir comme
un veritable agresseur & un vrai calomnia-

teur. Je lui donne le nom de calomnia-
teur, parce qu'il vous a accusé mécham-
ment d'avoir enseigné certaines propofitions contraires à vôtre Theologie, quoi
que vos opinions s'accordent mieux avec
la Theologie, que les vulgaires ; & il feroit facile de prouver par des conféquences certaines & évidentes tirées feulement
de fes Thefes, que j'ai vû fur l'athéïfme,
qu'il eft plûtôt lui-même ce qu'il voudroit
faire croire fauffement de vous. Bien plus,
s'il étoit neceffaire de le reprefenter tel
qu'il eft & de découvrir tous fes artifices,
il paroîtroît peut-être tel que ce feroit un
deshonneur pour vôtre Ville de le conferver plus long-temps dans le pofte de Pré-
dicateur & de Profeffeur ; car enfin la
force de la verité eft grande. La derniere
& la plus forte objection que l'on fait ,
eft le dommage que vôtre Academie re-
cevroit, dit-on, des inimitiez qui fe forment entre les Profeffeurs : mais 1. je ne
vois pas en quoi ces inimitiez peuvent
nuire à vôtre Univerfité ; au contraire, il
arriveroit de là que chacun en particulier ,
craignant les reproches des autres , ils
s'attacheroient avec d'autant plus de foin
à leur devoir.

D'ailleurs quand ces broüilleries nui-
roient au corps , il faudroit dépofer ceux
qui font les auteurs de ces inimitiez , &

non pas ceux qui les fuyent ; du moins
il ne diroit pas, je penſe que vos dogmes
ſont de nature à détourner les jeunes gens
des études de vôtre Academie , car je
ſçai que vous avez grand nombre d'auditeurs, & des plus illuſtres ; juſques ici
nos opinions ont eu non-ſeulement chez
vous, mais dans tous les autres lieux, le
bonheur d'être goutées & eſtimées des
plus grands genies , & ſi quelqu'un ne les
a pas eſtimées, ce n'a été que les Pedans
qui ſçavent n'être parvenus à quelque reputation d'érudition que par de faux artifices, & qui craignent de la perdre, quand
la verité ſera connuë ; & ſi j'en dois croire
mon préſentiment , je me flatte qu'un jour
vous attirerez plus de monde, que tous vos
autres adverſaires ; à quoi, peut-être, ne
nuira pas l'Edition de la Philoſophie que
je prépare : enſorte que ſi les Magiſtrats
ſont attentifs à l'utilité & à l'ornement de
leur Academie, ils ôteront plûtôt vos ennemis de leurs poſtes que vous , car ils
en trouveront plûtôt mille autres qui en-
ſeignent les mêmes choſes que vous :
d'ailleurs je ne crains pas que quelques-
uns de vos Conſuls , peu inſtruits des
Etudes academiques , comme très-peu neceſſaires pour le gouvernement , croyent
plûtôt vos adverſaires que vous, car je ne
les crois pas aſſez peu fins pour ne pas

s'appercevoir de leur jalousie. Outre cela
le seul M. V. R. qui sçait l'état de la dispute, qui connoît la bonté de vôtre cause,
& qui est très-versé dans toutes ces matieres, aura assez d'autorité auprès de ses
Collegues pour vous mettre à couvert de
tout ressentiment. Je sçai qu'il est doüé
d'une integrité & d'une prudence si rares,
que je n'apprehende nullement qu'il favo-
rise vos adversaires aux dépens de la verité : Enfin ce qui doit sur tout vous faire
plaisir, c'est que vôtre cause est de telle
nature, qu'après qu'elle aura été jugée par
vos Magistrats, elle sera encore jugée par
les habitans de toute la terre;&comme c'est
ici une affaire d'honneur,si les premiersJu-
ges vous ôtent quelque chose de vôtre
bon droit, les autres vous le rendront
avec usure. Adieu.

CLARISSIMO VIRO
HENRICO REGIO.
LETTRE XXV.

VIR CLARISSIME ,

Legi, & rifi, tum thefes Voëtii pueri ,
five infantis , filii volui dicere , tum etiam
judicium Academiæ veftræ, quæ fortè etiam
non immeritò infans dici poteit. Laudo Æ-
milium & Cyprianum quod tot ineptiarum
rei effe noluerint ; in te verò fubirafcor ,
quod talia tibi cordi effe videantur. Lætari
enim deberes quam maximè, quod videas adverfarios tuos fuis fe propriis ar-
mis jugulare ; nam certè nemo mediocriter intelligens fcripta ifta perleget , quin
facilè animadvertat , adverfariis tuis &
rationes deeffe quibus tuas refutent, &
prudentiam quâ imperitiam fuam tegant.
Audivi hodie rurfus Monachum tui Voëtii
refponfionem parare ; & quidem certum
eft, auditum enim à Bibliopolâ qui habet
edendam ; continebit circiter decem fo-
lia , nempe appendix Voëtii cum notis tuis

adhuc femel ibi edentur. Faveo fic fcri-
bentibus , & velim etiam ut gaudeas.
Quantùm ad decretum tuorum Domino-
rum, nihil mitius , nihil prudentius mihi
videtur ab iis fieri potuiffe , ut fcilicet fe
collegarum tuorum querelis liberarent. Tu
fi mihi credis , ipfis quam accuratiffimè ,
atque etiam ambitiosè , obtemperabis, do-
cebifque tuam Medicinam Hyppocraticè
& Galenicè , & nihil amplius. Si qui ftu-
diofi aliud à te petant, excufabis te perhu-
maniter , quod tibi non liceat ; cavebis
etiam ne quam rem particularem explices;
& dices, ut res eft, ifta ita inter fe eo-
hærere ut unum fine alio fatis intelligi non
poffit. Dum ita te geres , fi quæ antehâc
docuifti, digna fint quæ difcantur , & habeas auditores dignos qui ea difcant, non
dubito quin brevi denuò vel Ultrajecti vel
alibi copiam & authoritatem illa docendi
cum honore duplicato fis habiturus. Interim verò nihil mali mihi videtur tibi
contigiffe , fed ècontrà multum boni , omnes enim te multò plus laudant, & pluris
faciunt, quam feciffent , fi adverfarii tui
tacuiffent, ac præterea acceffit otium , cum
docendi onere ex parte fis liberatus , nec
ideo de ftipendio deceffit. Quid deeft, nifi
animus, qui modeftè hæc ferat ? Quiefce,
quæfo , & ride ; nec vereare ne adverfarii
tui fatis maturè non puniantur ; Denique

vicisti, si tantum siles ; si malis redinte-
grare prælium, fortunæ rursus te commit-
tes. Vale.

A

MONSIEUR

R E G I U S.

LETTRE XXV.

Version nouvelle.

MONSIEUR,

J'ai ri de bon cœur en lisant les Lettres de Voërius l'enfant, je veux dire
Voëtius le fils, & en voyant le jugement
de vôtre Academie à qui le nom d'enfant
sied peut-être aussi-bien. Je loüe Messieurs
Æmilius & Cyprien de n'avoir pas voulu
prendre part à tant de puerilitez ; mais je
suis en même temps un peu en colere contre vous de ce que vous prenez trop à
cœur tout cela. Vous devriez plûtôt être
fort joyeux de voir que vos adversaires se
percent par leurs propres armes. Pour
peu de bon sens qu'on ait, on s'apperce-

vra en lifant les écrits de vos adverfaires
qu'ils manquent de raifons pour refuter
les vôtres, & de prudence pour couvrir
leur ignorance. J'ai appris aujourd'hui pour
la feconde fois que le Moine prépare la
réponfe de vôtre Voëtius, la nouvelle eft
certaine, & elle vient du Libraire même
qui l'imprime ; elle fera environ de dix
feüilles. L'Appendix de Voëtius y fera
une feconde fois imprimé avec vos notes:
j'aime de tels écrivains, & vous devez
auffi vous en réjoüir ; rien de plus doux
à mon fens & de plus fage que le decret
de vos Magiftrats pour fe délivrer des
importunitez de vos Collegues. Si vous
m'en croyez, vous acquiefcerez à leurs
ordres avec la derniere exactitude, &
avec une efpece de fatisfaction interieure,
& vous vous contenterez d'expliquer vos
Leçons de Medecine felon les principes
d'Hippocrate & de Galien, & rien
plus ; fi quelques bons efprits vous en
demandent davantage, vous vous en ex-
cuferez bien honnêtement, en leur difant
qu'on vous l'a deffendu, & vous éviterez
fur tout d'expliquer la moindre chofe particuliere, & vous direz, comme c'eft la
verité, que ces chofes font tellement liées
les unes avec les autres, que l'une ne fe
peut bien comprendre fans l'autre. Tant
que vous vous comporterez de la forte,

fi les chofes que vous avez enfeignées jufqu'ici font dignes d'être appriſes, & que
vous trouviez des diſciples dignes de les
apprendre, je fuis fûr qu'en peu de tems
vous aurez toute permiſſion de les enſei-
gner publiquement à Utrecht ou ailleurs
avec plus d'honneur que vous n'avez eu
encore ; cependant je crois qu'il ne vous
eſt arrivé aucun mal, au contraire beaucoup de bien ; c'eſt le monde vous louë
& vous eſtime davantage qu'on n'auroit
fait, fi vos ennemis fe fuſſent tenus en
repos. Ajoutez à cela le loiſir que vous
gagnez, puiſque vous êtes delivré d'une
partie de vôtre travail, fans que vous
perdiez rien de vos appointemens ; il ne
vous manque qu'une chofe, de prendre
cela avec moderation. Tranquillifez-vous
donc je vous prie, & riez de tout ceci :
n'apprehendez-pas que vos adverſaires ne
foient aſſez-tôt punis de leur folie : enfin
vous remporterez une pleine victoire fi
vous ſçavez vous taire, au lieu que fi vous
recommencez le combat, vous vous ex-
pofez derechef aux traits de la fortune.
Adieu.

CLARISSIMO VIRO

HENRICO REGIO.

L E T T R E XXVI.

VIR CLARISSIME,

Gaudeo noſtram de Voëtio hiſtoriam veſtris non diſplicuiſſe ; neminem adhuc vidi, ne ex Theologis quidem , qui non illi vapulanti favere videretur. Nec ſanè nimis acris mea narratio dici poteſt, cum nihil niſi rem geſtam commemorem, multoque etiam plura ſcripſerim in quendam ex Patribus Societatis Jeſu. Legi curſim ea quæ ad me miſiſti, nihilque in iis non optimum , & valde ad rem , notavi, præter hæc pauca. Primò, ſtilus multis in locis non eſt ſatis emendatus ; Præterea fol. 46. ubi ais materiam non eſſe corpus naturale , adderem , juxta illos qui corpus naturale definiunt hoc modo , &c. nam quantum ad nos qui eam veram & completam ſubſtantiam eſſe putamus, non video cur corpus naturale eſſe negaremus ; Et fol. 66. differentiam inter res vivas &

vitæ

vitæ expertes videris majorem statuere,
quam inter horologium aliudve automa-
tum, & clavem, gladium, aliudve in-
strumentum quod sponte non movetur,
quod non probo; sed ut *sponte moveri* est
genus respectu machinarum omnium quæ
sponte moventur, ad exclusionem aliarum
quæ sponte non moventur, ita *vita* sumi
potest pro genere formas omnium viven-
tium complectente; Et folio 96. ubi ais,
certè multò majorem efficaciam, &c. mallem,
certè non minorem efficaciam, &c. non enim
est major in uno quam in altero. Denique
fol. 106. locum Ecclesiastæ dicis à Salo-
mone proferri ex persona impiorum. Ego
autem in Medit. pag. 305. tom. 2. edit. in 12.
eundem locum explicui, ex persona ipsius
Ecclesiastes, ut peccatoris. Sed non video
cui usui hæc tua responsio esse possit, quia
cappadox eâ est indignus, nisi rursus quid
novi agat, & tunc unà cum responsione
ad istud novum sub nomine alicujus ex
tuis discipulis edi posset; nunc existimo
esse quiescendum; nec etiam debes nostra in tuis lectionibus cum Galenicis &
Aristotelicis miscere, nisi certus sis id tuo
Magistratui esse gratum; mallem nullos ha-
beres auditores, neque hoc tibi dedecori
esset. Ad id quòd objicis de ideâ Dei sol-
vendum, notare oportet non agi de essen-
tiâ ideæ, secundum quam ipsa est tantum

modus quidam in mente humanâ exiſtens,
qui modus homine non eſt perfectior ,
ſed de ejus perfectione objectivâ , quam
principia Metaphyſica docent debere contineri formaliter vel eminenter in ejus
cauſa ; eodem modo ac ſi dicenti unum-
quemque hominem poſſe pingere tabellas
æquè benè ac Appelles ; quia illæ conſtant
tantum ex pigmentis diverſimodè permix-
tis, poteſtque illa quilibet modis omnibus permiſcere, eſſet reſpondendum, cum
agimus de Apellis picturis , nos non tantum in iis conſiderare permixtionem colorum qualemcunque, ſed illam quæ fit
certâ arte, ad rerum ſimilitudines repræ-
ſentendas , quæque idcirco non niſi ab
iſtius artis peritiſſimis fieri poteſt. Ad ſe-
cundum reſpondeo, ex eo quod fatearis
cogitationem eſſe attributum ſubſtantiæ
nullam extenſionem includentis, & vi-
versâ extenſionem eſſe attributum ſubſtantiæ nullam cogitationem includentis tibi
etiam fatendum eſſe ſubſtantiam cogitantem ab extenſa diſtingui : Non enim habemus aliud ſignum quo unam ſubſtantiam
ab aliâ differre cognoſcamus, quam quod
unam abſque aliâ intelligamus. Et ſanè
poteſt Deus efficere quidquid poſſumus
clarè intelligere ; nec alia ſunt quæ à Deo
fieri non poſſe dicuntur, quam quod re-
pugnantiam involvunt in conceptu, hoc eſt

quæ non sunt intelligibilia; possumus autem
clarè intelligere substantiam cogitantem
non extensam, & extensam non cogitantem, ut fateris : jam conjungat & uniat
illas Deus quantum potest, non ideò potest se omnipotentiâ suâ exuere, nec ideò
sibi facultatem adimere ipsas sejungendi,
ac proindè manent distinctæ.

Non potui notare ex tuo scripto an
Monachum an Voëtium per Cappadocem
intelligas, quòd non displicuit, sibi sumat
qui volet ; sed audio ignorari cujas sit
Voëtius, adeo ut erga ipsum sis benefi-
cus , si Cappadociam ei in patriam assi-
gnes; multum autem debes Monacho quod
auditorum tuorum numerum augeat. Cæterum audivi à D.P. tibi animum esse huc
nos invisendi : Ego verò te etiam atque
etiam invito, neque te solum, sed & uxo-
rem & filiam ; mihi eritis gratissimi, jam
virent arbores, ac brevi etiam cærasa &
pyra maturescent; Vale, & me ama.

A

MONSIEUR
REGIUS.

Lettre XXVI.

Version nouvelle.

Monsieur,

Je fuis ravi que nôtre Hiftoire de Voë-tius n'ait pas déplû à vos amis. Je n'ai encore vû perfonne, pas même parmi les Theologiens, qui n'ait été bien aife de lui voir donner fur les oreilles. On ne peut pas m'accufer d'avoir été trop pic-quant dans ma narration. Je n'ai fait que raconter la chofe comme elle s'eft paffée. J'ai écrit encore avec plus de vivacité con-tre un Pere Jefuite. J'ai lû en courant ce que vous m'avez envoyé, je n'y ai rien trouvé qui ne fût fort bon & qui n'allât droit à la chofe, excepté ceci qui eft peu de chofe. 1. Le ftile n'eft pas affez châtié en bien des endroits ; outre cela page 46.

où vous dites que la matiere n'eſt pas un
corps naturel, j'ajouterois ſelon le ſentiment de ceux qui définiſſent le corps naturel de cette maniere, &c. car ſelon
nous qui croyons qu'elle eſt une ſubſtance
veritable & complette, je ne vois pas
pourquoi nous dirions que la matiere n'eſt
pas un corps naturel ; & page 66. il paroît que vous établiſſez une plus grande
difference entre les choſes vivantes & celles qui ne le ſont point, qu'entre un horloge ou tout autre automate, & une clef,
une épée, & tout autre inſtrument qui ne
ſe remuë pas de lui-même, ce que je n'approuve point, mais comme *ſe mouvoir de
ſoi-même*, eſt genre à l'égard des machines qui ſe remuënt d'elles-mêmes, à l'excluſion des autres machines qui ne ſe remuënt pas ainſi : de même *la vie* ne peut
être priſe pour le genre qui embraſſe les
formes de tous les êtres vivans ; & page
96. où vous dites, *certè multò majorem efficaciam, que ſon effet eſt beaucoup plus grand,
&c.* j'aimerois mieux, *certè non minorem
efficaciam, &c. que ſon effet n'eſt pas moindre* : car il n'eſt pas plus grand dans l'un
que dans l'autre. Enfin page 106. vous
dites que dans cet endroit de l'Eccleſiaſte,
Salomon fait parler les impies ; & moy
page 303. tom. 2. des Medit. j'ai expliqué le même endroit prononcé par le mê-

me Ecclesiaste , en tant que pecheur lui-
même ; mais je ne vois pas de quelle utilité pourra être vôtre réponse , parce que
le Capadocien ne la mérite pas , à moins
qu'il ne fasse quelque nouvelle équipée,
& en ce cas-là elle pourroit paroître avec
vôtre réponse , à ce qu'il pourroit dire de
nouveau , sous le nom de quelqu'un de
vos Disciples. Presentement je crois qu'il
faut se tenir en repos ; vous ne devez pas
même mêler dans vos leçons mes sentimens avec ceux de Galien & d'Aristote,
à moins que vous ne sçachiez que cela
ne plaît pas au Magistrat qui vous prote-
ge. J'aimerois mieux que vous n'eussiez
point d'auditeurs , & cela ne vous tourne-
roit pas à deshonneur. Quant à la solution
que vous demandez sur l'idée de Dieu,
il faut remarquer qu'il ne s'agit point de
l'essence de l'idée selon laquelle elle est
seulement un mode existant dans l'ame (ce
mode n'étant pas plus parfait que l'homme :) mais qu'il s'agit de la perfection
objective , que les principes de Metaphysique enseignent devoir être contenus for-
mellement ou éminemment dans sa cause.
De même qu'il faudroit répondre à celui
qui diroit , que chaque homme peut pein-
dre un tableau aussi-bien qu'Appelles, puisqu'il ne s'agit que des couleurs diverse-
ment appliquées , & que chacun peut les

mêler en toutes sortes de manieres , il
faudroit , dis-je , répondre à cette personne-là, que lors que nous parlons de la peinture d'Appelles , nous ne considerons pas
seulement en elle un certain mélange de
couleurs ; mais ce mélange qui est produit par l'art du Peintre , pour representer
certaines ressemblances des choses , mélange par conséquent qui ne peut être executé que par les plus habiles de l'art. Je
répons au second , que de ce que vous
avoüez , que la pensée est un attribut de
la substance qui n'enferme aucune étenduë,
& qu'au contraire l'étenduë est l'attribut
de la substance , qui n'enferme aucune
pensée ; il faut par là que vous avoüiez
aussi que la substance qui pense , est distinguée de celle qui est étenduë ; car nous
n'avons point d'autre marque pour connoître qu'une substance differe de l'autre,
que de ce que nous comprenons l'une indépendemment de l'autre ; & en effet,
Dieu peut faire tout ce que nous pouvons comprendre clairement ; & s'il y a
d'autres choses qu'on dit que Dieu ne
peut faire, c'est qu'elles impriment contradiction dans leurs idées , c'est-à-dire,
qu'elles ne sont pas intelligibles. Or nous
pouvons comprendre clairement une substance qui pense & qui ne soit pas étenduë,
& une substance étenduë qui ne pense pas,

comme vous l'avoüez:cela étant ,que Dieu lie & unisse ces substances autant qu'il le peut, il ne pourra pas pour cela se priver de sa toute-puissance, ni s'ôter le pouvoir de les separer, par conséquent elles demeureront distinctes.

Je n'ai pû remarquer dans vôtre écrit si par Capadocien vous entendez le Moine ou Voëtius. J'ai trouvé cela bien. Se l'appliquera qui voudra , mais j'apprends qu'on ne sçait pas le païs de Voëtius , ainsi vous lui procureriez un bien de lui assigner la Cappadoce pour patrie. Vous avez beaucoup d'obligation au Moine de ce qu'il grossit vôtre auditoire ; au reste , j'ai appris de Monsieur P. que vous aviez dessein de nous venir voir, je vous y invite de tout mon cœur,non-seulement vous , mais Madame vôtre épouse & Mademoiselle vôtre fille ; je me ferai un plaisir très-sensible de vous recevoir : les arbres sont déja revêtus d'un nouveau feüillage , & bien-tôt nos cerises & nos poires seront mûres. Adieu, & aimez-moi toûjours un peu.

CLARISSIMO

CLARISSIMO VIRO
HENRICO REGIO.
LETTRE XXVII.

VIR CLARISSIME,

Nescio quid obstiterit, cur non prius
ad tuas responderim, nisi quod, ut verum fatear, non libenter à te dissentiam;
& quia non videbar in eo quod scribe-
bas debere assentiri, idcirco cunctantiùs
calamum assumebam. Mirabar te illa quæ
horariæ disputationis examini committere
non auderes, indelebilibus typis credere
velle, magisque vereri extemporaneas &
inconsideratas adversariorum tuorum cri-
minationes, quam attentas & longo studio excogitatas. Cumque meminerim me
multa legisse in tuo compendio Physico à
vulgari opinione planè aliena, quæ nudè
ibi proponuntur, nullis additis rationibus,
quibus lectori probabiles reddi possint;
Toleranda quidem illa esse putavi in Thesibus, ubi sæpe Paradoxa colliguntur, ad
ampliorem disputandi materiam adver-

fariis dandam ; Sed in libro quem tanquam novæ Philofophiæ Prodromum vi-
debaris velle proponere , planè contrarium judico effe faciendum , nempe rationes effe afferendas, quibus lectori per-
fuadeas ea quæ vis concludere vera effe,
priufquam ipfa exponas, ne novitate fuâ
illum offendant. Sed jam audio à Dom.
Van. S. te confilium mutaffe , multòque
magis probo id quod nunc fufcipis , nempe Thefes de Phifiologia in ordine ad
Medicinam ; has enim & firmiùs ftabilire,
& commodiùs deffendere te poffe confido , & miriùs facilè de ipfis malè loquendi occafionem adverfarii tui repe-
rient. Vale.

A

MONSIEUR

REGIUS.

LETTRE XXVII.

Verſion nouvelle.

Monsieur,

Je ne ſçai ce qui m'a empêché de répondre plûtôt à vôtre derniere, ſi ce n'eſt
pour vous parler ſincerement, que je n'aime pas à être d'un ſentiment different du
vôtre ; & comme il me paroiſſoit que je
ne pouvois penſer comme vous ſur les
choſes que vous m'écrivez , c'eſt ce qui
m'a fait differer ſi long-temps à prendre la
plume ; j'étois ſurpris effectivement que
vous vouluſſiez confier à l'impreſſion ,
dont les traits ſont ineffaçables , des choſes que vous n'oſiez pas expoſer à l'examen d'une diſpute d'une heure , & que
vous apprehendaſſiez davantage les actions
ſubites & inconſiderées de vos adverſai-

res , que celles qu'ils pouvoient former contre vous après une mûre reflexion & une longue étude, m'étant souvenu d'avoir lû dans vôtre Compendium de Physique plusieurs choses entierement éloignées de l'opinion commune , lesquelles vous y proposez nuëment & sans les appuyer d'aucunes raisons qui pussent les rendre probables aux Lecteurs. Je crus que cela pouvoit être supportable dans des Theses où l'on assemble souvent plusieurs paradoxes pour fournir un plus vaste champ de dispute aux adversaires ; mais dans un Livre que vous sembliez donner comme un essay de la nouvelle Philosophie , je crois que cela est bien different , c'est-à-dire, qu'il faut les fortifier par des preuves qui puissent persuader le Lecteur que vos conclusions sont veritables , avant de les exposer au public , de peur qu'il ne soit offensé de leur nouveauté ; mais j'apprens que M. Van S. vous a fait changer de sentiment, & j'approuve beaucoup plus ce que vous entreprenez, je veux dire ces Theses de Phisiologie par rapport à la Medecine ; j'espere que vous pourrez les mieux établir & les mieux défendre , & vos adversaires trouveront moins d'occasion de mordre sur elles. Adieu.

CLARISSIMO VIRO

HENRICO REGIO.

LETTRE XVIII,

VIR CLARISSIME,

Cum superiores litteras ad te misi, paucas tantum libri tui paginas pervolveram, & in iis satis causæ putabam me invenisse, ad judicandum modum scribendi quo usus es, nullibi, nisi fortè in Thesibus posse probari, in quibus scilicet moris est, opiniones suas, modo quam maxime paradoxo, proponere, ut tanto magis alii alliciantur ad eas oppugnandas. Sed quantum ad me, nihil mihi magis vitandum puto, quam ne opiniones meæ paradoxæ videantur, atque ipsas nunquam in disputationibus agitari velim ; sed tam certas evidentesque esse confido, ut illis à quibus rectè intelligantur, omnem disputandi occasionem sint sublaturæ. Fateor quidm eas per definitiones & divisiones, à generalibus ad particularia procedendo, rectè tradi posse, atqui nego probationes debere tunc

obmitti ; scio tamen illas vobis adultiori-
bus , & in meâ doctrinâ satis versatis non
esse necessarias. Sed considera , quæso,
quam pauci sint illi adultiores, cum ex
multis Philosophantium millibus vix unus
reperiatur qui eas intelligat : & sanè qui
probationes intelligunt , assertiones etiam
non ignorant, ideòque scripto tuo non in-
digent : Alii autem legentes assertiones
sine probationibus , variasque definitiones planè paradoxas , in quibus globulorum æthereorum , aliarumque similium
rerum , nullibi à te explicatarum , mentionem facis, eas irridebunt, & contem-
nent, sicque tuum scriptum nocere sæpius
poterit, prodesse nunquam. Hæc sunt quæ
lectis prioribus scripti tui paginis judicavi ; sed cum ad caput de homine perveni,
atque ibi vidi quæ de mente humana, &
de Deo habes, non modo in priore sen-
tentia fuit confirmatus, sed insuper planè
obstupui & indolui, tum quod talia credere videaris, tum quod non possis abs-
tinere quin ipsa scribas , & doceas, quamvis nullam tibi laudem, sed summa peri-
cula & vituperium creare possint. Ignosce,
quæso , quod liberè tibi tanquam fratri
sensum meum aperiam. Si scripta ista in
malevolorum manus incidant (ut facilè incident cum ab aliquot discipulis tuis habeantur) ex illis probare potuerunt , & vel

me judice convincere, quod Voëtio paria facias, &c. Quod, ne in me etiam redundet, cogar deinceps ubique profiteri, me circa res Metaphyſicas quam maximè à te diſſentire', atque etiam ſcripto aliquo typis edito id publicè teſtari, ſi liber tuus prodeat in lucem. Gratias quidem habeo quod illum mihi oſtenderis, priuſquam vulgares ; ſed non gratum feciſti, quod ea quæ in eo continentur privatim me inſcio docueris. Nuncque omninò ſubſcribo illorum ſententiæ, qui voluerunt, ut te intra Medicinæ terminos contineres. Quid enim tanti opus eſt, ut ea quæ ad Metaphyſicam vel Theologiam ſpectant ſcriptis tuis immiſceas, cum ea non poſſis attingere, quin ſtatim in alterutram partem aberres. Prius, mentem, ut ſubſtantiam à corpore diſtinctam conſiderando, ſcripſeras hominem eſſe ens per accidens; nunc autem è contra conſiderando mentem & corpus in eodem homine arctè uniri, vis illam tantum eſſe modum corporis ; Qui error multò pejor eſt priore. Rogo iterum ut ignoſcas, & ſcias me tam liberè ad te ſcripturum non fuiſſe, niſi ſeriò amarem, & eſſem ex aſſe tuus. Ren. Deſcartes.

Librum tuum ſimul cum hac Epiſtolá remiſiſſem, ſed veritus ſum, ne ſi forſè in alienas manus incideret, ſeveritas cenſuræ meæ tibi poſſet nocere ; ſervabo itaque,

donec refcivero te hanc Epiftolam rece-
piffe.

A

MONSIEUR

REGIUS.

LETTRE XXVIII.

Verfion nouvelle.

MONSIEUR,

Lors que je vous éctivis ma derniere
je n'avois encore parcouru que quelques
pages de vôtre Livre, & je crus y avoir
trouvé un motif fuffifant pour juger que
la maniere d'écrire dont vous vous étiez
fervi, ne pouvoit être foufferte tout au
plus que dans des Thefes, où la coutume
eft de propofer fes opinions d'une maniere très-paradoxe, pour attirer plus de
gens à la difpute : mais pour ce qui me
regarde, je crois devoir éviter foigneufement que mes opinions ne paroiffent
point paradoxes, & je ne defire point du

tout qu'on les propofe en forme de difpute, car je les crois fi certaines & fi évidentes, que je me flatte qu'étant une fois bien comprifes, elles ôteront tout fujet de difpute. J'avouë qu'on peut les propofer par definitions & par divifions, en defcendant du general au particulier; mais alors il faut les appuyer de preuves; & quoi qu'elles ne foient pas neceffaires pour vous qui êtes avancé dans la connoiffance de mes principes, confiderez, je vous prie, combien il y en a peu qui ayent ces avances, puifqu'entre plufieurs milliers d'hommes qui fe mêlent de Philofophie, à peine s'en trouve-t'il un qui les comprenne, & certainement ceux qui entendent les preuves n'ignorent pas auffi les conclufions, & par conféquent n'ont pas befoin de vôtre écrit. Pour les autres, lifans vos conclufions fans preuves, & diverfes définitions tout-à-fait paradoxes dans lefquelles vous faites mention de globules étherées, & autres chofes femblables que vous n'avez expliquées nulle part, ils fe moqueront d'elles & les méprifcront, ainfi vôtre écrit pourra nuire la plufpart du temps, & n'être jamais utile. Voilà le jugement que j'ai porté des premieres pages que j'ai lûës de vôtre écrit : mais lorfque je fuis parvenu au chapitre de l'homme, & que j'y ai vû ce

que vous dites de l'ame & de Dieu, non-
seulement je me suis confirmé dans mon
premier sentiment, mais outre cela j'ai
été saisi &. accablé de douleur, voyant
que vous croyez de telles choses, & que
vous ne pouvez vous abstenir de les écrire
& de les enseigner, quoique cela ne vous
puisse procurer aucune loüange, mais vous
causer de grands chagrins & une grande
honte. Pardonnez-moï, je vous prie, si
je vous ouvre mon cœur aussi franchement que si vous étiez mon frere. Si ces
écrits tombent entre les mains de personnes mal intentionnées, comme cela ne
manquera pas d'arriver, puisque quelques-uns de vos disciples les ont déja, ils
pourront vous prouver par là, & vous
convaincre même par mon jugement, que
vous faites de même à l'égard de Voëtius, &c. de peur que le blâme ne retombe sur moi, je me verrai dans la necessité de publier par tout à l'avenir que je
suis entierement éloigné de vos sentimens sur la Metaphysique, & je serai même obligé de le faire connoître par quelque écrit public, si vôtre Livre vient à
être imprimé. Je vous suis veritablement
obligé de me l'avoir montré avant de le
publier; mais vous ne m'avez point du
tout fait plaisir d'avoir enseigné ces choses à mon insçû; presentement je souf-

eris volontiers au ſentiment de ceux qui
ſouhaittoient que vous vous continſliez
dans les bornes de la Medecine ; en effet,
qu'eſt-il neceſſaire de mêler dans vos écrits
ce qui regarde la Metaphyſique ou la Theologie, puiſque vous ne ſçauriez toucher
ces difficultez ſans errer à droit ou à gauche? Auparavant en conſiderant l'ame comme une ſubſtance diſtincte du corps, vous
avez écrit que l'homme étoit un être par
accident. Preſentement conſiderant au
contraire que l'ame & le corps ſont étroitement unis dans le même homme, vous
voulez qu'elle ſoit ſeulement un mode du
corps, erreur qui eſt pire que la premiere.
Je vous prie derechef de me pardonner, &
de croire que je ne vous aurois pas écrit ſi
librement ſi je ne vous aimois veritablement, & ſi je n'étois tout à vous.

René Deſcartes.

. Je vous aurois envoyé vôtre Livre avec
cette Lettre, mais j'ai craint que s'il venoit à tomber par hazard en des mains
étrangeres, la ſeverité de ma cenſure ne
pût vous nuire. Je le garderai donc juſqu'à ce que j'aye ſçû que vous avez reçû
cette Lettre.

CLARISSIMO VIRO

HENRICO REGIO.

LETTRE XXIX.

V IR CLARISSIME,

Maxima mihi injuria fit ab illis, qui
me aliqua de re aliter scripsisse quam sen-
sisse suspicantur , ipsosque si qui sint sci-
rem, non possem non habere pro inimicis;
Tacere quidem in tempore, ac non omnia quæ sentimus ultrò proferre prudentis
est ; aliquid autem à sententiâ suâ alienum nemine agente scribere, lectoribus-
que persuadere conari, abjecti & impro-
bi hominis esse puto. Asserentibus, non
magni opus Philosophi esse, refellere rationes quæ pro animæ essentia substantiali
allatæ sunt, illasque interim nullo modo
refellentibus , nec refellere valentibus ,
non possum non reponere tua hæc verba,
quilibet Enthusiastes, & cacodoxus, & nu-
gacissimus nugator idem de ineptissimis suis
nugis pertinacissimè asserere potest. Cæterùm
non vereor ne cujusquam à me dissen-

tientis authoritas mihi noceat, modò ne
illi videar assentiri; nec volo ut meâ causâ
ullo modo abstineas à quibuslibet scriben-
dis & vulgandis; modo ne etiam ægrè
feras, si palam profitear me à te quam
maximè dissentire. Sed ne desim amici officio, cum mihi librum tuum eo fine reli-
queris, ut quid de eo sentirem, à me in-
telligeres, non possum non apertè tibi significare, me omninò existimare tibi non
expedire, ut quicquam de Philosophiâ in
lucem edas : Nec quidem de ejus parte
Physicâ ; Primò, quia cum tibi à tuo Magistratu prohibitum sit, ne novam Philosophiam vel privatim vel publicè doceres,
satis causæ dabis inimicis, si quid tale
evulges, ut ob id ipsum de professione
tuâ te deturbent, ac etiam alias irrogent
pœnas ; valent enim adhuc illi, & vigent,
& fortassè cum tempore majores vires
sument quam verearis : Deinde, quia non
video te quicquam laudis habere posse ex
iis in quibus mecum sentis, quia ibi nihil
de tuo addis, præter ordinem & brevi-
tatem, quæ, duo ni fallor, ab omnibus
benè sentientibus culpabuntur ; neminem
enim adhuc vidi, qui meum ordinem im-
probaret, quique non potiùs me nimiæ
brevitatis quam prolixitatis accusaret ; Reliqua in quibus à me dissentis, meo quidem judicio reprehensione & dedecore,

non autem laude ullâ digna sûnt, atque
ideò iterum dico expreſſis verbis, me tibi
quantùm poſſum diſſuadere iſtius libri editionem ; ſaltem expecta tantiſper, & ex
Horatii conſilio, *decimum premas in an-*
num ; forſan enim cum tempore ipſemet
videbis, quam parùm tibi expediat eum
edere ; atque interim eſſe non deſinam ex
aſſe tuus.

Renatus Deſcartes.

A

MONSIEUR

REGIUS.

LETTRE XXIX.

Verſion nouvelle.

M ONSIEUR,

Ceux qui me ſoupçonnent d'écrire d'une
maniere contraire à mes ſentimens, ſur
quelque ſujet que ce ſoit, me font une
injuſtice criante. Si je ſçavois qui ſont ces
perſonnes-là, je ne pourrois m'empêcher

de les regarder comme mes ennemis.
J'avouë qu'il y a de la prudence de se taire dans certaines occasions, & de ne point
donner au public tout ce que l'on pense;
mais d'écrire sans necessité quelque chose
qui soit contraire à ses propres sentimens
& sans necessité, & vouloir le persuader
à ses lecteurs, je regarde cela comme
une bassesse & comme une pure méchanceté. Je ne puis m'empêcher de me servir de vos propres termes pour répondre
à ceux qui assurent qu'il ne faut pas être
grand Philosophe pour refuter ce qui a été
dit sur l'essence substantielle de l'ame, sans
neanmoins refuter ces raisons, ni même
pouvoir le faire : *tout enthousiaste est mau-*
vais raisonneur : tout impertinent diseur de
rien en peut dire autant avec la derniere opi-
niâtreté, de toutes les bagatelles ausquelles il s'amuse; au reste, je ne crois pas
que l'autorité de qui que ce soit, dont les
sentimens soient opposez aux miens, puisse me nuire, pourvû que je ne paroisse
pas approuver ses opinions, & je serois
bien fâché que vous vous abstinssiez en
aucune maniere pour l'amour de moi d'é-
crire tout ce qu'il vous plaira, & de l'imprimer, pourvû que vous ne trouviez pas
mauvais de vôtre côté, que je declare par
tout publiquement que je suis tout-à-fait
opposé à vos sentimens ; mais pour ne

pas manquer aux derniers devoirs de l'a-
mitié, puisque vous ne m'avez laissé vôtre Livre qu'afin de sçavoir mon sentiment, je ne puis m'empêcher de vous
dire franchement que je crois qu'il n'est
pas de vôtre interest de rien imprimer sur
la Philosophie, pas même sur la Physique;
1. Parce que vos Magistrats vous ayant
fait défendre d'enseigner en public ou en
particulier la nouvelle Philosophie, si vous
faisiez imprimer quelque chose qui en ap-
prochât, vous fourniriez un assez beau
champ à vos ennemis de vous faire perdre vôtre Chaire, & vous faire condamner même à d'autres peines; car ils sont
encore puissans, ils ont la force en main,
& peut-être que leur pouvoir s'accroîtra
dans la suite plus que vous ne pensez.
En second lieu, parce que je ne crois pas
que vous puissiez retirer aucun honneur
des choses où vous pensez comme moi,
parce que vous n'y ajoutez rien du vôtre
que l'ordre & la brieveté, qui seront blâ-
mez, si je ne me trompe, par tout bon
esprit, car je n'ai encore vû personne qui
désapprouvât l'ordre que j'ai gardé, & qui
ne m'accusât plûtôt d'être trop concis, que
d'être diffus. Le reste en quoi vous diffe-
rez de moi, vous attirera à mon avis,
plus de blâme & de deshonneur, que de
loüange; c'est pourquoi je vous le repete,

je

je ne vous conseille pas de faire imprimer vôtre Livre ; attendez encore, sui-
vez le précepte d'Horace, *gardez-le dix*
ans dans vôtre cabinet ; peut-être qu'avec le
temps vous verrez qu'il n'est pas certainement de vôtre interest de le mettre au
jour. Je ne serai pas moins tout à vous,

René Descartes.

A MONSIEUR *****

LETTRE XXX.

Monsieur,

Sans user aujourd'hui de l'autorité que
vous avez sur moi, qui seroit capable (si
vous me le commandiez) de me faire
supprimer des choses que j'aurois estimées les plus justes & les plus raisonnables ; je vous prie de ne faire intervenir
que vôtre raison, au jugement que je
vous demande sur la réponse que j'ai faite à un certain placart, qui contient une
vingtaine d'Assertions touchant *l'ame rai-*
sonnable. Mon écrit, que je vous envoye,
vous fera connoître les raisons qui m'ont

porté à y faire réponfe ; & quoi que leur
Auteur ait fupprimé fon nom, je ne doute point que vous ne le reconnoiſſiez par
le ſtile, ou même que vous ne l'appre-
niez du bruit commun, ainſi que je l'ai
appris & reconnu moi-même ; mais puiſqu'il a tâché de fe mettre à couvert, je
ne vous le decelerai point. Seulement je
vous demande un peu de patience pour
cette lecture, & beaucoup d'attention ;
car j'attens vôtre jugement pour me déterminer ſi je le dois donner au public ;
& pour cela je vous l'envoye tel que je
me propofe de le faire paroître, ſi vous
ne l'improuvez point.

RENATI

DESCARTES
NOTÆ

In Programma quoddam, sub finem anni
1647. in Belgio editum, cum
hoc titulo :

Explicatio mentis humanæ, sive animæ ratio-
nalis, ubi explicatur quid sit, &
quid esse possit.

ACcepi à paucis diebus duos libellos ;
in quorum uno apertè & directè im-
pugnor, in altero rectè & oblique duntaxat. Et quidem priorem nihil moror :
imo habeo gratias ejus auctori, quod
cum nihil nisi futiles cavillationes, & nulli credibiles calumnias, improbo labore
collegerit, hoc ipso testatus sit, se nihil
invenire potuisse in meis scriptis, quod
merito reprehenderet, sicque ipsorum
veritatem, melius quam si ea laudasset,
confirmarit, idque cum dispendio suæ fa-
mæ. Alius autem libellus magis me movet : quamvis enim nihil in eo apertè de

me habeatur , prodeatque fine nomine auctoris & typographi , quia tamen continet
opiniones quas judico perniciofas & fal-
fas , editufque eft forma Programmatis ,
quod vel templorum valvis affigi , &
quibuflibet legendum obtrudi poffit , dicitur autem jam antea typis mandatus fuiffe
fub alia forma cum adjuncto nomine cujufdam , tanquam auctoris , quem multi
putant non alias quam meas opiniones
docere , cogor detegere ejus errores , ne
mihi forte imputentur ab illis , qui cafu
incident in obvias iftas chartas , & mea
fcripta non legerunt.

*Sequitur Programma quale ultima vice pro-
diit in lucem.*

EXPLICATIO

*Mentis humanæ , five animæ rationalis , ubi
explicatur quid fit , & quid effe poffit.*

I.

MEns humana eft , qua actiones co-
gitativæ ab homine primo peragun-
tur ; eaque in fola cogitandi facultate , ac
interno principio , confiftit.

I I.

Quantum ad naturam rerum attinet ,

ea videtur pati , ut mens possit esse vel
substantia, vel quidam substantiæ corporeæ modus ; vel, si nonnullos alios phi-
losophantes sequamur , qui statuunt extensionem & cogitationem esse attributa,
quæ certis substantiis, tanquam subjectis,
insunt cum ea attributa non sint opposita, sed diversa, nihil obstat , quominus
mens possit esse attributum quoddam ,
eidem subjecto cum extensione conveniens ; quamvis unum in alterius conceptu
non comprehendatur. Quicquid enim possumus concipere, id potest esse : atqui , ut
mens aliquid horum sit , concipi potest :
nam nullam horum implicat contradictionem : ergo ea aliquid horum esse potest.

III.

Errant itaque , qui asserunt , nos humanam mentem clarè & distinctè , tanquam
necessario à corpore realiter distinctam,
concipere.

I V.

Quod autem mens revera nihil aliud
sit quam substantia , sive ens realiter à
corpore distinctum , & actu , ab eo sepa-
rabile , & quod seorsim per se subsistere
potest, id in sacris litteris , plurimis in
locis , nobis est revelatum. Atque ita, quod
per naturam dubium quibusdam esse potest , per divinam in sacris revelationem
nobis jam est indubitatum.

V.

Nec obstat, quod de corpore dubitare, de mente vero dubitare nequaquam, possimus. Hoc enim illud tantum probat, quod, quamdiu de corpore dubitamus, illam ejus modum dicere non possimus.

VI.

Mens humana, quamvis sit substantia à corpore realiter distincta, in omnibus tamen actionibus, quamdiu est in corpore, est organica. Atque ideò, pro varia corporis dispositione, cogitationes mentis sunt variæ.

VII.

Cum hæc sit naturæ, à corpore, & corporis dispositione, diversæ, nec ab hac oriri queat, ea est incorruptibilis.

VIII.

Cumque ea nullas partes, nec ullam extensionem in conceptu suo habeat, frustra quæritur, an sit tota in toto, & in singulis partibus tota.

IX.

Cum mens æque ab imaginariis, atque à veris affici queat, hinc per naturam dubium est, an ulla corpora à nobis revera percipiantur. Verum, etiam hoc dubium tollit divina in sacris revelatio, qua indubitatum est, Deum cœlum & terram, & omnia, quæ iis continentur, creasse, & etiamnum conservare.

X.

Vinculum , quo anima cum corpore conjuncta manet , eft lex immutabilitatis naturæ, qua unumquodque manet in eo ftatu , in quo eft, donec inde ab alio deturbetur.

XI.

Cum fit fubftantia , & in generatiore nova producatur , rectiffime fentire videntur ii , qui animam rationalem , per immediatam creationem , à Deo , in generatione, produci volunt.

XII.

Mens non indiget ideis , vel notionibus , vel axiomatis innatis : fed fola ejus facultas cogitandi , ipfi , ad actiones fuas peragendas , fufficit.

XIII.

Atque ideo omnes communes notiones, menti infculptæ , ex rerum obfervatione vel traditione originem ducunt.

XIV.

Imo ipfa idea Dei , menti infita eft , vel ex divina revelatione , vel traditione , vel rerum obfervatione.

XV.

Conceptus nofter de Deo , five idea Dei , in mente noftra exiftens , non eft fatis validum argumentum ad exiftentiam Dei probandam. Cum non omnia exif_ tant , quorum conceptus in nobis obfe vantur ; atque hæc idea , utpote à nobis concepta , idque imperfectè, non magis quam cujusvis alius rei conceptus , vires noſtras cogitandi proprias ſuperet.

XVI.

Cogitatio mentis eſt duplex :. intellectus & voluntas.

XVII.

Intellectus eſt perceptio & judicium.

XVIII.

Perceptio eſt ſenſus , reminiſcentia , & imaginatio.

X. I X.

Omnis ſenſus eſt perceptio alicujus motûs corporei ; quæ nullas ſpecies intentionales deſiderat :. iſque fit , non in externis ſenſoriis ; ſed ſolo cerebro.

XX.

Voluntas eſt libera , & ad oppoſita , in naturalibus , indifferens , ut ipſa nobis teſtatur conſcientia.

XXI.

Hæc ſeipſam determinat ; nec cœca eſt dicenda , ut viſus non dicendus ſurdus.

Nulli facilius ad magnam pietatis famam perueniunt quam ſuperſtitioſi & hypocritæ.

Sequitur

Sequitur examen Programmatis.

Ad titulum nota.

Adverto *in titulo*, non nudas assertiones de anima rationali, sed ejus explicationem promitti; adeo ut credere debeamus, omnes rationes, vel saltem præcipuas, quas auctor habuit, ad ea, quæ proposuit, non tantum probanda, sed etiam explicanda, in hoc programmate contineri: nullasque alias ab ipso esse expectandas. Quod autem *animam rationalem* nomine *mentis humanæ* appellet; laudo: sic enim vitat æquivocationem, quæ est in voce animæ, atque me hac in re imitatur.

Ad singulos articulos nota.

In articulo primo, videtur velle istam animam rationalem *definire*, sed imperfectè: genus enim omittit, quod nempe sit substantia, vel modus, vel quid aliud; solamque exponit differentiam, quam à me mutuatus est: nemo enim ante me, quod sciam, illam in sola cogitatione, sive cogitandi facultate, ac jinterno principio (supple ad cogitandum) consistere asseruit.

In articulo secundo, incipit inquirere in ejus genus; dicitque, *videri rerum naturam pati ut mens humana poſſit eſſe vel ſubſtantia, vel quidam ſubſtantiæ corporeæ modus.*

Quæ aſſertio contradictionem involvit, non minorem, quam ſi dixiſſet, rerum naturam pati, ut mons poſſit eſſe vel ſine valle vel cum valle. Quippe diſtinguendum eſt inter illa, quæ ex natura ſua poſſunt mutari ; ut quod jam ſcribam vel non ſcribam, quod aliquis ſit prudens, alius imprudens ; & illa, quæ nunquam mutantur, qualia ſunt omnia quæ ad alicujus rei eſſentiam pertinent, ut apud Philoſophos eſt in confeſſo. Et quidem non dubium eſt, quin de contingentibus dici poſſit rerum naturam pati, ut illa vel uno, vel alio modo ſe habeant, exempli cauſa, ut jam ſcribam, vel non ſcribam ; ſed cum agitur de alicujus rei eſſentia, planè ineptum eſt & contradictorium, dicere, rerum naturam pati ut ſe habeat aliquo alio modo quam revera ſe habet ; atque non magis pertinet ad naturam montis ut non ſit ſine valle, quam ad naturam mentis humanæ ut ſit id quod eſt, nempe ut ſit ſubſtantia, ſi eſt ſubſtantia, vel certè ut ſit rei corporeæ modus, ſiquidem eſt talis modus ; quod hic *noſter* conatur perſuadere, atque ad iſtud probandum ſubjungit hæc verba, *vel ſi nonnullos alios philoſophantes ſequamur, &c.* ubi per *alios philoſophantes me* apertè deſignat ;

primus enim sum, qui cogitationem tanquam præcipuum attributum substantiæ incorporeæ, & extensionem tanquam præcipuum corporeæ, consideravi. Sed non dixi, attributa illa iis inesse tanquam subjectis à se diversis : cavendumque est, ne per *attributum* nihil hic aliud intelligamus quam modum : nam quicquid alicui rei à natura tributum esse cognoscimus, sive sit modus qui possit mutari, sive ipsamet istius rei plane immutabilis essentia, id vocamus ejus *attributum*. Sic multa in Deo sunt attributa, non autem modi. Sic unum ex attributis cujuslibet substantiæ est, quod per se subsistat. Sic extensio alicujus corporis modos quidem in se varios potest admittere, nam alius est ejus modus si corpus illud sit sphæricum, alius si sit quadratum : verum ipsa extensio, quæ est modorum illorum subjectum, in se spectata, non est substantiæ corporeæ modus, sed attributum, quod ejus essentiam naturamque constituit. Sic denique cogitationis modi varii sunt ; nam affirmare alius est cogitandi modus quam negare, & sic de cæteris ; verum ipsa cogitatio, ut est internum principium, ex quo modi illi exurgunt, & qui insunt, non concipitur ut modus, sed ut attributum, quod constituit naturam alicujus substantiæ, quæ an sit corporea an vero incorporea , hic quæritur.

Addit , *ista attributa non esse opposita, sed diversa*, quibus in verbis rursus contradictio est : cum enim agitur de attributis aliquarum substantiarum essentiam constituentibus , nulla major inter illa oppositio esse potest , quam , quod sint diversa ; & cum fatetur, hoc esse diversum ab illo, idem est ac si diceret, hoc non esse illud; esse autem & non esse contraria sunt. *Cum,* inquit., *non sint opposita , sed diversa , nihil obstat quominus mens possit esse attributum quoddam eidem subjecto cum extensione conveniens , quamvis unum in alterius conceptu non comprehendatur.* Quibus in verbis , manifestus est paralogismus : concludit enim de quibuslibet attributis , id, quod non nisi de modis propriè dictis verum esse potest , & tamen nullibi probat , mentem sive cogitationis internum principium esse talem modum ; sed è contra, non esse, ex ipsismet ejus verbis in *articulo* 5. positis, mox ostendam. De aliis autem attributis, quæ rerum naturas constituunt, dici non potest ea , quæ sunt diversa, & quorum neutrum in alterius conceptu contineatur, uni & eidem subjecto convenire ; idem enim est , ac si diceretur, unum & idem subjectum duas habere diversas naturas, quod implicat contradictionem , idem cum de simplici & non composito subjecto quæstio est , quemadmodum hoc in loco.

Sed *tria* hic advertenda sunt , quæ si bene intellecta essent ab hoc scriptore , nunquam in tam manifestos errores incidisset.

Primum est , ad rationem modi pertinere , ut quamvis substantiam sine illo facile intelligamus , non possimus tamen vice versa modum claré intelligere , nisi simul concipiamus substantiam cujus est modus, ut in I. *parte principiorum art.* 61. explicui , atque in hoc omnes Philosophi consentiunt : *nostram* autem non attendisse ad hanc regulam, ex ejus *articulo quinto* fit fit manifestum; ibi enim fatetur , nos posse de corporis existentia dubitare , cum interim de mentis existentia non dubitamus: unde sequitur, mentem posse à nobis sine corpore intelligi , ac proinde non esse ejus modum.

Alterum, quod hic notari velim, est differentia inter entia simplicia & composita; quippe compositum illud est , in quo reperiuntur duo vel plura attributa , quorum utrumque sine alio potest distincté intelligi : ex hoc enim , quod unum sine alio sic intelligatur, cognoscitur non esse ejusmodus, sed res vel attributum rei, quæ potest absque illo subsistere : ens autem simplex illud est , in quo talia attributa non inveniuntur. Unde patet, illud subjectum, in quo solam extensionem cum variis extensionis modis iutelligin.us, esse ens simplex : ut etiam subjectum, in quo solam cogitationem cum variis cogitationum modis agnoscimus; illud autem, in quo extensionem & cogitationem simul consideramus, esse compositum, hominem scilicet, constantem anima & corpore, quem videtur *auctor noster* pro solo corpore, cujus mens. sit modus, hic sumpsisse.

:- *Denique* hic notandum, in subjectis, ex pluribus substantiis compositis, sæpè unam esse præcipuam, quæ à nobis ita consideratur, ut quod ei ex reliquis adjungimus nihil aliud sit quam modus : sic homo vestitus considerari potest, ut quid compositum ex homine & vestibus; sed vestitum esse, respectu hominis est tantum modus, quamvis veftimenta sint substantiæ. Eodemque modo, potuit *auctor noster* in homine, qui ex anima & corpore est compositus, considerare corpus tanquam præcipuum quid, ratione cujus, animatum. esse vel cogitationem habere, nihil aliud est quam modus : sed ineptum est inde inferre, ipsam animam, sive id per quod corpus cogitat, non esse substantiam à corpore diversam.

Conatur autem, quæ dixit, confirmare hoc Syllogismo : *Quicquid possumus conci-*

pere, id potest esse : atqui ut mens aliquid ho-
rum sit (nempe substantia, vel modus corporeæ substantiæ) *concipi potest : nam nul-*
lum horum implicat contradictionem. Ergo,
&c. Ubi notandum est, hanc regulam,
quicquid possumus concipere, id potest esse,
quamvis mea sit, & vera, quoties agitur
de claro, & distincto conceptu, in quo rei
possibilitas continetur, quia Deus potest
omnia efficere, quæ nos possibilia esse clarè percipimus ; non esse tamen temerè
usurpandam, quia facile sit, ut quis putet
se aliquam rem rectè intelligere, quam tamen præjudicio aliquo excæcatus non intelligit. Atque hoc contingit *huic auctori,*
cum negat implicare contradictionem, ut
una & eadem res habeat alterutram è duabus naturis plane diversis, nempe, ut sit
substantia, vel modus. Si tantum dixisset,
nullas se percipere rationes, propter quas
mens humana credi debeat substantia incorporea potius quam substantiæ corporeæ
modus, posset ejus ignorantia excusari ; si
vero dixisset, nullas ab humano ingenio
posse inveniri rationes, quibus unum potius quam aliud probetur, arrogantia quidem esset culpanda, sed non appareret
contradictio in ejus verbis ; cum autem
dicit, rerum naturam pati, ut idem sit
substantia, vel modus, omnino pugnantia
loquitur, & absurditatem ingenii sui ostendit.   M m iiij

In articulo tertio, fuum de *me* judicium profert. *Ego* enim fum , qui fcripfi mentem humanam clarè &·diftinctè poffe percipi ut fubftantiam à fubftantia corporea divifam , *nofter* autem , quamvis non aliis nitatur rationibus quam iftis contradictionem involventibus , quas in articulo præcedenti explicuit·, me errare pronunciat. Sed hoc non moror. Nec examino verba, *neceffario* , *five actu* , quæ nonnihil ambiguitatis continent ; non enim funt magni momenti.

Nolo etiam examinare , quæ in *articulo quarto* de facris litteris habentur , ne videar mihi jus arrogare de alterius religione inquirendi. Sed dicam tantum , tria genera quæftionum effe hîc diftinguenda ; quædam enim fola fide creduntur , quales funt de myfterio Incarnationis , de Trinitate , & fimilibus ; aliæ vero , quamvis ad fidem pertineant , ratione tamen naturali quæri etiam poffunt , inter quas Dei exiftentia & humanæ animæ à corpore diftincto folent ab Orthodoxis Theologis recenferi ; ac denique aliæ funt , quæ nullo modo ad fidem , fed ad folum ratiocinium humanum fpectant , ut de quadratura circuli , de auro arte Chymica faciendo , & fimilibus. Atque ut illi facræ fcripturæ verbis abutuntur , qui ex iis malè explicatis has ultimas elicere fe putant :

ita etiam ejus auctoritati derogant, qui
priores argumentis à sola Philosophia pe-
titis demonstrandas suscipiunt : sed tamen
omnes Theologi contendunt esse osten-
dendum , ipsas lumini naturali non adversari , atque in hoc præcipuum suum
studium ponunt ; medias autem non modo
lumini naturali non adversari arbitrantur,
sed etiam hortantur Philosophos , ut ipsas
rationibus humanis pro viribus demon-
strent. Neminem autem unquam vidi, qui
affirmaret , rerum naturam pati , ut res aliqua aliter se habeat quam docet sacra scriptura, nisi vellet indirectè ostendere , se
scripturæ illi fidem non habere. Cum enim
prius nati simus homines quam facti Chri-
stiani, non credibile est aliquem amplecti
serió eas opiniones , quas rectæ rationi,
quæ hominem constituit , contrarias putat,
ut fidei per quam est Christianus adhæreat. Sed forté etiam *auctor noster* hoc non
dicit : verba enim ejus sunt *per naturam*
dubium quibusdam esse posse , quod per divi-
nam in sacris revelationem nobis jam est in-
dubitatum , in quibus duplicem contradictionem invenio : primam in eo, quod unius
& ejusdem rei essentiam , quam repugnat
non eandem semper munere , (quia si supponatur alia fieri, hoc ipso erit alia res,
& alio nomine indigitanda / supponat esse,
per naturam, dubiam , ac proinde muta-

bilem : aliam in verbo *quibufdam* ; quia , cum omnium eadem fit natura , quod non nifi quibufdam dubium effe poteft, non eft per naturam dubium.

Articulus quintus referendus eft ad fecundum potiùs quam ad quartum : neque enim in eo agit *auctor* de revelatione divina, fed de natura mentis, an fit fubftantia vel modus : atque ut probet, defendi poffe, illam nihil aliud effe quam modum, conatur folvere objectionem ex meis fcriptis defumptam. Quippe fcripfi nos non poffe dubitare, quin mens noftra exiftat, quia, ex hoc ipfo quod dubitemus, fequitur illam exiftere ; fed interim nos poffe dubitare, an ulla corpora exiftant ; unde collegi & demonftravi, illam à nobis claré percipi, ut rem exiftentem, five, ut fubftantiam, quamvis nullum planè corpus concipiamus, ac etiam negemus, ulla corpora exiftere, ac proinde mentis conceptum non involvere in fe ullum conceptum corporis: quod argumentum putat fe difflare, cum ait, *illud tantùm probare, quod quamdiu de corpore dubitamus, mentem ejus modum dicere non poffimus.* Ubi oftendit, fe planè ignorare, quid fit quod à Philofophis vocatur *modus* : in eo enim confiftit natura modi, quod nullo pacto poffit intelligi, quin conceptum rei cujus eft modus in conceptu fuo involvat,

ut jam supra explicui ; *noster* au‑
tem fatetur , mentem posse aliquan‑
do intelligi sine corpore, quando sci‑
licet de corpore dubitatur , unde se‑
quitur illam tunc saltem dici non posse
ejus modum ; atque , quod aliquando
verum est de alicujus rei essentia vel na‑
tura , semper est verum ; sed nihilominus
affirmat, *rerum naturam pati , ut mens sit
tantum corporis modus :* quæ duo manifestè
contradictoria sunt.

In articulo sexto , quid sibi velit , non
capio : memini quidem audivisse in scho‑
lis , *animam esse actum corporis organici ;* sed
ipsam dici *organicam ,* nunquam ante hanc
diem audivi. Atque ideo ab *auctore nostro*
veniam peto, ut, quia nihil hîc certi ha‑
beo quod scribam , meas conjecturas, non
tanquam rem veram , sed tanquam con‑
jecturas duntaxat, exponam. Duo inter se
pugnantia mihi videor advertere ; quorum
unum est, quod mens humana sit substan‑
tia realiter à corpore distincta , hocque
apertè quidem dicit *auctor*, sed rationibus,
quantum potest , dissuadet , soliusque sa‑
cræ scripturæ auctoritate probari posse ,
contendit ; aliud est , eandem illam men‑
tem humanam in omnibus suis actionibus
esse *organicam* sive instrumentalem , quæ
scilicet per se nihil agat , sed qua corpus
utatur , tanquam membrorum suorum

conformatione, aliifque corporeis modis; atque ita, non quidem expreſſis verbis, ſed re ipſa affirmat, *mentem nihil aliud eſſe quam corporis modum*, ut etiam ad hoc unum probandum omnium rationum ſuarum aciem inſtruxit. Quæ duo tam manifeſtè contraria ſunt, ut non putem *auctorem* velle utrumque ſimul à lectoribus credi, ſed ea de induſtria ſic inter ſe miſcuiſſe, ut ſimplicioribus quidem ſuiſque Theologis ſcripturæ auctoritate aliquo modo ſatisfaciat, ſed interim naſutiores agnoſcant, illum, cum ait, *mentem eſſe à corpore diſtinctam*, ironia uti, atque omnino in ea eſſe opinione, quod nihil ſit quam・modus.

In ſeptimo etiam & *octavo articulo* videtur tantum ironia uti. Atque retinet idem Socraticum ſchema *in poſteriore parte articuli noni*. Sed *in priori* rationem aſſertioni ſuæ adjungit, ideoque illum ibi ſerio agere credendum eſſe videtur. Nempe, docet per naturam dubium eſſe, an ulla corpora à nobis revera percipiantur, rationemque affert, *quia mens æque ab imaginariis atque à veris affici poteſt*. Quæ ratio, ut vera ſit, ſupponendum eſt, nos nullo intellectu propriè dicto poſſe uti, ſed eâ tantum facultate, quæ ſenſus communis vocari ſolet : in qua ſcilicet rerum tam verarum quam imaginariarum ſpecies recipiuntur ut mentem afficiant, & quam ipfis brutis Philofophi vulgò concedunt. Sed farè, qui habent intellectum , nec facti funt tanquam equus & mulus , etiamfi non à folis rerum verarum imaginibus afficiantur, fed etiam ab iis, quæ in eorum cerebro aliis ex caufis occurrunt, ut contingit in fomnis, unas tamen ab aliis rationis lumine clariffime dignofcunt. Et , quia via id rectè ac tuto fiat, tam accuratè *in meis fcriptis* explicui, ut neminem, qui ea perlegit, & intelligendi eft capax, fcepticum effe poffe confidam.

In decimo & undecimo articulo, licet etiam ironiam fufpicari: atque, fi anima credatur effe fubftantia, ridiculum eft & ineptum dicere ; *vinculum, quo ipfa manet cum corpore conjuncta , effe legem immutabilitatis naturæ , qua unumquodque manet in eo ftatu, in quo eft :* æque enim , quæ disjuncta funt , ac conjuncta , manent in eodem ftatu, quamdiù nihil eorum ftatum mutat, quod hîc non quæritur ; fed , quomodo fiat, ut mens fit córpori conjuncta, non autem ab eo disjuncta ? Si autem anima fupponatur effe modus corporis, rectè dicitur , non aliud quærendum effe vinculum, quo ei jungatur, quam quod maneat in eo ftatu in quo eft, quia nullus alius eft modorum ftatus, quam quod infint rebus quorum funt modi.

In articulo 11. Non videtur nisi solis verbis à me dissentire : cum enim ait, mentem non indigere ideis, vel notionibus, vel axiomatis innatis, & interim, ei facultatem cogitandi concedit (puta naturalem sive innatam) re affirmat plane idem, quod ego, sed verbo negat. Non enim unquam scripsi vel judicavi mentem indigere ideis innatis, quæ sint aliquid diversum ab ejus facultate cogitandi ; sed cum adverterem, quasdam in me esse cogitationes, quæ non objectis externis, nec à voluntatis meæ determinatione procedebant, sed à sola cogitandi facultate, quæ in me est, ut ideas sive notiones, quæ sunt istarum cogitationum formæ, ab aliis adventitiis aut factis distinguerem, illas innatas vocavi : eodem sensu, quo dicimus, generositatem esse quibusdam familiis innatam, aliis verò quosdam morbos, ut podagram, vel calculum, non quod ideo istarum familiarum infantes morbis istis in utero matris laborent, sed quod nascantur cum quadam dispositione sive facultate ad illos contrahendos.

Egregiam vero consequentiam *in articulo* 13. ex præcedenti deducit. *Ideo,* inquit (quod mens, scilicet, non indigeat ideis innatis, sed sola facultas cogitandi ei sufficiat,) *omnes communes notiones menti insculptæ, ex rerum observatione, vel traditione*

originem ducunt : tanquam , si facultas cogitandi nihil possit per se præstare , nihilque unquam percipiat vel cogitet,nisi quod
accipit à rerum observatione vel traditione , hoc est , à sensibus. Quod adeo falsum est , ut è contra , quisquis rectè advertit, quo usque sersus nostri se exten-
dant, & quidnam sit præcisè , quod ab
illis ad nostram cogitandi facultatem potest pervenire , debeat fateri , nullarum
rerum ideas, quales eas cogitatione for-
mamus, nobis ab illis exhiberi : adeo ut
nihil sit in nostris ideis, quod menti , sive
cogitandi facultati, non fuerit innatum ,
solis. iis circumstantiis exceptis , quæ ad
experientiam spectant , quod nempè judicemus, has vel illas ideas , quas nunc
habemus cogitationi nostræ præsentes , ad
res quasdam extra nos positas referri , non
quia istæ res illas ipsas nostræ menti per
organa sensuum immiserunt ; sed quia tamen aliquid immiserunt , quod ei dedit
occasionem ad ipsas, per innatam sibi facultatem, hoc tempore potius quam alio,
efformandas. Quippe nihil ab objectis externis ad mentem nostram per organa sensuum accedit , præter motus quosdam corporeos ; ut ipsemet *auctor noster in art.* 19.
ex meis principiis affirmat ; sed ne quidem ipsi motus, nec figuræ ex iis ortæ, à
nobis concipiuntur, quales in organis sen-

fuum fiunt, ut fusè in *Dioptrica* explicui ; unde fequitur, ipfas motuum & figurarum ideas nobis effe innatas : ac tantò magis innatæ effe debent ideæ doloris, colorum, fonorum, & fimilium, ut mens noftra poffit occafione quorundam motuum corporeorum, fibi eas exhibere : nullam enim fimilitudinem cum motibus corporeis habent. Quid autem magis abfurdum fingi poteft, quam quod omnes communes notiones quæ menti noftræ infunt, ab iftis motibus oriantur, & fine illis effe non poffint. Vellem *nofter*, me doceret, quifnam ille fit corporeus motus, qui poteft in mente noftra formare aliquam communem notionem, exempli caufa, *quod quæ eadem funt uni tertio, fint eadem inter fe*, vel quamvis aliam : omnes enim ifti motus funt particulares, notiones vero illæ univerfales, & nullam cum motibus affinitatem, nullamve ad ipfos relationem habentes.

Pergit tamen in *articulo* 14. affirmare ipfam ideam Dei, quæ in nobis eft, non à noftra cogitandi facultate, cui fit innata, *fed ex divina revelatione, vel traditione, vel rerum obfervatione effe* : cujus affertionis errorem faciliùs agnofcemus, fi confideremus aliquid dici poffe ex alio effe, vel quia hoc aliud eft caufa ejus proxima & primaria, fine qua effe non

poteft

poteſt, vel quia eſt remota & accidentaria duntaxat, quæ nempè dat occaſionem
primariæ, producendi ſuum effectum uno
tempore potius quam alio. Sic artifices
omnes ſunt operum ſuorum cauſæ primariæ & proximæ; qui verò jubent, vel mer-
cedem promittunt, ut illa faciant, ſunt
accidentariæ & remotæ, quia fortaſſe niſi
juſſi non facerent. Non autem dubium eſt,
quin traditio vel rerum obſervatio ſæpè ſit
cauſa remota, nos invitans, ut ad ideā, quam
habere poſſumus de Deo, attendamus,
illamque cogitationi noſtræ præſentem ex-
hibeamus. Quod autem ſit cauſa proxima
iſtius ideæ effectrix, à nemine dici poteſt,
niſi ab eo qui putat nihil à nobis de Deo
unquam intelligi, niſi quale ſit hoc nomen, *Deus*, vel qualis ſit figura corporea
quæ nobis ad repræſentandum Deum à
pictoribus exhibetur. Quippe obſervatio,
ſi fiat per viſum, nihil propria ſua vi menti
exhibet præter picturas, & quidem picturas ex ſola motuum quorundam corporeorum varietate conſtantes, ut ipſe *auctor no-*
ſter docet: ſi per auditum, nihil præter verba & voces: ſi verò per alios ſenſus, nihil in ea habetur quod referri poſſit ad
Deum. Et ſanè, quod viſus nihil præter
picturas, nec auditus præter voces vel ſo-
nos, propriè, ac per ſe exhibeat, unicuique eſt manifeſtum; adeo ut illa omnia

quæ præter iftas voces vel picturas cogi-
tamus tanquam earum fignificata , nobis
repræfententur per ideas non aliunde ad-
venientes quam à noftra cogitandi facultate , ac proinde cum illa nobis innatas ,
hoc eft , potentia nobis femper exiftentes:
effe enim in aliqua facultate , non eft effe
actu , fed potentia duntaxat , quia ipfum
nomen facultatis nihil aliud quam potentiam defignat. Quod verò de Deo nihil
præter nomen vel effigiem corpoream
poffimus cognofcere , nemo poteft affirmare , nifi qui fe apertè atheum , atque etiam
omni intellectu deftitutum , fateatur.

Poftquam *auctor nofter* iftam fuam de
Deo opinionem expofuit , refutat *in articulo* 15. argumenta omnia , quibus Dei exiftentiam demonftravi. Ubi fanè mirari fu-
bit hominis confidentiam , quod tam facilè,
tam paucis verbis, putet fe omnia poffe
evertere , quæ ego longa & attenta medi-
tatione compofui, libròque integro explicui. Sed nempè omnes rationes , quas ad
hoc attuli , ad *duas* referuntur : *Prima* eft,
quod oftenderim nos habere Dei notitiam,
five ideam , quæ talis eft , ut , cum ad eam
fatis attendimus , & , eo modò quo explicui , rem perpendimus , ex fola ejus confi-
deratione cognofcamus , fieri non poffe,
quin Deus exiftat , quoniam exiftentia, non
poffibilis duntaxat vel contingens , quem-

admodum in aliarum omnium rerum ideis,
sed omninò necessaria & actualis, in ejus
conceptu continetur. Hanc autem rationem, quam pro certa & evidenti demon-
stratione non ego solus habeo, sed habent
etiam alii plures, iique doctrina & ingenio supra cæteros eminentes, qui eam cum
cura examinarunt, hanc, inquam, *auctor Pro-*
grammatis sic refutat. *Conceptus noster de*
Deo, sive idea Dei in mente nostra existens,
non est satis validum argumentum ad exis-
tentiam Dei probandam, cum non omnia exi-
stant, quarum conceptus in nobis observatur.
Quibus verbis ostendit, se mea quidem
scripta legisse, sed ea nullo modo intelligere, vel potuisse, vel voluisse : non enim
vis mei argumenti desumitur ab idea in
genere sumpta, sed à peculiari ejus pro-
prietate, quæ in idea, quam habemus de
Deo, evidentissima est, atque in nullis aliarum rerum conceptibus potest reperiri :
nempe ab existentiæ necessitate, quæ requiritur ad cumulum perfectionum, sine
quo Deum intelligere non possumus. *Aliud*
argumentum, quo demonstravi Deum esse,
ex eo desumpsi, quod evidenter proba-
verim, nos non habituros fuisse facultatem, ad omnes eas perfectiores, quas in
Deo cognoscimus, intelligendas, nisi verum esset, Deum existere, nosque ab illo
esse creatos. Quod putat *noster* se abundè

diſſolvere, dicendo *ideam, quam habemus
de Deo, non magis quam cujuſvis alterius rei
conceptum vires noſtras cogitandi proprias ſu-
perare:* quibus verbis, ſi tantum intelligit,
eum, quem de Deo conceptum, ſine gratiæ ſupernaturalis auxilio, habemus, non
minus eſſe naturalem, quam ſint reliqui
omnes quos habemus de aliis rebus, mecum ſentit, ſed nihil inde contra me colligi poteſt; ſi verò exiſtimat, in illo conceptu non plures perfectiones objectivas
involvi quam in omnibus aliis ſimul ſum-
ptis, aperte errat; ego autem ab hoc ſolo
perfectionum exceſſu, quo noſter de Deo
conceptus alios ſuperat, argumentum
meum deſumpſi.

In ſex reliquis articulis, nihil habet notatu
dignum, niſi quod, cum velit animæ proprietates diſtinguere, confuſè admodum
& impropriè de iis loquatur. Quippe ego
dixi, eas omnes referri ad duas præcipuas,
quarum una eſt perceptio intellectus, alia
vero determinatio voluntatis, quas *noſter*
vocat, *intellectum & voluntatem*; ac deinde
illud quod vocavit *intellectum*, dividit in
perceptionem & judicium; qua in re à me
diſſentit: ego enim cum viderem, præter perceptionem, quæ prærequiritur ut
judicemus, opus eſſe affirmatione vel
negatione, ad formam judicii conſtituen-
dam, nobiſque ſæpè eſſe liberum ut cohi-

beamus affentionem, etiamfi rem percipiamus, ipfum actum judicandi, qui non
nifi in affenfu, hoc eft', in affirmatione
vel negatione confiftit, non retuli ad perceptionem intellectus, fed ad determinationem voluntatis. Poftea inter fpecies per-
ceptionis non enumerat nifi *fenfum*, *remi-*
nifcentiam, *& imaginationem* : unde colligi
poteft, cum nullam intellectionem puram,
hoc eft, intellectionem quæ circa nullas imagines corporeas verfetur, admittere ; ac proinde ipfum fentire, nullam de
Deo, nec de mente humana, vel aliis
incorporeis rebus cognitionem haberi : cujus rei non aliam caufam poffum fufpicari,
quam quod eæ, quas habet de illis rebus
cogitationes, fint tam confufæ, ut nullam
unquam puram, & ab omni corporea imagine diverfam, in fe animadvertat.

In fine denique addidit hæc verba ex
meo aliquo fcripto defumpta, *nulli faci-*
lius ad magnam pietatis Famam perveniunt
quam fuperftitiofi & hypocrita. Quibus quid
fignificare velit non video, nifi forte refe-
rat ad hypocrifim ; quod ufus fit ironia
multis in locis : fed non puto illum ifta
via poffe ad magnam pietatis famam pervenire.

Cæterum cogor hic fateri, me pudore
fuffundi, quod antehac iftum *auctorem*,
tanquam perfpicaciffimi ingenii virum lau-

darim, atque alicubi fcripferim, me non putare ullas ab ipfo doceri opiniones, quas nollem pro meis agnofcere. Sed nempe quando ifta fcribebam, nullum adhuc videram ejus fpecimen, in quo fidus exfcriptor non fuiffet, nifi tantum femel in verbulo uno, quod illi tam male cefferat, ut fperarem nihil tale amplius effe aufurum ; & quia videbam ipfum in reliquis magno cum affectu opiniones amplecti, quas veriffimas arbitrabar, id ejus ingenio & perfpicacitati tribuebam. Nunc autem multiplex experientia cogit me, ut exiftimem, non tam amore veritatis eum teneri, quam novitatis ; atque quoniam omnia, quæ ab aliis didicit pro antiquis & obfoletis habet, nihilque fatis novum ei videtur, nifi quod ex proprio cerebro extundit ; eft autem adeo infelix in fuis inventis, ut nullum unquam verbum in ejus fcriptis notaverim (quod ex aliis non exfcripfiffet) in quo non aliquem errorem contineri judicarem. Monere debeo illos omnes, qui meas opiniones ab eo defendi perfuadent, nullas effe non modo in *Metaphyficis*, in quibus aperte mihi adverfatur, fed etiam in *Phyficis*, de quibus alicubi in fuis fcriptis agit, quas non male proponat & corrumpat. Adeo ut magis indigner, quod talis *doctor* fcripta mea pertractet, atque interpretanda five interpo-

landa fufcipiat, quam quod alii nonnulli
fumma cum acerbitate ipfa impugnent.

Quippe neminem ex acerbis iftis adhuc
vidi, qui non mihi tribueret opiniones à
meis toto cœlo diverfas, atque adeo ab-
furdas & ineptas, ut non verear, ne ullis
cordatis viris poffit perfuaderi meas effe.
Sic eo ipfo tempore, quo hæc fcribo, mihi
adhuc afferuntur duo novi libelli ab aliquo hujus generis adverfario confcripti,
in quorum priore habetur, *effe Neotericos
nonnullos, qui certam omnem fidem fenfibus
abrogent, & Philofophos Deum negare, &
de ejus exiftentia dubitare poffe contendunt,
qui infitas interim à natura humanæ menti
de Deo notitias actuales, fpecies & ideas admittunt.* Dicitur autem in altero, *Neotericos iftos audacter pronuntiare, Deum non
modo negativè, fed & pofitivè fui caufam
efficientem dici debere.* Atque in utroque li-
bello nihil aliud agitur, quam quod argumenta multa congerantur, ad probandum,
primo nos nullam Dei cognitionem *actualem* in utero matris habuiffe, ac proinde
*nullam de Deo actualem fpeciem & ideam
menti noftræ ingenitam :* fecundo, *non oportere Deum negare,* atque *illos atheos & legi-
bus puniendos qui eum negant :* tertio demi-
que Deum non effe caufam *efficientem* fui
ipfius. Quæ omnia poffem quidem fuppo-
nere contra me non fcribi, quia nomen

meum in iftis libellis non habetur , & nulla
eft opinionum , quæ in iis impugnantur,
quam non planè abfurdam & falfam putem. Sed tamen, quia non diffimiles funt
iis quæ jam fæpe ab aliis ejufdem ordi-
nis hominibus mihi per calumniam fuerunt imputatæ, nullique alii agnofcuntur
quibus eæ tribui poffint, ac denique quia
multi non dubitant , quin ego ille fim,
contra quem ifti libelli fcripti funt ; mo-
nebo hic , ex occafione , earum auctorem,
primo , per ideas innatas me nihil unquam
intellexiffe, nifi quod ipfemet in pag. 6.
fui pofterioris libelli verum effe expreffis
verbis affirmat , nempe, *nobis à natura*
ineffe potentiam qua Deum cognofcere poffu-
mus , quod autem iftæ ideæ fint *actuales* ,
vel quod fint fpecies nefcio quæ à cogitandi facultate diverfæ , nec unquam fcripfiffe nec cogitaffe : imo etiam me magis
quam quenquam alium ab ifta fupervacua
entitatum fcholafticarum fupellectile effe
alienum , adeo ut à rifu abftinere non po-
tuerim, cum vidi magnam illam cater-
vam , quam vir fortaffe minime malus,
laboriosè collegit ad probandum , *infantes*
non habere notitiam Dei actualem quandiu
funt in utero matris , tanquam fi me hoc pacto egregie impugnaret. *Secundo* , me nunquam etiam docuiffe, *Deum effe negandum,*
vel ipfum nos poffe decipere vel de omnibus

effe

esse dubitandum, vel fidem omnem sensibus abrogandam, vel somnum à vigilia non distinguendum, vel similia, quæ à calumniatoribus imperitis aliquando mihi objecta funt ; sed omnia ista expressissimis verbis rejecisse, validissimisque argumentis, imò etiam ausim addere validioribus quam ab ullo ante me refutata fuerint refutasse : quod ut commodius & efficacius præstarem, proposui, initio *meditationum* mearum, ista omnia tanquam dubia, quæ non à me primum fuerunt inventa, sed à scepticis dudum decantata. Quid autem iniquius, quam tribuere alicui scriptori opiniones, quas eo fine tantum refert ut eas refutet ? Quid ineptius quam fingere, saltem illo tempore, quo istæ falsæ opiniones proponuntur & nondum refutantur, eas doceri ; atque ideo illum, qui refert atheorum argumenta, *esse atheum temporarium ?* Quid magis puerile quam dicere, si moriatur interim priusquam *speratam suam demonstrationem* scripserit vel invenerit, eum atheum moriturum, ipsumque in antecessum perniciosam doctrinam docuisse, *non autem esse facienda mala ut eveniant bona,* & talia. *Dicet fortè aliquis,* me istas falsas opiniones non retulisse tanquam aliorum, sed tanquam meas : verum quid hoc refert ; quandoquidem in eodem libro, in quo ipsas retuli, omnes refutavi

atque ex ipfo libri titulo potuit intelligi,
me ab iis credendis effe planè alienum,
quandoquidem in eo *demonftrationes de exiftentia Dei promittuntur.* Eftne aliquis adeo
ftolidus, ut exiftimet eum qui talem librum
componit, ignorare, dum primas ejus paginas exarat, quid in fequentibus demon-
ftrandum fufceperit ? objectiones autem
tanquam meas propofui, quia hoc exige-
bat ftylus meditationum, quem rationibus explicandis aptiffimum judicavi. Quæ
ratio, fi noftris cenforibus non fatisfacit,
velim fcire quid dicant de facris litteris,
cum quibus nulla humana fcripta funt com-
paranda, quando vident in iis nonnulla,
quæ non poffunt rectè intelligi nifi fuppo-
nantur tanquam ab impiis, vel faltem ab
aliis quam à Spiritu Sancto vel à Prophetis
dicta effe, qualia funt Eccl. cap. 1. hæc
verba : *nonne melius eft comedere & bibere, &
oftendere anima fuæ bona de laboribus fuis, &
hoc de manu Dei eft. Quis ita devorabit & deliciis affluet ut ego ?* & in capite fequenti:
*Dixi in corde meo de filiis hominum, ut pro-
baret eos Deus, & oftenderet fimiles effe
beftiis. Idcircò unus interitus eft hominis & jumentorum, & æqua utrifque conditio : ficut
moritur homo, fic & illa moriuntur, fimiliter
fpirant omnia, & nihil habet homo jumento
amplius, &c.* An credunt ibi Spiritum San-
ctum nos docere, ventri effe indulgen-

dum, & affluendum deliciis, animafque
noftras non magis effe immortales quam
jumentorum ? non puto eos ufque adeo
effe furiofos : fed neque debent etiam
calumniari, quod iis inter fcribendum non
ufus fim cautelis, quæ nunquam ab ullis
aliis fcriptoribus fuerunt obfervatæ, nec ab
ipfo quidem Spiritu Sancto.

Tertio denique moneo libellorum iftorum auctorem, me nunquam fcripfiffe,
*Deum non modo negativè, fed & pofitivè fui
caufam efficientem dici debere*, ut in pag. 8.
pofterioris fui libelli valde inconfideratè
affirmat. Quærat, legat, evolvat mea fcripta, nihil unquam fimile in illis reperiet,
fed omninò contrarium. Me verò à talibus opinionum portentis quam maximè
effe remotum notiffimum eft iis omnibus,
qui vel fcripta mea legerunt, vel aliquam
mei notitiam habent, vel faltem omninò
fatuum effe non putant. Atque idcircò
admodum miror, quis fit fcopus iftorum
calumniatorum. Nam fi volunt perfuadere
hominibus ea me fcripfiffe, quorum planè
contrarium in meis fcriptis reperitur, de-
berent prius curare ut omnia, quæ in lucem edidi, fupprimantur, nec non etiam,
ut ex eorum qui jam ea legerunt, me-
moria deleantur : quamdiu enim hoc non
faciunt, plus fibi nocent quam mihi. Miror etiam quod contra me, qui eos nun-

quam laceſſivi nihilque nocui ; ſed quibus
fortaſſe, ſi me irritarint, nocere poſſem,
tanta cum acerbitate ac tanto ſtudio inve-
hantur, interimque nihil agant contra
multos alios, qui eorum doctrinam libris
integris refutarunt, ipſoſque ut ſimplicios
& andabatas deriſerunt. Nolo tamen hîc
quicquam addere, quo revocem illos ab
inſtituto libellis me ſuis impugnandi : video libenter me tanti fieri ab ipſis, ſed
iis interim precor ſanitatem.

*Hæc ſcripta ſunt Egmondæ in Hollandia
circa finem Decembris Anno* 1647.

REMARQUES

DE RENE' DESCARTES,

Sur un certain Placart imprimé aux Pays-
Bas vers la fin de l'année 1647.
qui portoit ce titre :

*Explication de l'Esprit humain, ou de l'Ame
raisonnable, où il est montré ce qu'elle est
& ce qu'elle peut être.*

VERSION.

IL m'a été mis depuis peu de jours
deux livrets entre les mains, dans l'un
desquels on s'attaque ouvertement & directement à moy, & dans l'autre on ne
s'y attaque que couvertement & indirectement. Pour le premier, je ne m'en
tourmente pas beaucoup ; au contraire,
je rends graces à son Auteur, de ce que
ne l'ayant rempli que d'inutiles cavilla-
tions, & de calomnies si noires qu'elles
ne pourront être crües de personne, il
montre par là clairement qu'il n'a pû rien
trouver en mes écrits qu'il pût justement
reprendre ; & ainsi il en confirme mieux

la verité, que s'il les avoit publiquement
loüez, & cela aux dépens de sa réputation. Pour l'autre je m'en mets davantage en peine ; car bien qu'il ne contienne
rien qui s'adresse ouvertement à moy , &
qu'il paroisse sans aucun nom, ni de l'Auteur , ni de l'Imprimeur : toutefois, pource
qu'il contient des opinions que je juge être
très-pernicieuses & très-fausses , & qu'il
a eté imprimé en forme de Placart, afin
qu'il pût être commodément affiché aux
portes des Temples, & ainsi qu'il fût exposé à la vûë de tout le monde ; & aussi
pource que j'ai appris qu'il a déja été une
autrefois imprimé en une autre forme,
sous le nom d'un certain personnage qui
s'en dit l'Auteur, que la pluspart estiment
n'enseigner point d'autres opinions que
les miennes , je me trouve obligé d'en découvrir les erreurs, de peur qu'elles ne
me soient imputées par ceux qui n'ayant
pas lû mes écrits , pourront par hazard
jetter les yeux sur de telles affiches.

*Voici maintenant le Placart tel qu'il a paru
la derniere fois.*

EXPLICATION

De l'Esprit humain, ou de l'Ame raisonnable, où il est montré ce qu'elle est,
& ce qu'elle peut être.

Version.

ART. PREMIER.

L'Esprit humain, est ce parquoi les actions de la pensée sont immediatement exercées dans l'homme ; & il ne consiste précisément que dans ce principe interne, ou dans cette faculté que l'homme
a de penser.

II.

Pour ce qui est de la nature des choses, rien n'empêche, ce semble, que
l'esprit ne puisse être ou une substance,
ou un certain mode de la substance corporelle ; ou si nous voulons suivre le sentiment de quelques nouveaux Philosophes,
qui disent que l'étenduë & la pensée sont
des attributs qui sont en certaines substances, comme dans leurs propres sujets,
puisque ces attributs ne sont point opposez, mais seulement divers, je ne vois

pas que rien puiſſe empêcher que l'eſprit, ou la penſée, ne puiſſe être un attribut, qui convienne à un même ſujet
que l'étenduë, quoi que la notion de l'un
ne ſoit point compriſe dans la notion de
l'autre; dont la raiſon eſt, que tout ce
que nous pouvons concevoir peut auſſi
être; or eſt-il que l'on peut concevoir
que l'eſprit humain ſoit quelqu'une de ces
choſes, car il n'y a en cela aucune contradiction, & partant il en peut être quelqu'une.

III.

C'eſt pourquoi ceux-là ſe trompent,
qui ſoutiennent que nous concevons clairement & diſtinctement l'eſprit humain,
comme une choſe qui *actuellement* & par
neceſſité eſt diſtincte réellement du corps.

IV.

Mais maintenant, qu'il ſoit vrai que
l'eſprit humain ſoit en effet une ſubſtance,
ou un être diſtinct réellement du corps,
& qu'il en puiſſe être actuellement ſepa-
ré, & ſubſiſter de ſoi-même ſans luy,
cela nous eſt revelé en pluſieurs lieux de
la Sainte Ecriture; & ainſi, ce qui de ſa
nature peut être douteux pour quelques-
uns, (*au moins ſi nous ne nous contentons
pas d'une legere & morale connoiſſance des
choſes, mais ſi nous en voulons rechercher
exactement la verité*) nous eſt maintenant

devenu certain & indubitable, par la revelation qui nous en a été faite dans les
saintes lettres.

V.

Et cela ne fait rien de dire que nous
pouvons douter de l'existence du corps,
mais que nous ne pouvons aucunement
douter de celle de l'esprit ; car cela prouve seulement que pendant que nous doutons de l'existence du corps, nous ne pouvons pas alors dire que l'esprit en soit un
mode.

VI.

Quoi que l'esprit humain, ou l'ame raisonnable soit une substance distincte réellement du corps, neanmoins pendant
qu'elle est dans le corps, elle est organique en toutes ses actions ; c'est pourquoi
selon les diverses dispositions du corps,
les pensées de l'ame sont aussi diverses.

VII.

Comme elle est d'une nature differente du corps, & de ses diverses dispositions, dont elle ne peut tirer son origine,
elle est incorruptible.

VIII.

Et comme la notion que nous en avons,
ne nous fait concevoir en elle aucunes
parties, ni aucune étenduë ; c'est en vain
que l'on demande, si elle est toute entiere dans le tout, & toute entiere dans
chaque partie.

IX.

Comme les chofes qui ne font qu'imaginaires peuvent auſſi bien faire impreſſion ſur l'eſprit ou ſur l'ame, que celles qui ſont vrayes, il s'enſuit qu'il eſt naturellement incertain, ſi nous appercevons veritablement aucun corps (*au moins ſi, comme il a déja été dit, nous ne voulons pas nous contenter d'une legere & morale connoiſſance de la verité, mais que nous veüillons connoître les choſes avec certitude,*) mais la revelation qui nous a été faite dans les ſaintes lettres nous a encore relevez de ce doute; car elle nous apprend certainement, que Dieu a créé le Ciel & la Terre, & toutes les choſes qui y ſont contenuës, & qu'il les conſerve encore à préſent.

X.

Le lien qui tient l'ame unie & conjointe au corps, n'eſt autre que la Loy de l'immutabilité de la nature, qui eſt telle, que chaque choſe demeure en l'état qu'elle eſt, pendant que rien ne la change.

XI.

Comme elle eſt une ſubſtance, & que dans la generation de chaque homme en particulier il s'en produit une nouvelle, ceux là ſans doute ont très-bonne raiſon, qui diſent que l'ame raiſonnable eſt produite par une immediate creation de Dieu.

XII.

L'esprit n'a pas besoin d'idées, ou de notions, ou d'axiomes qui soient nez ou naturellement imprimez en lui ; mais la seule faculté qu'il a de penser lui suffit pour exercer ses actions.

XIII.

Et partant toutes les communes notions qui se trouvent empreintes en l'esprit, tirent toute leur origine, ou de l'observation des choses, ou de la tradition.

XIV.

Bien plus, l'idée même de Dieu a été mise en l'esprit, ou par la revelation divine, ou par la tradition, ou par l'observation des choses.

XV.

La notion que nous avons de Dieu, ou cette idée de Dieu qui est existante en nôtre esprit, n'est pas un argument assez fort & convainquant pour prouver que Dieu existe, puisqu'il est certain que toutes les choses dont nous avons en nous les idées n'existent pas actuellement, & qu'il est certain aussi que cette idée, étant une conception de nôtre esprit, & même une conception imparfaite, n'est pas plus au dessus de la portée de nôtre esprit, ou de nôtre pensée, & n'excede pas davantage la vertu naturelle que nous avons de :

penser, que l'idée d'aucune autre chose
que ce soit.

XVI.

La pensée de l'esprit est de deux sortes;
à sçavoir, l'entendement & la volonté.

XVII.

L'entendement est la perception & le
jugement.

XVIII.

La perception est le sentiment, la reminiscence, & l'imagination.

XIX.

Tout sentiment est une perception de
quelque mouvement corporel, laquelle ne
demande point l'entremise d'aucunes especes intentionnelles, & le lieu où se fait le
sentiment n'est pas l'organe exterieur du
sens, mais le cerveau seul.

XX.

La volonté est libre, & indifferente à
se determiner aux choses opposées, à l'égard des choses naturelles, comme nous
le sçavons par nôtre propre experience.

XXI.

C'est elle-même qui se détermine. Elle
ne doit pas être dite aveugle, non plus
que l'œil ne doit pas être appellé sourd.

*Il n'y en a point qui parviennent plus aisément à une haute réputation de pieté que les
superstitieux, & les hypocrites.*

EXAMEN
DU SUSDIT PLACARD.

Remarques sur le titre.

Verſion.

JE remarque que *par le titre* on ne promet pas de ſimples Aſſertions ou Propoſitions touchant l'ame raiſonnable, mais
qu'on en promet une entiere explication;
de ſorte que nous devons croire que toutes les raiſons, ou du moins les principales de celles que l'Auteur a eu, non-
ſeulement pour prouver, mais même pour
expliquer les choſes qu'il a propoſées, ſont
contenuës dans ce Placard, & qu'il n'y a
pas d'apparence d'en attendre jamais de
lui de meilleures. Quant à ce qu'il appelle *l'ame raiſonnable* du nom *d'eſprit humain*, je lui en ſçai bon gré, car par ce
moyen il évite l'équivoque qui eſt dans le
mot d'*ame*, & je puis dire qu'en cela il m'a
voulu imiter.

Remarques sur chaque article.

Dans le premier article, il semble vouloir *définir* cette ame raisonnable, mais il le fait fort imparfaitement ; car il en obmet le genre, à sçavoir qu'elle est ou une substance ou un mode , ou quelque autre chose ; & il en donne seulement la différence , laquelle il a empruntée de moi : car personne que je sçache n'a dit avant moi qu'elle ne consiste précisément que dans ce principe interne , ou dans cette faculté que l'homme a de penser.

Dans le second article, il commence à chercher quel est son genre, & dit en ce lieu-là, *qu'il semble qu'il ne repugne point à la nature des choses , que l'esprit humain puisse être ou une substance , ou un certain mode de la substance corporelle.*

Laquelle assertion renferme une contradiction qui n'est pas moindre , que s'il avoit dit, qu'il ne repugne point à la nature des choses qu'une montagne soit sans vallée , ou avec une vallée : car il faut bien prendre garde de faire distinction entre ces choses qui de leur nature sont susceptibles de changement , comme , que j'écrive maintenant, ou que je n'écrive pas ; qu'un tel soit prudent, un autre imprudent ; & celles qui ne se changent ja-

mais, comme sont toutes les choses qui
appartiennent à l'essence de quelque chose, ainsi que tous les Philosophes demeurent d'accord. Et de vrai, il n'y a point
de doute qu'à l'égard des choses contin-
gentes, on peut dire qu'il ne repugne
point à la nature des choses qu'elles ne
soient d'une façon ou d'une autre : par
exemple, il ne repugne point que j'écrive
maintenant, ou que je n'écrive pas : mais
lorsqu'il s'agit de l'essence d'une chose, il
est tout à-fait absurde, & même il y a de
la contradiction, de dire qu'il ne repugne
point à la nature des choses, qu'elle soit
d'une autre façon qu'elle n'est en effet ; &
il n'est pas plus de la nature d'une montagne de n'être point sans vallée, qu'il est de
la nature de l'esprit humain d'être ce qu'il
est, à sçavoir d'être une substance, si en
effet il en est une, ou d'être un certain
mode de la substance corporelle, s'il est
vrai qu'il soit un tel mode : & c'est ce que
nôtre Auteur tâche ici de persuader ; &
pour le prouver li ajoute ces mots, *ou si
nous voulons suivre le sentiment de quelques
nouveaux Philosophes, &c.* par lesquelles
paroles il est aisé à connoître que c'est de
moi de qui il entend parler ; car je suis le
premier qui ay consideré la pensée comme le principal attribut de la substance incorporelle, & l'étenduë comme le princi-

pal attribut de la substance corporelle, mais je n'ai pas dit que ces attributs étoient en ces substances, comme en des sujets differens d'eux. Et il faut bien prendre garde que par ce mot d'*Attribut*, que je donne à la pensée & à l'étenduë, nous n'entendions ici rien autre chose que ce que les Philosophes appellent communément *un mode* ou *une façon* ; car il est bien vrai qu'à parler generalement nous pouvons donner le nom d'*Attribut* à tout ce qui a été attribué à quelque chose par la nature, & en ce sens le nom d'Attribut peut convenir également au mode, qui peut être changé, & à l'essence même d'une chose qui est tout-à-fait immuable ; mais ce n'est pas ainsi universellement que je l'ai pris, quand j'ai consideré la pensée & l'étenduë comme les principaux attributs des substances où elles résident, mais au sens qu'on le prend d'ordinaire, quand par ce mot d'attribut on entend une chose qui est immuable & inséparable de l'essence de son sujet, comme celle qui la constituë, & qui pour cela même est opposée au mode. C'est en ce sens-là qu'on s'en sert, quand on dit qu'il y a en Dieu plusieurs Attributs, mais non pas plusieurs modes. C'est ainsi que l'un des Attributs de chaque substance, quelle qu'elle soit, est qu'elle sub-

siste

siste par elle-même. De même aussi l'étenduë d'un certain corps en particulier peut
bien à la verité admettre en soi une varieté
de modes : car , par ex. quand ce corps
est spherique , il est d'une autre façon
que quand il est quarré , & ainsi être spherique & être quarré sont deux diverses façons d'étenduë ; mais l'étenduë même qui
est le sujet de ces modes, étant considerée en soi, n'est pas un mode de la substance corporelle , mais bien un attribut
qui en consitituë l'essence & la nature.
Ainsi enfin la pensée peut recevoir plusieurs.
divers modes, car *assurer* est une autre
façon de penser que *nier*, *aimer* en est une:
autre que *desirer*, & ainsi des autres; mais
la pensée même , entant qu'elle est le principe interne d'où procedent tous ces modes, & dans lequel ils sont comme dans
leur sujet , n'est pas conçûë comme un
mode, mais comme un attribut qui cons-
titue la nature de quelque substance : & la
question est maintenant de sçavoir si cette
substance qu'elle consituë est corporelle,
ou incorporelle.

   Il ajoute , *Que ces attributs ne sont pas op-*
posez, mais simplement divers : en quoi il y
a encore une contradiction : car lors
qu'il s'agit d'attributs qui constituent l'essence de quelques substances, il ne sçauroit y avoir entr'eux de plus grande oppo-

sion que d'être divers ; & lors qu'il con-
fesse que l'un est different de l'autre ,
c'est de même que s'il disoit que l'un n'est
pas l'autre : or être & n'être pas sont
opposez. Il poursuit, *puisqu'ils ne sont pas
opposez, mais divers , je ne vois pas que rien
puisse empêcher que l'esprit ne puisse être un
attribut , qui convienne à un même sujet
que l'étenduë , quoi que la notion de l'un ne
soit pas comprise dans la notion de l'autre.*
Dans lesquelles paroles il y a un manifeste paralogisme : car il conclut de toutes
sortes d'attributs , ce qui ne peut être vrai
que des modes proprement dits ; & neanmoins il ne prouve nulle part que l'esprit , ou ce principe interne par lequel nous
pensons , soit un tel mode ; mais au contraire je prouverai tout maintenant , par
ce qu'il dit lui-même dans le cinquiéme
article ; que ce n'en est pas un. Pour ce
qui est de ces autres sortes d'attributs qui
constituent la nature des choses , on ne
peut pas dire que ceux qui sont divers,
& qui ne sont en aucune façon compris
dans la notion l'un de l'autre, conviennent
à un seul & même sujet : car c'est de même que si l'on disoit qu'un seul & même
sujet a deux natures diverses, ce qui enferme une manifeste contradiction , au
moins lorsqu'il est question comme icy,
d'un sujet simple, & non pas d'un sujet

composé. Mais il y a icy trois choses à
remarquer , lesquelles si cet écrivain eût
bien entenduës , jamais il ne seroit tombé en des erreurs si manifestes.

La premiere est, qu'il est de la nature du
mode , que bien que nous puissions concevoir aisément la substance sans lui, nous
ne pouvons pas toutefois reciproquément
concevoir clairement le mode , sans concevoir en même temps la substance dont
il dépend , & dont il est le mode , comme j'ai expliqué en l'article soixante &
uniéme de la premiere partie de mes
Principes ; & en cela tous les Philosophes conviennent. Or il est manifeste, que
nôtre Auteur n'a pas pris garde à cette
regle, par ce qu'il dit en l'article cinquiéme ; car il avouë lui-même en ce lieu-là,
que nous pouvons douter de l'existence du
corps , lors même que nous ne doutons
point de l'existence de l'esprit : d'où il
suit que l'esprit peut être conçû sans le
corps, & partant que ce n'en est pas un
mode.

La seconde chose que je desire que
l'on remarque icy, est la difference qu'il
y a entre les êtres simples, & les êtres
composez ; car cet être-là est composé,
dans lequel se rencontrent deux ou plusieurs attributs, chacun desquels peut être
conçû distinctement sans l'autre , car de

cela même que l'un est ainsi conçû distinctement sans l'autre, on connoît qu'il n'en est
pas le mode, mais qu'il est une chose, ou
l'attribut d'une chose qui peut subsister sans
lui. L'être simple au contraire est celui dans
lequel on ne remarque point de semblables
attributs. D'où il paroît que ce sujet-là
est simple dans lequel nous ne remarquons que la seule étenduë, & quelques
autres modes qui en sont des suites & des
dépendances : comme aussi celui, dans lequel nous ne reconnoissons que la seule
pensée, & dont tous les modes ne sont
que des diverses façons de penser : mais
que celui-là est composé dans lequel nous
considerons l'étenduë jointe avec la pensée, c'est à sçavoir, l'homme., qui est
composé de corps & d'ame, lequel *nôtre
Auteur* semble icy avoir pris seulement
pour le corps dont l'esprit est un mode.

Enfin il faut remarquer icy, que dans
les sujets qui sont composez de plusieurs
substances, souvent il y en a une qui est
la principale, & qui est tellement considerée, que tout ce que nous lui ajoutons de
la part des autres, n'est à son égard autre
chose qu'un mode, ou une façon de la
considerer ; ainsi un homme habillé peut
être considéré comme un certain tout
composé de cet homme & de ses habits ;
mais *être habillé*, au regard de cet hom-

me, eſt ſeulement un mode ou une façon
d'être ſous laquelle nous le conſiderons,
quoi que ſes habits ſoient des ſubſtances.
Et c'eſt ainſi que *nôtre Auteur* a pû dans
l'homme, qui eſt compoſé de corps &
d'ame, conſiderer le corps comme la principale partie, au reſpect de laquelle *être
animé*, ou *être capable de penſer*, n'eſt rien
autre choſe qu'un mode : mais il eſt ridicule d'inferer de là, que l'ame même, ou
ce principe par lequel le corps eſt dit être
capable de penſer, n'eſt pas une ſubſtance
differente du corps.

Il tache après cela de confirmer ce qu'il
a dit par ce ſyllogiſme. *Tout ce que nous
pouvons concevoir, peut auſſi être. Or eſt-il
que nous pouvons concevoir que l'eſprit humain ſoit ou une ſubſtance, ou un mode de la
ſubſtance corporelle ; car il n'y a en cela aucune contradiction : donc l'eſprit humain peut
être l'une ou l'autre de ces deux choſes.* Sur
quoi il faut remarquer que cette regle, à
ſçavoir, *que tout ce que nous pouvons concevoir, peut auſſi être ;* quoi qu'elle ſoit de
ſoi & veritable, toutes & quantes fois
qu'il s'agit d'une conception claire & diftincte, laquelle enferme la poſſibilité de
la choſe qui eſt conçûë, à cauſe que Dieu
eſt capable de faire tout ce que nous ſommes capables de concevoir clairement
comme poſſible ; cette regle, dis-je, ne

doit pas être temerairement usurpée, pource qu'il peut aisément arriver que quelqu'un croira entendre & appercevoir clairement quelque chose, laquelle neanmoins
à cause de quelques préjugez dont il est
prévenu & comme aveuglé, il n'entendra
& n'appercevra point du tout. Et c'est ce
qui est arrivé à *cet Auteur*, lorsqu'il a
prétendu qu'il n'y avoit point de contradiction qu'une seule & même chose eût
l'une ou l'autre de deux natures entierement diverses, c'est à sçavoir qu'elle fût
ou une substance, ou un mode. A la verité s'il eût seulement dit qu'il ne voyoit
point de raison pourquoi l'esprit humain
dût plûtôt être estimé une substance incorporelle, qu'un mode de la substance corporelle, son ignorance auroit pû être ex-
cusée. Si d'ailleurs il avoit dit qu'il n'est pas
possible à la raison humaine de trouver jamais aucune preuve par laquelle on puisse
demontrer que l'esprit humain soit l'un
plûtôt que l'autre; certes son arrogance
seroit blâmable, mais du moins il n'y auroit point de contradiction en ses paroles.
Mais en disant, comme il fait, qu'il ne
repugne point à la nature des choses, qu'u-
ne même chose soit une substance ou un
mode, il dit des choses qui se contredi-
sent, & fait paroître en cela l'absurdité de
son esprit.

Dans le troisiéme article, il expose le jugement qu'il fait de moi ; car c'est moi qui ay écrit que l'esprit humain peut être clairement & distinctement conçû comme une substance differente de la substance corporelle ; & quoi que *cet Auteur* n'allegue point d'autres raisons, que celles que j'ai fait voir en l'article precedent enfermer tant de contradictions, il ne laisse pas de prononcer hardiment que je me trompe ; mais je ne veux pas m'arrêter à cela, ni m'amuser à examiner ces mots *d'actuellement* ou *par necessité*, lesquels contiennent quelque ambiguité, car ils ne sont pas de grande importance.

Je ne veux pas non plus examiner les choses, qui, *dans l'article quatriéme* concernent la sainte Ecriture, de peur qu'il ne semble que je me veüille attribuer le droit de juger de la religion d'autrui. Mais je dirai seulement qu'il y a trois genres de questions, qu'il faut ici bien distinguer. Car 1. il y a des choses qui ne sont crûës que par la Foy, comme sont celles qui regardent le Mystere de l'Incarnation, de la Trinité & semblables. Il y en a d'autres, qui bien qu'elles appartiennent à la foy, peuvent neanmoins être recherchées par la raison naturelle, entre lesquelles les Theologiens ont coutume de mettre l'existence de Dieu, & la distinction de l'ame humaine d'avec le corps ; enfin il y en a d'autres qui n'appartiennent en aucune façon à la Foy, mais qui sont seulement soumises à la recherche du raisonnement humain, comme la quadrature du cercle, la pierre Philosophale, & autres semblables. Et comme ceux-là abusent des paroles de la Sainte Ecriture, qui par quelque mauvaise explication qu'ils leur donnent, croyent en pouvoir déduire ces dernieres ; de même aussi ceux-là derogent à son autorité, qui entreprennent de démontrer les premieres par des argumens tirez de la seule Philosophie : mais neanmoins tous les Theologiens soutiennent que l'on peut entreprendre de montrer que celles-là mêmes ne repugnent point à la lumiere de la raison, & c'est en cela qu'ils mettent leurs principales études. Mais pour les secondes, non-seulement ils estiment qu'elles ne repugnent point à la lumiere naturelle, mais même ils exhortent & encouragent les Philosophes de faire tous leurs efforts pour tâcher de les demontrer par des moyens humains, c'est-à-dire, tirez des seules lumieres de la raison. Mais je n'ai encore jamais vû personne, qui assurât qu'il ne repugne point à la nature des choses, qu'une chose soit autrement que la sainte Ecriture nous enseigne qu'elle est, si ce

n'est

n'eſt qu'il voulût montrer indirectement,
qu'il ajoute peu de foi à certe Ecriture ;
car comme nous avons été premierement
hommes, que faits Chrétiens, il n'eſt pas
croyable que quelqu'un embraſſe ſérieuſe-
ment & tout de bon des opinions qu'il
juge contraires à la raiſon qui le fait
homme, pour s'attacher à la foy par laquelle il eſt Chrétien. Mais peut-être auſſi
que *nôtre Auteur* ne dit pas cela ; car il
dit ſeulement *que ce qui de ſa nature peut
être douteux pour quelques-uns, nous eſt maintenant devenu certain & indubitable par la
revelation qui nous en a été faite dans les ſaintes Lettres* ; dans leſquelles paroles je trouve encore deux contradictions ; la premiere, en ce qu'il ſuppoſe que l'eſſence
d'une ſeule & même choſe eſt douteuſe de
ſa nature, & par conſéquent ſujette au
changement ; car il repugne que l'eſſence
d'une choſe ne demeure pas toujours la
même à cauſe que ſi l'on ſuppoſe qu'elle
devienne autre qu'elle n'étoit, de cela
même ce ne ſera plus la même choſe,
mais une autre, qu'il faudra appeller d'un
autre nom. La ſeconde eſt dans ces mots,
pour quelques - uns, d'autant que tous les
hommes ayant une même nature, ce qui
ne peut être douteux que pour quelques-
uns, n'eſt pas douteux de ſa nature.

L'article cinquiéme doit plûtôt être rappor-

té au second que non pas au quatriéme ;
car nôtre Auteur ne parle point en cet article de la revelation divine, mais de la
nature de l'esprit, sçavoir s'il est une substance ou un mode ; & pour montrer que
l'on peut soutenir qu'il n'est autre chose
qu'un mode, il tâche de resoudre une
objection qui est prise de mes écrits ; car
j'ai écrit en quelques endroits que nous
ne pouvions nous-mêmes douter de l'existence de nôtre esprit, parce que de cela
même que nous doutons, il suit necef-
sairement que nôtre esprit existe, mais
que dans ce temps-là même nous pouvions douter qu'il y eût aucun corps au
monde : d'où j'ai inferé & demontré que
nous concevions clairement nôtre esprit
comme une chose existante, ou comme
une substance, encore que nous ne con-
çûssions aucun corps comme existant, ou
même que nous niassions qu'il y en eût aucun dans le monde ; d'où il suit que la
notion de l'esprit ne contient rien en soi
qui appartienne en aucune façon à la notion du corps ; & toutesfois *nôtre Auteur*
pense comme dissiper & réduire en fumée
tout ce raisonnement, & en faire voir suffisamment la foiblesse, lors qu'il dit que
cet argument *prouve seulement que pendant
que nous doutons de l'existence du corps, nous
ne pouvons pas alors dire que l'esprit en soit*

un mode, où il fait voir qu'il ignore entierement ce que les Philofophes entendent par le nom de *mode* ; car c'eft en cela
que confifte la nature *du mode*, de ne pouvoir aucunement être conçû, fans enfermer dans fa notion, celle de la chofe
dont il eft le mode, comme j'ai déja
expliqué ci-deffus ; cependant il demeure
d'accord que l'efprit peut quelquefois être
conçû fans le corps, à fçavoir, lorfqu'on
doute de l'exiftence du corps, d'où il
fuit que pour lors au moins il ne peut être
dit un mode du corps ; or eft-il que ce qui
eft une fois vrai de l'effence ou de la nature d'une chofe eft toujours vrai ; &
neanmoins il ne laiffe pas d'affurer *qu'il ne
repugne point à la nature des chofes que l'efprit foit feulement un mode du corps*, mais il
eft évident que ces deux chofes fe contrarient.

Je ne comprens point ce qu'il veut dire
dans le fixiéme article par ces paroles :
*Quoi que l'efprit humain, ou l'ame raifonna-
ble foit une fubftance diftincte réellement du
corps, neanmoins pendant qu'elle eft dans le
corps, elle eft Organique en toutes fes actions.*
Je me fouviens bien d'avoir autrefois oüi
dire dans les Ecoles, *que l'ame eft l'acte du
corps organique*, mais qu'elle même foit *organique*, je confeffe que je ne l'avois point
encore oüi dire jufqu'à prefent ; c'eft pour-

quoi, comme je n'ai ici rien de certain
que je puisse écrire, je supplie *nôtre Auteur* de me permettre d'expofer ici mes
conjectures, que je ne donne pas pour
quelque chofe de vrai, mais feulement
pour telles qu'elles font.

Il me femble que j'apperçois en ce qu'il
dit deux chofes qui fe contrarient. L'une
defquelles eft, que l'efprit humain eft une
fubftance réellement diftincte du corps ;
& j'avoüe que nôtre Auteur le dit ouvertement, mais il diffuade autant qu'il
peut par fes raifons de le croire, & foutient que cela ne peut être prouvé que
par le témoignage feul de la fainte Ecriture. L'autre eft, que ce même efprit humain en toutes fes actions eft *Organique*,
ou ne fert que d'inftrument, comme n'a-
giffant point de foi-même, mais dont le
corps fe fert, comme il fait de la conformation de fes membres, & des autres modes corporels ; & ainfi s'il ne le dit de paroles, il affure neanmoins en effet, *que
l'efprit n'eft rien autre chofe qu'un mode du
corps* ; comme auffi ne femble-t il avoir
difpofé toutes fes raifons que pour la
preuve de cela feul. Or ces deux chofes
font fi manifeftement contraires, à fçavoir, que l'efprit humain foit une fubftance & un mode, que je ne penfe pas que
cet Auteur veüille que fes lecteurs les

croyent toutes deux enfemble ; mais bien
qu'il les a ainfi à deffein entremêlées, pour
contenter les fimples , & fatisfaire en quelque façon fes Theologiens fur l'autorité
de l'Ecriture Sainte ; mais neanmoins pour
faire enforte que les plus clairvoyans puiffent reconnoître que ce n'eft pas tout de
bon qu'il dit , *que l'efprit ou l'ame eft diftin-
Ête du corps* , & qu'en effet fon opinion eft
qu'elle n'eft rien autre chofe qu'un mode.

Dans le feptiéme & huitiéme article , il
femble continuer à dire les chofes autrement qu'il ne penfe, & fe fert encore de
cette figure de Rhetorique , qu'on nomme ironie , vers la fin *du neuviéme article ;*
mais au commencement il ajoute la raifon de ce qu'il avance , c'eft pourquoi il
y a lieu de croire qu'en cet endroit-là il
parle tout de bon, & qu'il agit de bonne
foy : Voici ce qu'il dit ; *il eft naturellement*
incertain fi nous appercevons veritablement
aucun corps , & la raifon qu'il en apporte
eft , *que les chofes qui ne font qu'imaginaires*
peuvent auffi-bien faire impreffion fur l'ef-
prit , que celles qui font vrayes. Mais cette
raifon ne peut être bonne , fi l'on ne fuppofe que nous ne pouvons en aucune façon nous fervir de cette faculté que les
Philofophes appellent d'un nom propre
l'Entendement , mais feulement de celles

qu'ils nomment *le fens commun*, dans lá-
quelle les images des chofes, foit vrayes,
foit imaginaires, font reçûës pour toucher
l'efprit, & qu'ils difent nous être communes avec les bêtes. Mais certes ceux
qui ont de l'entendement, & qui ne reffemblent pas tout-à-fait aux chevaux &
aux mulets, encore qu'ils ne foient pas
feulement touchez par les images que la
prefence des chofes vrayes imprime dans
le cerveau, mais aufli par celles que d'autres caufes y excitent, comme il arrive
dans les fonges ; ceux-là, dis-je, difcer-
nent neanmoins très-clairement par la lumiere de la raifon les unes d'avec les autres. Et j'ai expliqué fi nettement & fi
exactement dans mes écrits par quel moyen
cela fe peut infailliblement reconnoître,
que je m'affure qu'il n'y a perfonne qui ait
un peu d'entendement, qui après les avoir
lûs puiffe être encore en cela Sceptique.

Dans le dixiéme & onziéme article, il
y a encore lieu de foupçonner qu'il ne
parle pas tout de bon : car fi l'on croit que
l'ame foit une fubftance, il eft ridicule &
impertinent de dire *que le lieu qui tient l'ame
unie & conjointe au corps, n'eft autre que la
loy de l'immutabilité de la nature, qui eft
telle, que chaque chofe demeure en l'état
qu'elle eft* : car les chofes qui font feparées, aufli-bien que celles qui font con-

jointes, demeurent dans leur même état,
pendant que rien ne le change ; mais ce
n'est pas de quoi il s'agit en ce lieu-là, mais
bien de sçavoir, comment & par quel
moyen l'esprit est joint avec le corps, &
n'en est point separé : mais si l'on suppose
que l'ame soit un mode du corps, c'est
bien répondre, que de dire qu'il ne faut
point chercher d'autre lien par quoi elle
lui soit conjointe, sinon qu'elle demeure
dans le même état où elle est, d'autant
que les modes n'ont point d'autre état,
ou d'autre maniere d'être, que celui d'ê-
tre attachez ou inherans aux choses dont
ils sont les Modes.

Dans le douzième article, je trouve qu'il
n'est different de ce que je dis qu'en la
maniere de s'exprimer : car quand il dit
que *l'esprit n'a pas besoin d'idées, ou de no-*
tions, ou d'axiomes qui soient nez, ou natu-
rellement imprimez en lui, & que cependant il lui attribuë la faculté de penser,
c'est-à dire une faculté *naturelle & née avec*
lui, il dit en effet la même chose que moi,
quoi qu'il semble ne le pas dire. Car je n'ai
jamais écrit, ni jugé que l'esprit ait besoin
d'idées naturelles, qui soient quelque chose de different de la faculté qu'il a de penser. Mais bien est-il vrai, que reconnois-
sant qu'il y avoit certaines pensées, qui
ne procedoient ni des objets de dehors,

Qq iiij

ni de la determination de ma volonté,
mais seulement de la faculté que j'ai de
penser ; Pour établir quelque difference
entre les idées ou les notions qui sont les
formes de ces pensées, & les distinguer
des autres qu'on peut appeller *étrangeres
ou faites à plaisir*, je les ai nommées *naturelles* ; mais je l'ai dit au même sens que
nous disons que la generosité, par exemple, est naturelle à certaines familles ;
ou que certaines maladies , comme la
goutte, ou la gravelle, sont naturelles à
d'autres ; non pas que les enfans qui prennent naissance dans ces familles soient tra-
vaillez de ces maladies aux ventres de
leurs meres , mais parce qu'ils naissent
avec la disposition , ou la faculté de les
contracter.

Mais remarquez , je vous prie, la belle
conséquence que dans *l'article treiziéme* , il
tire du précedent. Il avoit dit en cet article , *que l'esprit n'a pas besoin d'idées qui
soient naturellement imprimées en lui , mais
que la seule faculté qu'il a de penser lui suffit
pour exercer, ses actions :* c'est pourquoi
conclut-il dans celui-ci , *toutes les communes notions qui se trouvent empreintes en l'esprit , tirent toute leur origine ou de l'observation des choses , ou de la tradition* , comme si la faculté de penser qu'a l'esprit ,
ne pouvoit d'elle - même rien produire,

& qu'elle n'eût jamais aucunes perceptions
ou penfées, que celles qu'elles a reçûës
de l'obfervation des chofes, ou de la tradition, c'eft-à-dire, des fens. Ce qui
eft tellement faux, que quiconque a bien
compris jufqu'où s'étendent nos fens, &
ce que ce peut être précifément qui eft
porté par eux jufqu'à la faculté que nous
avons de penfer, doit avoüer au contraire qu'aucunes idées des chofes ne nous
font reprefentées par eux, telles que nous
les formons par la penfée ; enforte qu'il
n'y a rien dans nos idées qui ne foit naturel à l'efprit, ou à la faculté qu'il a de
penfer ; fi feulement on excepte certaines
circonftances qui n'appartiennent qu'à l'experience ; par exemple, c'eft la feule experience qui fait que nous jugeons que
telles ou telles idées, que nous avons
maintenant prefentes à l'efprit, fe rapportent à quelques chofes qui font hors de
nous ; non pas à la verité que ces chofes
les ayent tranfmifes en nôtre efprit par les
organes des fens telles que nous les fen-
tons ; mais à caufe qu'elles ont tranfmis
quelque chofe, qui a donné occafion à
nôtre efprit, par la faculté naturelle qu'il
en a, de les former en ce temps-là plûtôt
qu'en un autre. Car, comme *nôtre Auteur* même affure dans l'article dix - neuviéme, conformément à ce qu'il a appris

de mes Principes, rien ne peut venir des objets exterieurs juſqu'à nôtre ame par l'entremiſe des ſens, que quelques mouvemens corporels ; mais ni ces mouvemens mêmes, (ni les figures qui en proviennent) ne ſont point conçûs par nous tels qu'ils ſont dans les organes des ſens, comme j'ai amplement expliqué dans la Dioptrique ; d'où il ſuit que même les idées du mouvement & des figures ſont naturellement en nous : & à plus forte raiſon les idées de la douleur, des couleurs, des ſons, & de toutes les choſes ſemblables, nous doivent-elles être naturelles, afin que nôtre eſprit, à l'occaſion de certains mouvemens corporels avec leſquels elles n'ont aucune reſſemblance, ſe les puiſſe repreſenter. Mais que peut-on feindre de plus abſurde, que de dire que toutes les notions communes qui ſont en nôtre eſprit procedent de ces mouvemens, & qu'elles ne peuvent être ſans eux. Je voudrois bien que *nôtre Auteur* m'apprît quel eſt le mouvement corporel qui peut former en nôtre eſprit quelque notion commune, par exemple celle-ci, *que les choſes qui conviennent à une troiſiéme conviennent entr'elles*, ou telle autre qu'il lui plaira ; car tous ces mouvemens ſont particuliers, & ces notions ſont univerſelles, qui n'ont aucune affinité ni rapport avec le mouvement.

Neaumoins *dans l'article quatorziéme*, appuyé fur ce beau fondement, il continuë
d'affurer que l'idée même de Dieu, qui
eſt en nous, ne vient pas de la faculté
que nous avons de penſer, comme une
choſe qui lui ſoit naturelle, *mais qu'elle
vient de la revelation divine, ou de la tradition, ou de l'obfervation des chofes*. Et pour
mieux reconnoître l'erreur de cette affer-
tion, il faut conſiderer, qu'on peut dire
en deux façons qu'une choſe vient d'une
autre ; à ſçavoir, ou parce que cet autre
en eſt la cauſe prochaine & principale
ſans laquelle elle ne peut être, ou parce
qu'elle en eſt la cauſe éloignée & accidentelle ſeulement, qui donne occaſion
à la principale de produire ſon effet en un
temps plûtôt qu'en un autre. C'eſt ainſi
que tous les ouvriers ſont les cauſes principales & prochaines de leurs ouvrages, &
que ceux qui leur ordonnent de les faire,
ou qui leur promettent quelque recompen-
ſe s'ils les font, en ſont les cauſes accidentelles & éloignées, à cauſe que peut-
être ils ne les feroient point, ſi on ne leur
commandoit. Or il n'y a point de doute
que la tradition, ou l'obfervation des
choſes, ne ſoit ſouvent la cauſe éloignée
qui fait que nous venons à penſer à l'idée
que nous pouvons avoir de Dieu, & à la
rendre preſente à nôtre eſprit ; mais que

c'en foit la cauſe prochaine & effectrice de cette idée, cela ne ſe peut dire, que par celui qui croit que nous ne concevons jamais rien autre choſe de Dieu, ſinon quel eſt ce nom-là, *Dieu*, ou quelle eſt la figure corporelle ſous laquelle il nous eſt ordinairement repreſenté par les Peintres. Car de vrai, ſi l'obſervation s'en fait par la vûë, elle ne peut d'elle-même repreſenter autre choſe à l'eſprit que des peintures, & même des peintures dont toute la varieté ne conſiſte que dans celles de certains mouvemens corporels, comme *nôtre Auteur* même l'enſeigne; ſi elle ſe fait par l'oüie, elle ne peut repreſenter que des ſons & des paroles; que ſi c'eſt par les autres ſens qu'elle ſe faſſe, une telle obſervation ne ſçauroit rien contenir qui puiſſe être rapporté à Dieu. Et certes c'eſt une choſe ſi veritable que la vûë ne repreſente de ſoy rien autre choſe à l'eſprit que des peintures, ni l'oüie que des ſons & des paroles, que perſonne ne le revoque en doute. Si bien que ce que nous concevons de plus que ces paroles & ces peintures, comme les choſes ſignifiées par ces ſignes, doit neceſſairement nous être repreſenté par des idées, qui ne viennent point d'ailleurs que de la faculté que nous avons de penſer, & qui par conſéquent ſont

naturellement en elle , c'est-à-dire , sont
toujours en nous en puissance ; car être
naturellement dans une faculté, ne veut
pas dire y être en acte, mais en puissance seulement, vû que le nom même de
faculté ne veut dire autre chose que puissance. Or personne, s'il ne veut passer ouvertement pour un athée, & même pour
un homme qui a perdu le sens, ne peut
assurer que nous ne sçaurions rien connoître de Dieu que le nom, ou la figure
corporelle dont les Peintres ou les Scul-
pteurs se servent pour nous le representer.

Après que *nôtre Auteur* a exposé l'opinion qu'il a touchant la maniere dont nous
pouvons connoître Dieu , il refute *dans
l'article quinziéme* tous les argumens par
lesquels j'ai demontré son existence ; ou
je ne puis que je n'admire la grande confiance ou présomption de cet homme,
de croire qu'il puisse avec tant de facilité,
& en si peu de paroles , renverser tout
ce que j'ai composé après une longue &
serieuse meditation , & que je n'ai pû
expliquer que dans un livre entier. Toutes les raisons que j'ai apportées pour cette preuve se rapportent à deux. La premiere est, que nous avons une connoissance de Dieu , ou une idée, qui est telle, que si nous faisons bien reflexion sur

ce qu'elle contient , & si nous l'exami-
nons avec soin, en la maniere que j'ai
montré qu'il falloit faire , la seule consideration que nous en ferons nous fera
connoître, qu'il ne se peut pas faire que
Dieu n'existe , d'autant que sa notion ou
son idée ne contient pas seulement une
existence possible ou contingente , ainsi
que celles de toutes les autres choses,
mais bien une existence absolument necessaire & actuelle. Cependant *l'Auteur de
ce Placard*, pour refuter cette preuve, que
plusieurs grands personnages éminens par
dessus les autres en esprit & en science,
après l'avoir diligemment examinée, tiennent aussi-bien que moi, pour une certaine & très-évidente demonstration, employe
ce peu de paroles. *La notion que nous avons
de Dieu, ou cette idée de Dieu qui est existante en nôtre esprit , n'est pas un argument
assez fort & convaincant pour prouver que
Dieu existe , puisqu'il est certain que toutes
les choses dont nous avons en nous les idées
n'existent pas actuellement.* Par où il fait
voir à la verité qu'il a lû mes écrits, mais
par même moyen il témoigne qu'il n'a pû
en aucune façon les entendre , ou du
moins qu'il ne l'a pas voulu; car la force de mon argument n'est pas prise de la
nature de cette idée considerée en general , mais d'une proprieté particuliere qui

lui convient, laquelle est très - évidente
en l'idée que nous avons de Dieu, & qui
ne se peut rencontrer dans l'idée de quelqu'autre chose que ce soit ; c'est à sçavoir,
de la necessité de l'existence qui est requise pour le comble & l'accomplissement
des perfections, sans lequel nous ne sçaurions concevoir Dieu. L'autre argument
par lequel j'ai demontré qu'il y a un Dieu,
est pris, de ce que j'ai évidemment prouvé que nous n'aurions point eu la faculté
de connoître & de concevoir toutes ces
perfections que nous reconnoissons en
Dieu., s'il n'étoit vrai que Dieu existe, &
que nous avons été créez par lui. Mais
nôtre Auteur pense l'avoir abondamment
refuté, en disant, *que l'idée que nous avons
de Dieu n'est pas plus au dessus de la portée de
nôtre esprit ou de nôtre pensée, & n'excede
pas davantage la vertu naturelle que nous
avons de penser, que l'idée d'aucune autre
chose que ce soit.* Toutefois si par-là il en·
tend seulement que l'idée que nous avons
de Dieu, sans le secours surnaturel de
la grace, ne nous est pas moins naturelle,
que le sont toutes les autres idées que
nous avons des autres choses, il est de
mon avis ; mais on ne peut de là rien
conclure contre moi : Que s'il estime que
cette idée de Dieu ne contient pas plus
de perfections objectives, que toutes les

autres idées prises ensemble, il erre manifestement ; or c'est de ce seul excez de perfections, dont l'idée que nous avons de Dieu surpasse toutes les autres, que j'ai tiré mon argument.

Dans les six autres articles, il ne dit rien qui mérite d'être remarqué, sinon que voulant distinguer les proprietez de l'ame les unes d'avec les autres, il en parle en termes fort confus & fort impropres. Il est vrai que j'ai dit en quelque endroit qu'elles se rapportent toutes à deux principales ; à sçavoir, à la perception de l'entendement & à la détermination de la volonté ; mais *nôtre Auteur* les appelle d'un nom fort impropre *l'entendement & la volonté* ; après quoi, il divise ce qu'il a appellé entendement en *perception*, *& jugement* ; en quoi il s'éloigne de mon opinion : car pour moi, voyant qu'outre la perception, qui est absolument requise avant que nous puissions juger, il est encore besoin d'une affirmation ou d'une negation pour établir la forme d'un jugement ; & prenant garde que souvent il nous est libre d'arrêter & de suspendre nôtre consentement, encore que nous ayons la perception de la chose dont nous devons juger, j'ai rapporté cet acte de nôtre jugement, qui ne consiste que dans le consentement que nous donnons, c'est-
à-dire,

à-dire, dans l'affirmation, ou dans la negation de ce dont nous jugeons, à la détermination de la volonté, plûtôt qu'à la perception de l'entendement. Après cela faisant le dénombrement des especes de *perception*, il ne compte que *le sentiment, la reminiscence, & l'imagination*; d'où l'on peut inferer qu'il n'admet aucune intellection pure, c'est-à-dire aucune intellection qui soit indépendante de toute image corporelle; & partant on peut penser qu'il est de cette opinion, qu'on ne peut avoir aucune connoissance de Dieu, ni de l'ame humaine, ni d'aucune autre chose incorporelle, de quoi je ne puis m'imaginer d'autre cause, sinon que les pensées qu'il a de ces choses sont si confuses, qu'il n'en conçoit aucune qui soit pure, & entierement détachée de toute image corporelle.

Enfin, *après tous ces articles*, il a ajouté ces paroles qu'il a tirées d'un de mes écrits, *il n'y en a point qui parviennent plus aisément à une haute reputation de pieté que les superstitieux & les hypocrites*; par lesquelles je ne puis deviner ce qu'il a voulu dire, si ce n'est peut-être qu'il a imité les hypocrites, en ce que souvent il a dit les choses autrement qu'il ne les pensoit; mais je ne pense pas qu'il puisse jamais parvevenir par ce moyen à une grande reputation de pieté.

Au reste, je suis ici contraint de confesser, que j'ai beaucoup de confusion d'avoir autrefois loüé cet Auteur, comme un homme d'un esprit fort vif & penetrant, & d'avoir écrit en quelque endroit que je ne pensois pas qu'il enseignât aucunes opinions que je ne voulusse bien reconnoître pour miennes; il est vrai que pour lors je n'avois encore vû de lui aucun écrit, où il n'eût été un fidele copiste, si ce n'est peut-être en un seul mot qu'il s'étoit hazardé de dire de lui-même, mais qui lui avoit si mal succedé, & dont il avoit été si severement repris par ses collegues, que cela me faisoit croire qu'il n'entreprendroit plus rien de semblable; & pource que je voyois qu'en tout le reste il embrassoit avec grande affection des opinions que j'estimois être très-veritables, j'attribuois cela à la force & à la vivacité de son esprit. Mais maintenant plusieurs experiences m'obligent de croire que c'est plûtôt l'amour de la nouveauté que celle de la verité qui l'emporte. Et d'autant qu'il trouve trop vieux & trop hors d'usage tout ce qu'il a appris d'autrui, & que rien ne lui paroît assez nouveau que ce qu'il tire de sa propre cervelle; & aussi qu'il est si peu heureux

en ses inventions, que je n'ai jamais remarqué aucun mot en ses écrits (si ce
n'est qu'il l'eût tiré de ceux des autres)
que je ne jugeasse contenir quelque erreur;
je me sens obligé d'avertir ici tous ceux
qui le tiennent pour un grand défenseur
de mes opinions, qu'il n'y en a presque
aucune, non-seulement en ce qui concer-
ne les choses Metaphysiques, où il ne
feint point de me contredire ouvertement, mais aussi en celles qui concernent
les choses Physiques, qu'il ne propose
mal, & dont il ne corrompe le sens. De
sorte que je suis plus indigné de voir qu'un
tel Docteur s'ingere d'enseigner mes opinions, & prenne à tâche d'interpreter
mes écrits, & d'y faire des commentai-
res, que d'en voir quelques autres qui
les combattent avec aigreur & animosité.

Car je n'en ai encore vû pas un, qui ne
m'ait attribué des opinions tout-à-fait differentes des miennes, & même si absurdes
& si impertinentes, que je n'apprehende
pas qu'on puisse jamais persuader à des
personnes tant soit peu raisonnables que
je sois l'Auteur de telles opinions. C'est
ainsi qu'à ce moment même que j'écris,
on me vient d'apporter deux libelles tout
nouvellement composez par un écrivain
de cette farine ; dans le premier desquels
il est dit : *Qu'il y a certains novateurs qui*

tâchent d'ôter toute la créance que l'on peut avoir aux fens , & qui foutiennent qu'un Philofophe peut nier qu'il y ait un Dieu , & douter de fon exiftence, après avoit admis d'ailleurs que l'idée, l'efpece , & la connoif-fance actuelle de Dieu eft naturellement em-preinte en nôtre efprit. Et dans l'autre il eft dit, *Que ces novateurs prononcent hardiment, que Dieu ne doit pas être dit feulement ne-gativement, mais même pofitivement la caufe efficiente de foi-même.* Voilà tout ce dont il s'agit dans l'un & dans l'autre de ces li-belles , qui ne contiennent rien de plus, finon un ramas d'argumens pour prouver: Premierement, *que les enfans dans le ventre de leurs meres n'ont aucune connoiffance ac-tuelle de Dieu* , & partant, *que nous n'avons aucune idée , ou efpece actuelle de Dieu, naturellement empreinte à nôtre efprit.* 2. *Qu'il ne faut pas nier qu'il y ait un Dieu, & que ceux-là qui le nient doivent être tenus pour des athées , & font puniffables par les loix :* Enfin, *que Dieu n'eft pas la caufe effi-cciente de foi-même.* Toutes lefquelles cho-fes je pourrois à la verité diffimuler, com-me n'étant point écrites contre moi , à cau-fe que mon nom ne fe trouve point dans ces écrits , & qu'il n'y a pas une opinion de celles qui y font impugnées, que je ne tienne pour très-fauffe & tout-à-fait abfurde. Mais neamoins , pour ce qu'el-les reffemblent fort à quelques-unes qui m'ont déja été plusieurs fois faussement imputées par des gens de cette robe, & qu'on n'en connoît point d'autres à qui on les puisse attribuer ; & aussi pource que tout le monde sçait que c'est contre moi que ces libelles ont été faits, je prendrai ici occasion d'avertir leur Auteur, *Premierement*, que lors que j'ai dit que l'idée de Dieu est naturellement en nous, je n'ai jamais entendu autre chose, que ce que lui-même, dans la sixiéme section de son second livre, dit en termes exprès être veritable, c'est à sçavoir, *que la nature a mis en nous une faculté, par laquelle nous pouvons connoître Dieu* ; mais que je n'ai jamais écrit ni pensé que telles idées fussent *actuelles*, ou qu'elles fussent des especes distinctes de la faculté même que nous avons de penser ; & même je dirai plus, qu'il n'y a personne qui soit si éloigné que moy de tout ce fatras d'entitez scholastiques, ensorte que je n'ai pû m'empêcher de rire, quand j'ai vû ce grand nombre de raisons, que cet homme, sans doute peu méchant, a ramassées avec grand soin & travail, pour montrer, *que les enfans n'ont point la connoissance actuelle de Dieu, tandis qu'ils sont au ventre de leur mere*, comme si par là il avoit trouvé un beau moyen de me combattre.

Secondement, que je n'ai aussi jamais

enſeigné, *qu'il falloit nier qu'il y euſt un Dieu; ou que Dieu pouvoit nous tromper; ou qu'il falloit revoquer toutes choſes en doute; ou que l'on ne devoit donner aucune creance aux ſens; ou que le ſommeil ne ſe pouvoit diſtinguer de la veille*, & autres choſes ſemblables qui m'ont quelquefois été objectées par des calomniateurs ignorans; mais que j'ai rejetté toutes ces choſes en paroles très-expreſſes, & que je les ai même refutées par des argumens très-forts, & j'oſe même dire plus forts qu'aucun autre ait fait avant moi. Et afin de le pouvoir faire plus commodément & plus efficacement, j'ai propoſé toutes ces choſes comme douteuſes au commencement de mes Meditations; mais je ne ſuis pas le premier qui les ai inventées, il y a long-temps qu'on a les oreilles battuës de ſemblables doutes propoſez par les ſceptiques. Mais qu'y a-t'il de plus inique, que d'attribuer à un Auteur des opinions qu'il ne propoſe que pour les refuter? Qu'y a-t-il de plus impertinent que de feindre qu'on enſeigne ces fauſſes opinions, au moins dans le temps qu'on les propoſe, & qu'elles ne ſont pas encore refutées, & partant que celui qui raporte les argumens dont ſe ſervent les athées, eſt lui-même un athée pour un temps? Qu'y a-t'il de plus puerile, que de dire, que s'il vient à

mourir avant que d'avoir écrit ou inventé
la démonstration qu'il espere , il meurt
comme un athée ; & qu'il a enseigné par
avance une pernicieuse doctrine, contre la
maxime communément reçûë , qui dit,
*qu'il n'est pas permis de faire du mal pour en
tirer du bien* , & choses semblables ? Quelqu'un dira peut-être que je n'ai pas rapporté ces fausses opinions comme venant
d'autruy , mais comme miennes ; mais
qu'importe cela ? puisque dans le même livre où je les ai rapportées , je les ai aussi
toutes refutées , & même qu'on peut voir
aisément par le titre du livre , que j'étois
fort éloigné de les croire , puisque j'y promettois *des démonstrations touchant l'existence de Dieu.* Et peut-on s'imaginer qu'il
y en ait de si sots, ou de si simples, que
de se persuader que celui qui compose un
livre qui porte ce titre , ignore, quand il
trace les premieres pages , ce qu'il a entrepris de démontrer dans les suivantes ?
De plus , la façon d'écrire que je m'étois
proposée, qui étoit en forme de Meditations , & que j'avois choisie comme fort
propre pour expliquer plus clairement les
raisons que j'avois à déduire , m'obligeoit
de ne pas proposer ces objections autrement que comme miennes. Que si cette
raison ne satisfait pas ceux qui se mêlent
de censurer mes écrits, je voudrois bien

ſçavoir ce qu'ils diſent des Ecritures ſaintes, avec leſquelles nuls autres écrits qui
viennent de la main des hommes ne doivent être comparez , lorſqu'ils y voyent
certaines choſes qui ne ſe peuvent bien
entendre, ſi l'on ne ſuppoſe qu'elles ſont
rapportées comme étant dites par des impies , ou du moins par d'autres, que par le
Saint Eſprit, ou les Prophetes, telles que
ſont ces paroles de l'Eccleſiaſtique chap.
2. *Ne vaut-il pas mieux boire & manger &*
faire gouter à ſon ame des fruits de ſon tra-
vail ? & cela vient de la main de Dieu. Qui
eſt-ce qui en pourra devorer autant , & qui
pourra ſe gorger de plaiſirs autant que moi?
Et au chapitre ſuivant, *J'ai ſouhaité en mon*
cœur, penſant aux enfans des hommes, que
Dieu les éprouvaſt , & fiſt connoître qu'ils
ſont ſemblables aux bêtes. C'eſt pourquoi
l'homme & les chevaux periſſent de même
façon , leur condition eſt pareille ; comme
l'homme meurt , ceux-ci meurent , ils ont tous
une pareille reſpiration , & l'homme n'a rien
de plus que le cheval , &c. Penſent-ils que
le Saint Eſprit nous enſeigne en ce lieu-là
qu'il faut faire bonne chere , qu'il n'y a
qu'à ſe donner du bon temps, & que nos
ames ne ſont pas plus immortelles que
celles des chevaux ? Je ne penſe pas qu'ils
ſoient enragez & perdus à ce point ; mais
avſſi ne doivent-ils pas me calomnier, ſi
je

je n'ai pas gardé en écrivant des précautions qui n'ont jamais été observées par aucun autre qui ait écrit, non pas même par le Saint Esprit.

Et en troisiéme lieu, je donne avis à l'Auteur de ces libelles, que je n'ai jamais écrit, *Que Dieu ne doit pas être dit seulement negativement, mais même positivement la cause efficiente de soi-même*, ainsi qu'il assure fort inconsiderément en la page 8. de son dernier livre. Qu'il cherche dans mes écrits, qu'il les lise, qu'il les parcoure d'un bout à l'autre, au lieu d'y trouver rien de semblable, il y trouvera tout le contraire. Et il n'y a pas un de ceux qui ont lû mes écrits, ou qui me connoissent tant soit peu, ou du moins qui ne me tiennent pas tout-à-fait pour un fat, ou pour un insensé, qui ne sçache que je suis fort éloigné d'avoir des opinions si monstrueuses. Et c'est ce qui fait que j'admire grandement quel peut être le dessein de ces calomniateurs ; car s'ils prétendent de persuader aux hommes, que j'ai écrit des choses toutes contraires à celles qui se trouvent dans mes écrits, ils devroient auparavant prendre le soin de supprimer tous ceux que j'ai publiez, & même d'effacer de la memoire de ceux qui les ont lûs tout ce qu'ils en ont retenu ; car tandis qu'ils ne le font point, ils se nuisent plus

qu'à moi. J'admire auſſi qu'ils s'élevent
ſi fort, & avec tant de chaleur & d'ani-
moſité contre une perſonne qui ne les a jamais ni attaqué, ni nui en aucune choſe,
mais qui pourroit peut-être bien leur nuire, s'ils m'avoient irrité, & que cependant ils ne diſent mot à pluſieurs autres
qui ont refuté leur doctrine par des livres
entiers, & qui ſe ſont moquez d'eux,
comme de gens ſimples & extravagans. Je
ne veux pourtant rien ajouter icy, qui
puiſſe davantage les détourner du deſſein
qu'ils peuvent avoir de m'attaquer par
leurs libelles; c'eſt avec plaiſir que je vois
qu'ils m'eſtiment aſſez pour m'attaquer de
la ſorte, mais cependant je ſouhaite qu'ils
reviennent en leur bon ſens.

*Ceci a été écrit à Egmond en Hollande ſur
la fin du mois de Decembre en l'année
1647.*

CLARISSIMO VIRO

DOMINO*****

CENSURA

QUARUMDAM EPISTOLARUM

DOMINI BALZACII.

LETTRE XXXI.

CLARISSIME DOMINE,

Quocunque animo legam has Epiſtolas, ſive ut ſeriò examinem, ſive magis ut oblecter, tantoperè mihi ſatisfaciunt, ut non modo nihil inveniam quod debeat reprehendi, ſed nequidem etiam in rebus tam bonis facilè judicem quid præcipuè ſit laudandum. Eſt enim in illis puritas elocutionis, tanquam in humano corpore valetudo, quæ ſcilicet ex eo maximè credenda eſt optima, quod nullum relinquat ſui ſenſum. Eſt inſuper elegantia & venuſtas, tanquam in perfectè formoſa muliere pulchritudo, nempe quæ non in hac

Sſ ij

aut illâ re , fed in omnium tali confenfu
& temperamento confiftit , ut nulla de-
fignari poffit ejus pars inter cæteras emi-
nentior , ne fimul aliarum malè fervata
proportio imperfectionis arguatur. Sed veluti fingulæ pulchritudinis partes , inter
ævos & defectus formarum quas videre
confuęvimus, facilè diftinguntur, atque
harum nonnullæ interdum tanta laude di-
gnæ funt , ut hinc optimè, quantò majora
effent formæ omnibus numeris abfolutæ
merita , fi quæ talis reperiretur , æftime-
mus ; non difpari ratione, fi ad aliorum
fcriptâ mentem converto, plurimas fæpe
in illis virtutes orationis enumero, nempe.
quorumdam vitiorum mixtura diftinctas.
Et quoniam illæ etiam ibi fuis laudibus
non carent, hinc maximè percipio, quantò
pluris hîc faciendæ fint , ubi puræ exif-
tunt. Apud alios enim ficubi verba lectif-
fima, curiofo ordine difpofita , & liberali
ftilo profufa, non parum auribus fortafsè
fatisfaciant , ibidem ut plurimùm fenfus
humilis , & in vaftâ oratione difperfus ,
attenta ingenia fruftratur. Si contra figni-
cantiffimæ dictiones, nobilium cogitationum abundantiâ, mentes capaciores interdum oblectent, eafdem preffo & fubobf-
curo ftilo fæpius fatigant. Si vero inter
hæc ;extrema medium tenentes;, verum
fermonis inftitutum in puris rebus expri-

mendis rigidiùs obfervent , tam aufteri
funt , ut à delicatis non amentur. Si qui
denique in falibus & locis teneriores mu-
fas exerceant , illi ferè omnes vel in vocum exoletarum fictâ majeftate , vel in
peregrinarum ftrepitu , vel in novarum
mollitie , vel in ridiculis æquivocis , vel
in cogitationibus poëticis , falfifque rationibus & puerilibus argutiis malè collocant
orationis venuftatem. Atque hæ nugæ fe-
verioris notæ hominibus non aliter placere
poffunt , quam hiftrionum ineptiæ , aut
gefticulationes fimiarum. In his autem
Epiftolis , & elegantiffimæ orationis uber-
tas , quæ fola implendis lectorum animis
pollet fufficere , vires argumentorum non
diffipat, nec obruit ; & fententiarum digni-
tas , quæ fe proprio pondere facilè fuftine-
ret , nullâ premitur inopiâ dictionum ; fed
cogitationes altiffimi fpiritus, atque à plebe
femotæ , verbis in ore hominum frequentibus , & longo ufu emendatis , accuratiffimè exprimuntur : atque ex tam fœlici rerum cum fermone concordiâ , faciles quædam gratiæ exurgunt , ab afcititiis illis ,
quibus vulgus decipi folet , non minus
diverfæ , quam formofiffimæ puellæ color
ingenuus , à minio & cerufsâ prurientium
vetularum. Et hæc quidem de elocutione
dicta fint , quæ fola ferè in hoc fcriben-
di genere effet fpectanda , nifi hæ litteræ

S f iij

aliquid altius saperent, quam quæ vulgò mittuntur ad familiares. Quia verò sæpius non minora tractant argumenta), quam ipsæ conciones quæ ab antiquis oratoribus publicè habebantur, quædam dicenda sunt de eximiâ illâ persuadendi scientiâ, quæ requiri solet ad eloquentiæ complementum. Hæc verò apud alios habuit etiam suas virtutes & sua vitia. Nam primis & incultis temporibus, antequam ulla fuissent adhuc in mundo dissidia, & cum lingua candidæ mentis affectus non invita sequebatur, erat quidem in majoribus ingeniis divina quædam eloquentiæ vis, quæ ex zelo veritatis & sensûs abundantiâ profluens, rudes homines ex sylvis eduxit, leges imposuit, urbes condidit, eademque habuit persuadendi potestatem simul & regnandi. Sed paulò post illam apud Græcos & Romanos fori contentio & concionum frequentia corrupit, dum nimis exercuit. Transmisit enim ad vulgares homines, qui, cum aperto Marte, & solius veritatis copiis, auditorum animos vincere desperarent, confugiebant ad sophismata, & inanes verborum insidias, quibus etsi non rarò incautos fallerent, non meliori tamen jure cum prioribus de Oratoriâ laude contendebant, quam proditores, de verâ fortitudine, cum animosis militibus. Et quamvis fucatas suas rationes aliquando

etiam ad veritatis patrocinium adhiberent,
cum tamen præcipuam artis gloriam po-
nerent in deterioribus causis sustinendis,
in hoc illos fuisse miserrimos puto, quod
optimi Oratores esse non potuerint, quin
mali homines viderentur. Hic verò Balza-
cius quæcumque dicenda suscipit, tam vali-
dis rationibus explicat, & tam grandibus
exemplis illustrat, ut maximè admirer
quandam in ejus stilo vehementiam, &
naturæ impetum, curiosâ arte non frangi,
sed inter elegantias & ornatum ætatis ultimæ, prioris eloquentiæ vires & majes-
tatem retinere. Neque enim abutitur ille
simplicitate lectoris, sed iis uti solet argumentis, quæ licet tam perspicua sint,
ut apud vulgus facilè inveniant fidem,
sunt nihilominus tam solida & vera, ut
quo majori quisque ingenio est, eò cer-
tius ab illo convincatur, idque potissimùm
quoties non alia probat, quam quæ sibi
priùs ipse persuasit. Quamvis enim paradoxa veris interdum rationibus adornari
posse non ignoret, periculosasque veritates aliquibus in locis prudentissimâ arte
declinet, est tamen in ejus scriptis generosa quædam libertas, quæ satis indicat
illum nihil ægriùs sustinere, quam mentiri.
Hinc, si quando vitia nobilium descri-
benda suscipiat, non servili potentiæ metu,
si virtutes, nullâ animi malignitate à vero

dicendo prohibetur. Si vero de seipso ser-
monem instituat, nec corporis morbos &
naturæ imbecillitatem exponendo, con-
temptum, nec meritas ingenii sui laudes
non dissimulando, invidiam reformidat.
Quod non ignoro à multis primo intuitu
in deteriorem partem sumi posse ; vitia
enim tam frequentia sunt hoc sæculo, &
virtutes tam raræ, ut quotiescumque idem
effectus potest ad honestam, vel tur-
pem causam referri, de illo non dubitent
mortales, juxta id quod sæpius accidit,
judicare. Quisquis autem animadvertet
eundem Balzacium, non bona tantum, sed
mala etiam, tum sua tum aliena, in scriptis suis liberè declarare, nunquam profectò rebitur, adeò diversos in eodem
homine mores existere, ut modò dedecora
aliorum per malignam temeritatem, modò
rectè facta per timidam adulationem di-
vulget, modo etiam infirmitates suas per
quandam animi vilitatem, modò egregias
dotes per cupidinem inanis gloriæ descri-
bat : sed potius illum hæc omnia, tantùm quia talia esse sentit, ex amore veritatis, & per insitam quandam generositatem dissimulare non posse. Atque hunc
candorem & antiquos mores, ingenii supra vulgus positi, rebitur æqua posteritas,
etiamsi nunc in homine vivo lividi mortales tam sublime virtutis genus recusent

admittere. Tanta eft enim depravatio gen-
tis humanæ, ut quemadmodum in cœtu
corruptæ juventutis caftum effe vel fo-
brium, ita ferè apud omnes vitio verta-
tur ingenuum effe & veracem, multóque
avidiùs falfa crimina, quam veræ laudes
audiantur; idque potiffimùm, fi quando
viri egregii de fe ipfis loqui velint; nam
tunc maximè veritas fuperbiæ, diffimu-
latio verò & mendacium moderationi tribuuntur. Unde famofi in Balzacium libelli
tam fpeciofam criminandi materiam ha-
buere, ut quafcunque alias, quantumlibet
injuftas vel ridiculas accufationes, capi-
tali ifti conjungerent, fimul tamen omnes, tanquam hujus favore commenda-
tas, imperitum vulgus admitteret; Et certè
hoc in loco calamitofum mihi videtur,
tam multos, ex iis qui fe aliquos putant,
vulgi appellatione comprehendi.

A

M O N S I E U R *****

*Jugement de Monsieur Descartes de quelques
Lettres de Balzac.*

L E T T R E XXXI.

Version de la précedente.

QUelque deſſein que j'aye en liſant ces
Lettres, ſoit que je les liſe pour les
examiner, ou ſeulement pour me divertir, j'en retire toujours beaucoup de ſatisfaction ; & bien loin d'y trouver rien
qui ſoit digne d'être repris, parmi tant
de belles choſes que j'y vois, j'ai de la
peine à juger quelles ſont celles qui me-
ritent le plus de loüange. La pureté de
l'élocution y regne par tout, comme fait
la ſanté dans le corps, qui n'eſt jamais
plus parfaite que lors qu'elle ſe fait le
moins ſentir. La grace & la politeſſe y re-
luiſent comme la beauté dans une femme
parfaitement belle, laquelle ne conſiſte
pas dans l'éclat de quelque partie en particulier, mais dans un accord & un tem-

perament si juste de toutes les parties ensemble, qu'il n'y en doit avoir aucune
qui l'emporte par dessus les autres, de
peur que la proportion n'étant pas bien
gardée dans le reste, le composé n'en soit
moins parfait. Mais comme toutes les
parties qui ont quelque avantage se re-
connoissent facilement parmi les tâches
qu'on a coutume de remarquer dans les
beautez communes, & même qu'il s'en
trouve quelquefois parmi celles où nous
remarquons des défauts, qui sont dignes
de tant de loüanges, que par là nous
pouvons juger combien grand seroit le
merite d'une beauté parfaite, s'il s'en ren-
controit dans le monde ; de même, quand
je considere les écrits des autres, j'y trouve souvent à la verité plusieurs graces
& ornemens dans le discours, mais qui
ne sont point sans le mélange de quelque
chose de vicieux ; Et parce que ces pieces toutes defectueuses qu'elles sont, ne
laissent pas de meriter quelque approbation, je connois par là très-clairement l'estime que je dois faire des Lettres de Monsieur de Balzac, où les graces se voyent
dans toute leur pureté. Car s'il y en a de
qui le discours flatte quelquefois l'oreille,
parce que les termes en sont choisis, les
mots bien arrangez, & le stile diffus ;
là aussi le plus souvent la bassesse des pen-

fées , répanduë dans un vaste difcours ,
fatisfait peu l'attention du lecteur , qui
ne trouve ordinairement que des paroles qui ne renferment que très - peu de
fens. Et fi d'autres au contraire par des
mots fort fignificatifs , accompagnez de la
richeffe & de la fublimité des penfées ,
font capables de contenter les plus grands
efprits , fouvent auffi un ftile trop concis
& obfcur les laffent & les fatiguent. Que fi
quelques autres tenant le milieu entre ces
deux extremitez , fans fe foucier de la
pompe & de l'abondance des paroles ,
fe contentent de les faire fervir felon leur
vrai ufage à exprimer fimplement leurs
penfées , ils font fi rudes & fi aufteres
que des oreilles un peu delicates ne les
fçauroient fouffrir. Enfin s'il y en a qui
s'adonnans à des études plus faciles &
plus enjoüées , ne s'occupent qu'à la recherche de quelques bons mots , & de
quelques jeux de l'efprit ; ceux - là pour
l'ordinaire font confifter mal à propos la
politeffe du difcours , ou dans la feinte
majefté de quelques termes abolis , ou
dans l'ufage frequent de quelques mots
étrangers , ou dans la douceur de quelques façons de parler nouvelles , ou enfin
dans des équivoques ridicules , des fic-
tions poëtiques , des argumentations fo-
phiftiques , & des fubtilitez pueriles ; mais

pour dire la verité, toutes ces gentilles-
ses, ou plûtôt ces vains amusemens d'esprit, ne sçauroient davantage satisfaire des
personnes un peu graves, que les niai-
series d'un bouffon, ou les souplesses d'un
bâteleur. Mais dans ces épîtres, ni l'étenduë d'un discours très-éloquent, qui pourroit seul remplir suffisamment l'esprit des
lecteurs, ne dissipe & n'étouffe point la
force des argumens, ni la grandeur & la
dignité des sentences, qui pourroit aisément se soutenir par son propre poids, n'est
point ravalée par l'indigence des paroles :
mais au contraire on y voit des pensées
très-relevées, & qui sont hors de la portée du vulgaire, fort nettement expri-
mées par des termes qui sont toujours
dans la bouche des hommes, & que l'u-
sage a corrigé. Et de cette heureuse al-
liance des choses avec le discours, il en
resulte des graces si faciles & si naturelles, qu'elles ne sont pas moins differentes de ces beautez trompeuses & contre-
faltes, dont le peuple a coutume de se
laisser charmer, que le teint & le coloris
d'une belle & jeune fille est different du
fard & du vermillon d'une vieille qui fait
l'amour. Ce que j'ai dit jusques icy ne
regarde que l'élocution, qui est presque
tout [ce qu'on a, coutume de considerer
dans ce genre d'écrire ; mais ces lettres

contiennent quelque chose de plus relevé que ce qui s'écrit ordinairement à des amis ; & d'autant que les argumens dont elles traitent, souvent ne sont pas moindres que ceux de ces harangues que ces anciens orateurs declamoient autrefois devant le peuple, je me trouve obligé de dire ici quelque chose de ce rare & excellent art de persuader, qui est le comble & la perfection de l'éloquence. Cet art, comme toutes les autres choses, a eu dans tous les temps ses vices aussi-bien que ses vertus. Car dans les premiers siecles où les hommes n'étoient pas encore civilisez, où l'avarice & l'ambition n'avoient encore excité aucune dissention dans le monde, & où la langue sans aucune contrainte suivoit les affections & les sentimens d'un esprit sincere & veritable ; il y a eu à la verité dans les grands hommes une certaine force d'éloquence, qui avoit quelque chose de divin, laquelle provenant de l'abondance du bon sens, & du zele de la verité, a retiré des bois les hommes à demi sauvages, leur a imposé des loix, leur a fait bâtir des villes, & qui n'a pas eu plûtôt la puissance de persuader, qu'elle a eu celle de regner. Mais peu de temps après, les disputes du barreau, & l'usage frequent des harangues, l'ont corrompuë chez les Grecs

& chez les Romains, pour l'avoir trop
exercée ; car de la bouche des sages,
elle est passée dans celle des hommes du
commun, qui desesperans de se pouvoir
rendre maîtres de l'esprit de leurs auditeurs, en n'employant point d'autres armes
que celles de la verité, ont eu recours
aux sophismes & aux vaines subtilitez du
discours ; & bien qu'ils surprissent assez
souvent l'esprit des personnes simples &
peu prudentes, & que par ce moyen ils
s'en rendissent les maîtres, ils n'ont pas
eu neanmoins plus de raison de disputer
de la gloire de l'éloquence avec ces premiers Orateurs, que des traîtres en pourroient avoir de contester de la veritable
generosité avec des soldats fideles & aguer-
ris ; & quoi qu'ils employassent quelquefois leurs fausses raisons pour la défense de
la verité, neanmoins parce qu'ils faisoient
consister la principale gloire de leur art à
défendre de mauvaises causes, je les trouve avoir été en cela très-miserables, de
n'avoir pû passer pour bons Orateurs, sans
paroître de méchans hommes. Mais pour
Monsieur de Balzac, il explique avec tant
de force tout ce qu'il entreprend de traiter, & l'enrichit de si grands exemples,
qu'il y a lieu de s'étonner que l'exacte
observation de toutes les regles de l'art
n'ait point affoibly la vehemence de son

ftile, ni retenu l'impetuofité de fon naturel, & que parmi l'ornement & l'élegance
de nôtre âge, il ait pû conferver la force
& la majefté de l'éloquence des premiers
fiecles. Car il n'abufe point, comme font
la plûpart, de la fimplicité de fes lecteurs;
& quoique les raifons qu'il employe
foient fi plaufibles, qu'elles gagnent facilement l'efprit du peuple, elles font avec
cela fi folides & fi veritables, que plus
une perfonne a d'efprit, & plus infailliblement il en eft convaincu, principalement lors qu'il n'a deffein de prouver aux
autres, que ce qu'il s'eft auparavant perfuadé lui-même. Car bien qu'il n'ignore
pas qu'il eft quelquefois permis d'appuyer
de bonnes raifons les propofitions les plus
paradoxes, & d'éviter avec adreffe les
veritez un peu perilleufes, on apperçoit
neanmoins dans fes écrits une certaine
liberté genereufe, qui fait affez voir qu'il
n'y a rien qui lui foit plus infupportable
que de mentir. De là vient que fi quelquefois fon difcours le porte à décrire les
vices des grands, la crainte & la flatterie
ne lui font rien diffimuler ; & fi au contraire l'occafion fe prefente de parler de
leurs vertus, il ne les couvre point par
une malice affectée, & dit par tout la
verité. Que fi quelquefois il eft obligé de
parler de lui-même, il en parle avec la même

me liberté ; car ni la crainte du mépris
ne l'empêche point de découvrir aux autres les foiblesses & les maladies de son
corps, ni la malice de ses envieux ne lui
fait point dissimuler les avantages de son
esprit. Ce que je sçai pouvoir être
d'abord interpreté par plusieurs en mauvaise part ; car les vices sont si ordinaires
en ce siecle, & les vertus si rares, que
dès lors qu'un même effet peut dépendre
d'une bonne, ou d'une mauvaise cause,
les hommes ne manquent jamais de le
rapporter à celle qui est mauvaise, & d'en
juger par ce qui arrive le plus souvent.
Mais qui voudra prendre garde que Monsieur de Balzac declare librement dans ses
écrits les vices & les vertus des autres,
aussi-bien que les siens, ne pourra jamais
se persuader qu'il y ait dans un même
homme des mœurs si differentes, que de
découvrir tantôt par une liberté malicieu-
se les fautes d'autrui, & tantôt de publier
leurs belles actions par une honteuse flatterie ; ou de parler de ses propres infirmi-
tez par une bassesse d'esprit, & de décrire
les avantages & les prerogatives de son
ame par le desir d'une vaine gloire, mais
il croira bien plûtôt qu'il ne parle comme il fait de toutes ces choses que par
l'amour qu'il porte à la verité, & par une
generosité qui lui est naturelle. Et la pos-

terité lui faifant juftice, & voyant en lui
des mœurs toutes conformes à celles de
ces grands hommes de l'antiquité, admi-
rera la candeur & l'ingenuité de cet efprit élevé au deffus du commun, quoy
que les hommes jaloux maintenant de fa
gloire ne veüillent pas reconnoître une
vertu fi fublime. Car la dépravation du
genre humain eft aujourd'hui fi grande,
que comme dans une troupe de jeunes
gens débauchez on auroit honte de paroître chafte & temperant, de même auffi
la plûpart du monde fe mocque aujour-
d'hui d'une perfonne qui fait profeffion
d'être fincere & veritable; & l'on prend
bien plus de plaifir à entendre de fauffes
accufations que de veritables loüanges,
principalement quand les perfonnes de
merite parlent un peu avantageufement
d'eux-mêmes; car c'eft pour lors que la
verité paffe pour orgüeil, & la diffimula-
tion ou le menfonge pour moderation.
Et c'eft de là que tant de libelles diffama-
toires qu'on a faits contre lui, ont pris le
fpecieux pretexte & la matiere de toutes
leurs accufations; cette calomnie a auto-
rifé toutes les autres, & leur a donné
cours, pour injuftes & ridicules qu'elles
ayent été, & a fait qu'elles ont toutes
trouvé quelque creance dans l'efprit du
vulgaire : mais à dire le vrai, ce qui eft

icy déplorable, c'est que sous ce mot de vulgaire, la plûpart de ceux-là se trouvent compris, qui s'imaginent être quelque chose, & qui s'estiment plus que les autres.

A

MONSIEUR

DE BALZAC.

Lettre XXXII.

Monsieur,

Encore que pendant que vous avez été à Balzac , je sçusse bien que tout autre entretien que celui de vous-même , vous devoit être importun , si est-ce que je n'eusse pû m'ompêcher de vous y envoyer par fois quelque mauvais compliment , si j'eusse crû que vous y eussiez dû demeurer si long-temps , comme vous avez fait. Mais ayant eu l'honneur de recevoir une de vos Lettres , par laquelle vous me faisiez esperer que vous seriez bien-tôt à la Cour, je fis un peu de scrupule d'aller

troubler vôtre repos jufques dans le defert, & crus qu'il valoit mieux que j'atten-
diffe à vous écrire, que vous en fuffiez
forti ; c'eft ce qui m'a fait differer d'un
voyage à l'autre l'efpace de dix-huit mois,
ce que je n'ai jamais eu intention de differer plus de huit jours ; & ainfi fans que
vous m'en ayez obligation, je vous ay
exempté tout ce temps-là de l'importuni-
té de mes Lettres. Mais puifque vous êtes
maintenant à Paris, il faut que je vous
demande ma part du temps que vous avez
refolu d'y perdre à l'entretien de ceux qui
vous iront vifiter, & que je vous dife que
depuis deux ans que je fuis dehors, je n'ai
pas été une feule fois tenté d'y retour-
ner, finon depuis qu'on m'a mandé que
vous y étiez ; mais cette nouvelle m'a fait
connoître que je pourrois être maintenant
quelque autre part, plus heureux que je
ne fuis icy ; & fi l'occupation qui m'y re-
tient n'étoit felon mon petit jugement la
plus importante, en laquelle je puifle jamais être employé, la feule efperance
d'avoir l'honneur de vôtre converfation,
& de voir naître naturellement devant
moi ces fortes penfées que nous admirons
dans vos ouvrages, feroit fuffifante pour
m'en faire fortir. Ne me demandez point,
s'il vous plaît, quelle peut être cette oc-
cupaion que j'eftime fi importante, car

j'aurois honte de vous la dire ; je suis devenu si Philosophe, que je méprise la plûpart des choses qui sont ordinairement estimées, & en estime quelques autres dont on n'a point accoûtumé de faire cas. Toutefois, pource que vos sentimens sont fort éloignez de ceux du peuple, & que vous m'avez souvent témoigné que vous jugiez plus favorablement de moi que je ne meritois, je ne laisserai pas de vous en entretenir plus ouvertement quelque jour, si vous ne l'avez point desagreable. Pour cette heure, je me contenterai de vous dire que je ne suis plus en humeur de rien mettre par écrit, ainsi que vous m'y avez autrefois vû disposé ; ce n'est pas que je ne fasse grand état de la reputation lors qu'on est certain de l'acquerir bonne & grande comme vous avez fait ; mais pour une mediocre & incertaine, telle que je la pourrois esperer, je l'estime beaucoup moins que le repos & la tranquillité d'esprit que je possede. Je dors icy dix heures toutes les nuits ; & sans que jamais aucun soin me réveille, après que le sommeil a long-temps promené mon esprit dans des buys, des jardins, & des palais enchantez, où j'éprouve tous les plaisirs qui sont imaginez dans les fables, je mêle insensiblement mes réveries du jour avec celles de la nuit ; & quand je m'ap-

perçois d'être éveillé, c'est seulement afin
que mon contentement soit plus parfait,
& que mes sens y participent ; car je ne
suis pas si severe, que de leur refuser
aucune chose, qu'un Philosophe leur puisse permettre, sans offenser sa conscience.
Enfin il ne manque rien ici que la douceur de vôtre conversation ; mais elle
m'est si necessaire pour être heureux, que
peu s'en faut que je ne rompe tous mes
desseins, afin de vous aller dire de bouche que je suis de tout mon cœur,

Monsieur,

> Vôtre très-humble & très-
> obéïssant serviteur,
> DESCARTES.

A MONSIEUR
DE BALZAC.

LETTRE XXXIII.

MONSIEUR,

J'ai porté ma main contre mes yeux pour voir si je ne dormois point, lors que j'ai lû dans vôtre Lettre que vous aviez deſſein de venir icy, & maintenant encore je n'oſe me réjoüir autrement de cette nouvelle, que comme ſi je l'avois ſeulement ſongée. Toutefois je ne trouve pas fort étrange qu'un eſprit grand & genereux comme le vôtre, ne ſe puiſſe accommoder à ces contraintes ſerviles, auſquelles on eſt obligé dans la Cour ; & puiſque vous m'aſſurez tout de bon que Dieu vous a inſpiré de quitter le monde, je croirois pecher contre le Saint-Eſprit, ſi je tâchois à vous détourner d'une ſi ſainte reſolution ; même vous devez pardonner à mon zele, ſi je vous convie de choiſir Amſterdam pour vôtre retraite, & de le preferer ; je ne dirai pas ſeule-

ment à tous les Convens des Capucins &
des Chartreux, où force honnêtes gens
se retirent, mais aussi à toutes les plus
belles demeures de France & d'Italie, &
même à ce celebre Hermitage dans lequel vous étiez l'année passée. Quelque
accomplie que puisse être une maison des
champs, il y manque toujours une infinité de commoditez qui ne se trouvent
que dans les Villes, & la solitude même
qu'on y espere, ne s'y rencontre jamais
toute parfaite. Je veux bien que vous y
trouviez un canal, qui fasse rêver les plus
grands parleurs, & une valée si solitaire,
qu'elle puisse leur inspirer du transport &
de la joye; mais mal aisément se peut-il
faire que vous n'ayez aussi quantité de petits voisins, qui vous vont quelquefois
importuner, & de qui les visites sont encore plus incommodes, que celles que
vous recevez à Paris; au lieu qu'en cette
grande Ville où je suis, n'y ayant aucun
homme excepté moi, qui n'exerce la marchandise, chacun y est tellement attentif à
son profit, que j'y pourrois demeurer toute ma vie sans être jamais vû de personne:
Je me vais promener tous les jours parmi
la confusion d'un grand peuple, avec autant de liberté & de repos, que vous sçauriez faire dans vos allées, & je n'y considere pas autrement les hommes que j'y
vois,

vois, que je ferois les arbres qui se rencontrent en vos forests, ou les animaux
qui y paissent. Le bruit même de leur tra-
cas n'interrompt pas plus mes réveries,
que feroit celui de quelque ruisseau. Que
si je fais quelquefois reflexion sur leurs
actions, j'en reçois le même plaisir, que
vous feriez de voir les paisans qui cultivent vos campagnes ; car je vois que tout
leur travail sert à embellir le lieu de ma
demeure , & à faire que je n'y aye manque d'aucune chose. Que s'il y a du plaisir
à voir croître les fruits en vos vergers,
& à y être dans l'abondance jusques aux
yeux, pensez-vous qu'il n'y en ait pas bien
autant à voir venir icy des vaisseaux, qui
nous apportent abondamment tout ce que
produisent les Indes, & tout ce qu'il y a de
rare en l'Europe. Quel autre lieu pourroit-on choisir au reste du monde , où
toutes les commoditez de la vie , & toutes les curiositez qui peuvent être souhai-
tées , soient si faciles à trouver qu'en
cettui-ci. Quel autre païs où l'on puisse
joüir d'une liberté si entiere , où l'on puisse
dormir avec moins d'inquietude, où il y ait
toujours des armées sur pied , exprès pour
nous garder , où les empoisonnemens , les
rahisons , les calomnies soient moins connuës, & où il soit demeuré plus de reste
de l'innocence de nos ayeuls. Je ne sçai

Tome II.   V u

comment vous pouvez tant aimer l'air
d'Italie, avec lequel on respire si souvent
la peste, & où toujours la chaleur du
jour est insupportable, la fraîcheur du
soir mal saine, & où l'obscurité de la
nuit couvre des larcins & des meurtres.
Que si vous craignez les hyvers du Septentrion, dites-moi quelles ombres,
quel éventail, quelles fontaines vous
pourroient si bien preserver à Rome des
incommoditez de la chaleur, comme un
poëlle & un grand feu vous exempte-
ront ici d'avoir froid. Au reste, je vous
dirai que je vous attens avec un petit recüeil de réveries, qui ne vous seront
peut-être pas desagreables ; & soit que
vous veniez, ou que vous ne veniez pas,
je serai toujours passionnément, &c.

A

MONSIEUR *****.

LETTRE XXXIV.

MONSIEUR,

J'avouë qu'il y a un grand défaut dans l'écrit que vous avez vû, ainsi que vous le remarquez, & que je n'y ai pas assez étendu les raisons, par lesquelles je pense prouver qu'il n'y a rien au monde qui soit de soi plus évident & plus certain que l'existence de Dieu, & de l'ame humaine, pour les rendre faciles à tout le monde; mais je n'ai osé tâcher de le faire, d'autant qu'il m'eût fallu expliquer bien au long les plus fortes raisons des Sceptiques, pour faire voir qu'il n'y a aucune chose materielle, de l'existence de laquelle on soit assuré, & par même moyen accoutumer le lecteur à détacher sa pensée des choses sensibles, puis montrer que celui qui doute ainsi de tout ce qui est materiel, ne peut aucunement pour cela douter de sa propre existence; d'où il suit

que celui-là , c'est-à-dire l'ame, est un
estre, ou une substance qui n'est point du
tout corporelle ; & que sa nature n'est que
de penser, & aussi qu'elle est la premiere
chose qu'on puisse connoître certainement,
même en s'arrêtant assez long-temps sur
cette meditation , on acquert peu à peu
une connoissance très-claire, & si j'ose ainsi
parler, intuitive , de la naturelle intellec-
tuelle en general ; l'idée de laquelle étant
consideré sans limitation , est celle qui
nous represente Dieu , & limitée, est celle d'un Ange, ou d'une ame humaine ; or
il n'est pas possible de bien entendre ce
que j'ai dit après de l'existence de Dieu,
si ce n'est qu'on commence par là , ainsi
que j'ai assez donné à entendre en la page
48. Mais j'ai eu peur que cette entrée,
qui eût semblé d'abord vouloir introduire
l'opinion des Sceptiques , ne troublât les
plus foibles esprits, principalement à cause que j'écrivois en langue vulgaire : de
façon que je n'en ai même osé mettre le
peu qui est à la page 41. qu'après avoir
usé de preface : & pour vous , Monsieur,
& vos semblables , qui font des plus intelligens, j'ai esperé que s'ils prennent la
peine, non pas seulement de lire , mais
aussi de méditer par ordre les mêmes
choses que j'ai dit avoir meditées , en s'arrêtant assez long-temps sur chaque point,

pour voir fi j'ai failly, ou non, ils en ti-
reront les mêmes conclufions que j'ai fait;
je ferai bien aife au premier loifir que j'aurai, de faire un effort pour tâcher d'é-
claircir davantage cette matiere, & d'a-
voir eu en cela quelque occafion de vous
témoigner que je fuis, &c.

A MONSIEUR ****.

LETTRE XXXV.

MONSIEUR,

Ayant eu dernierement l'honneur
d'aller en vôtre compagnie au logis de
Monfieur de Charnaflé pour lui faire offre
de mon fervice, j'ai penfé que vous n'auriez pas défagreable que je vous priaffe de
lui prefenter l'un des exemplaires que je
vous envoye, & enfemble de lui en offrir
encore deux autres, l'un pour le Roy, &
l'autre pour Monfieur le Cardinal de Ri-
chelieu, s'il lui plaît de me tant obliger,
que de trouver bon que ce foit par fon
entremife que je les leur prefente, afin de
leur témoigner en tout le peu que je puis,
ma très-humble devotion à leur fervice.

Il est vrai que n'ayant pas voulu mettre
mon nom en ces écrits, je n'avois aucunement esperé qu'il me dûssent donner occasion de le faire dire à des personnes si
hautes & si éminentes ; mais ayant reçû ces
jours derniers un Privilege du Roy, dans
lequel il a été mis, quelque soin que j'aye
eu de le celer, je crois devoir faire maintenant quasi le même, que si j'avois eu
dessein de le publier, & ne pouvoir plus
supposer qu'il soit inconnu ; & pour ce qu'on
a ajouté quelques clauses en ce Privilege,
que je n'ai jamais vûës en d'autres Livres,
& qui sont beaucoup plus avantageuses
pour moy, que je ne merite, bien que je
ne les aye point desirées, & que je n'aye
demandé qu'à être reçû au nombre des
Ecrivains les plus vulgaires ; je leur en
suis tellement obligé, que je ne sçai quels
moyens je dois chercher pour leur faire
paroître ma reconnoissance ; car je ne crois
pas que nous soyons seulement redeva-
bles aux grandes faveurs que nous recevons immediatement de leurs mains, mais
aussi de toutes celles qui nous viennent de
leurs Ministres, tant à cause que ce sont
eux qui leur en donnent le pouvoir, que
principalement aussi à cause qu'ayant fait
choix de telles personnes plûtôt que d'autres, nous devons croire que leurs incli-
nations à nous obliger, sont les mêmes

que nous remarquons en ceux aufquels ils
donnent le pouvoir de nous bien faire. Et
ainfi encore que je ne fois pas fi vain, que
de m'imaginer que les penfées du Roy,
ou de Monfieur le Cardinal, fe foient
abaiffées jufques à moi, ni qu'ils fçachent
rien du Privilege que Monfieur le Chan-
celier m'a obligé de fceller, je ne laiffe
pas de leur en avoir la premiere & la
principale obligation, & je reconnois en
cela que la France eft bien autrement &
bien mieux gouvernée que n'étoit autrefois la ville d'Ephefe, en laquelle il étoit
défendu d'exceller, vû qu'au contraire on
y gratifie non-feulement ceux qui excellent, au rang defquels je n'ofe afpirer,
mais même ceux qui font quelque effort pour bien faire, encore que ce foit
par des voyes extraordinaires, qui eft une
chofe de laquelle je confeffe qu'on auroit
eu droit de m'accufer, fi j'euffe vêcu parmi les Ephefiens. Au refte, je ne m'excufe
point envers Monfieur de Charnaffé de la
liberté que je prens de l'employer en cette occafion : car la charge d'Ambaffadeur
qu'il a ici, le bon accüeil dont il m'a
obligé lors que j'ai eu l'honneur de le
voir, & la connoiffance très-particuliere
qu'il a des fciences dont j'ai traité en ces
écrits, me font plûtôt croire qu'il trouveroit mauvais que je m'adreffaffe à un au-

tre. Et je ne doute point que ma priere ne
lui foit plus agreable, en lui étant adref-
fée par une perfonne de vôtre merite,
que par mes lettres ou par moi. C'eſt
pourquoi je vous donnerai s'il vous plaît
cette peine, & ferai toute ma vie, &c.

A UN REVEREND PERE

DE L'ORATOIRE,

DOCTEUR DE SORBONNE.

LETTRE XXXVI.

Monsieur et Reverend Pere,

J'ai aſſez éprouvé combien vous favo-
riſiez le deſir que j'ai de faire quelque pro-
grez en la recherche de la verité, & le
témoignage que vous m'en rendez encore
par lettres m'oblige extrémement. Je ſuis
auſſi très-obligé au R. P. de la Barde pour
avoir pris la peine de lire mes penſées de
Metaphyſique, & m'avoir fait la faveur
de les défendre, contre ceux qui m'ac-
cuſoient de mettre tout en doute : il a
très-parfaitement pris mon intention ; &

ſi j'avois pluſieurs protecteurs tels que vous & lui, je ne douterois point que mon parti ne ſe rendît bien-tôt le plus fort ; mais quoi que je n'en aye que fort peu, je ne laiſſe pas d'avoir beaucoup de ſatisfaction, de ce que ce ſont les plus grands hommes & les meilleurs eſprits qui goutent & favoriſent le plus mes opinions. Je me laiſſe aiſément perſuader que ſi le R. P. G. eût vêcu, il en auroit été des principaux, & bien qu'il n'y ait pas long-temps que Monſieur Arnauld ſoit Docteur, je ne laiſſe pas d'eſtimer plus ſon jugement, que celui d'une moitié des anciens. Mon eſperance n'a point été d'obtenir leur approbation en corps ; j'ai trop bien ſçû, & prédit il y a long-temps, que mes penſées ne ſeroient pas au goût de la multitude, & qu'où la pluralité des voix auroit lieu, elles ſeroient aiſément condamnées. Je n'ai pas auſſi deſiré celle des particuliers, à cauſe que je ſerois marry qu'ils fiſſent rien à mon ſujet qui pût être déſagreable à leurs confreres, & auſſi qu'elle s'obtient ſi facilement pour les autres livres, que j'ai crû que la cauſe pour laquelle on pourroit juger que je ne l'ai pas, ne me ſeroit point deſavantageuſe ; mais cela ne m'a pas empêché d'offrir mes Meditations à vôtre Faculté, afin de les faire d'autant mieux examiner ; & que fi ceux d'un corps fi celebre ne trouvoient point de juftes raifons pour les reprendre, cela me pût affurer des veritez qu'elles contiennent.

Pour ce qui eft du principe par lequel il me femble connoître que l'idée que j'ai d'une chofe, *non redditur à me inadaquata per abftractionem intellectûs*, je ne le tire que de ma propre penfée ; car étant affuré que je ne puis avoir aucune connoiffance de ce qui eft hors de moi, que par l'entremife des idées que j'en ai en moi, je me garde bien de rapporter mes jugemens immediatement aux chofes, & de leur rien attribuer de pofitif, que je ne l'apperçoive auparavant en leurs idées : mais je crois auffi que tout ce qui fe trouve en ces idées, eft neceffairement dans les chofes ; ainfi pour fçavoir fi mon idée n'eft point renduë non complette, ou *inadaquata*, par quelque abftraction de mon efprit, j'examine feulement fi je ne l'ai point tirée, non de quelque fujet plus complet, mais de quelqu'autre idée plus complette & plus parfaite que j'aye en moi, & fi je ne l'en ai point tirée *per abftractionem intellectûs*, c'eft-à-dire, en détournant ma penfée d'une partie de ce qui eft compris en cette idée complette, pour l'appliquer d'autant mieux, & me rendre d'autant plus attentif à l'autre partie ; com-

me lors que je confidere une figure, fans
penfer à la fubftance ni à la quantité dont
elle eft figure, je fais une abftraction d'efprit que je puis aifément reconnoître par
après, en examinant fi je n'ai point tiré
cette idée que j'ai de la figure, de quelqu'autre que j'ai eu auparavant, & à qui
elle eft tellement jointe, que bien qu'on
puiffe penfer à l'une, fans avoir aucune
attention à l'autre, on ne puiffe toutefois
la nier de cette autre, lors qu'on penfe à
toutes les deux; car je vois clairement que
l'idée de la figure, eft ainfi jointe à l'idée
de l'extenfion & de la fubftance, vû qu'il
eft impoffible que je conçoive une figure,
en niant qu'elle ait aucune extenfion, &
en niant qu'elle foit l'extenfion d'une fubftance; mais l'idée d'une fubftance étenduë & figurée eft complette, à caufe que
je la puis concevoir toute feule, & nier
d'elle toutes les autres chofes dont j'ai des
idées. Or il eft ce me femble fort clair,
que l'idée que j'ai d'une fubftance qui penfe, eft complette en cette façon, & que
je n'ai aucune autre idée en mon efprit
qui la precede, & qui lui foit tellement
jointe, que je ne les puiffe bien concevoir
en les niant l'une de l'autre; car il ne peut
y en avoir de telle en moy, que je ne la
connoiffe. Et enfin ce ne font que les
modes feuls, dont les idées font renduës

non complettes par l'abſtraction de nôtre
eſprit , lors que nous les conſiderons ſans
la choſe dont ils ſont modes ; car pour les
ſubſtances elles ne peuvent n'être pas
complettes ; & même il eſt impoſſible de
concevoir aucune de ces qualitez qu'on
nomme réelles , que par cela ſeul qu'on les
nomme réelles , on ne les conçoive comme complettes , ce qui fait auſſi qu'ion
avoüe qu'elles peuvent être ſeparées de la
ſubſtance , ſinon naturellement , au moins
ſurnaturellement , ce qui ſuffit. On dira
peut-être que la difficulté demeure encore , à cauſe que bien que je conçoive
l'ame & le corps comme deux ſubſtances qui peuvent être l'une ſans l'autre , je
ne ſuis pas toutefois aſſuré qu'elles ſoient
telles que je les crois. Mais il en faut revenir à la regle cy-devant poſée , à ſçavoir ,
que nous ne pouvons avoir aucune connoiſſance des choſes , que par les idées
que nous en concevons , & que par conſéquent nous n'en devons juger que ſuivant ces idées , & même penſer que tout
ce qui repugne à ces idées eſt abſolument
impoſſible , & implique contradiction.
Ainſi nous n'avons aucune autre raiſon
pour aſſurer qu'il n'y a point de montagne
ſans vallée , ſinon que nous voyons que
leurs idées ne peuvent être complettes ,
quand nous les conſiderons l'une ſans l'au-

tre, bien que nous puiſſions par abſtraction, avoir l'idée d'une montagne, ou
d'un lieu par lequel on monte de bas en
haut, ſans conſiderer qu'on peut auſſi
deſcendre par le même de haut en bas.
Ainſi nous pouvons dire qu'il implique contradiction, qu'il y ait des atomes, ou des
parties de matiere qui ayent de l'extenſion, & toutefois qui ſoient indiviſibles,
à cauſe qu'on ne peut avoir l'idée d'aucune
extenſion, ſans avoir auſſi celle de ſa moitié, ou de ſon tiers, ni par conſéquent
ſans la concevoir comme diviſible en deux
ou en trois; car de cela ſeul que je conſidere les deux moitiez d'une partie de
matiere, tant petite qu'elle puiſſe être,
comme deux ſubſtances complettes, &
*quarum idea non redduntur à me inadæquata
per abſtractionem intellectûs*, je conclus certainement qu'elles ſont réellement diviſi-
bles; & ſi l'on me diſoit que nonobſtant que
je les puiſſe concevoir l'une ſans l'autre,
je ne ſçai pas pour cela, ſi Dieu ne les a
point unies ou jointes l'une à l'autre d'un
lien ſi étroit, qu'elles ſoient entierement
inſéparables, & ainſi que je n'ai pas raiſon de l'aſſurer; je répondrois que de
quelque lieu qu'il puiſſe les avoir jointes,
je ſuis aſſuré qu'il les peut ſeparer, &
ainſi abſolument parlant qu'elles peuvent
être ſeparées, puiſqu'il m'a donné la fa-

culté de les concevoir comme feparées; &
je dis tout de même de l'ame & du corps,
& generalement de toutes les chofes dont
nous avons des idées diverfes & .complet-
tes .; mais je ne nie pas pour cela qu'il ne
puiffe y avoir dans l'ame ou dans le corps
plufieurs chofes dont je n'ai aucunes idées;
je nie feulement qu'il y ait rien qui repugne aux idées que j'en ai , .car autrement
Dieu feroit trompeur , & nous n'aurions
aucune regle pour nous affurer de la verité.

La raifon pour laquelle je crois que
l'ame penfe toujours, elle eft la même qui
me fait croire que la lumiere luit toujours,
bien qu'il n'y a point d'yeux qui la regardent ; que la .chaleur eft toujours chaude
bien qu'on ne s'y .chauffe point ; que le
corps, ou la fubftance étenduë , a toujours de l'extenfion , & generalement que
ce qui conftituë la nature d'une .chofe y
eft toujours pendant qu'elle exifte ; en
forte qu'il me feroit bien plus aifé de croire
que l'ame cefferoit d'être, quand on dit
qu'elle ceffe de penfer, que non pas de
concevoir qu'elle foit fans penfée. Et je
ne vois ici aucune difficulté, qu'à caufe
qu'on juge fuperflu de croire qu'elle penfe, lors qu'il ne nous en refte aucun fouvenir par après ; mais fi on confidere que
nous avons toutes les nuits mille penfées,
& même qu'en veillant nous en avons eu

mille depuis une heure, dont il ne nous
reſte aucune trace, & dont nous ne voyons
pas mieux l'utilité, que de celles que nous
pouvons avoir euës avant que de naître, on
aura bien moins de peine à ſe le perſuader, qu'à juger, qu'une ſubſtance dont
la nature eſt de penſer, puiſſe exiſter, &
toutefois ne penſer point. Je ne vois auſſi
aucune difficulté à entendre que les fa-
cultez d'imaginer & de ſentir appartiennent à l'ame, à cauſe que ce ſont des eſpeces de penſées ; & neanmoins elles n'appartiennent à l'ame qu'entant qu'elle eſt
jointe au corps, à cauſe que ce ſont des
eſpeces de penſées, ſans leſquelles on peut
concevoir l'ame toute pure. Pour ce qui
eſt des animaux, nous connoiſſons bien
en eux des mouvemens ſemblables à ceux
qui ſuivent de nos imaginations ou ſentimens, mais non pas pour cela des imaginations ou ſentimens ; & au contraire,
ces mêmes mouvemens ſe pouvant faire
ſans imagination, nous avons raiſon de
croire que c'eſt ainſi qu'ils ſe font en eux,
ainſi que j'eſpere faire voir clairement, en
décrivant par le menu toute l'architecture
de leur corps, & les cauſes de leurs mouvemens. Mais je crains que je ne vous aye
déja ennuyé par la longueur de cette lettre;
je me tiendrai très-heureux ſi vous me
continuez l'honneur de vôtre bienveillan-

ce, & la faveur de vôtre protection, comme à celui qui est, &c.

A MONSIEUR
DE ZUITLICHEN.

LETTRE XXXVII.

MONSIEUR,

Encore que je me sois retiré assez loin
hors du monde, la triste nouvelle de vôtre affliction n'a pas laissé de parvenir
jusques à moi. Si je vous mesurois au
pied des ames vulgaires, la tristesse que
vous avez témoignée dès le commencement de la maladie de feuë Madame de
Z. me feroit craindre que son decez ne
vous fût du tout insupportable ; mais ne
doutant point que vous ne vous gouver-
niez entierement selon la raison, je me
persuade qu'il vous est beaucoup plus aisé
de vous consoler, & de reprendre vôtre
tranquillité d'esprit accoutumée, maintenant qu'il n'y a plus du tout de remede,
que lors que vous aviez encore occasion
de craindre & d'esperer. Car il est certain

tain que l'efperance étant du tout ôtée, le
defir ceffe, ou du moins fe relâche & perd
fa force, & quand on n'a que peu ou point
de defir de r'avoir ce qu'on a perdu, le
regret n'en peut être fort fenfible. Il eft
vrai que les efprits foibles ne goutent
point du tout cette raifon, & que fans
fçavoir eux-mêmes ce qu'ils s'imaginent,
ils s'imaginent que tout ce qui a autrefois
été, peut encore être, & que Dieu eft
comme obligé de faire pour l'amour d'eux
tout ce qu'ils veulent; mais une ame forte
& genereufe comme la vôtre, fçachant
la condition de nôtre nature, fe foumet
toujours à la neceffité de fa loy; & bien
que ce ne foit pas fans quelque peine,
j'eftime fi fort l'amitié, que je crois que
tout ce que l'on fouffre à fon occafion eft
agreable, enforte que ceux même qui
vont à la mort pour le bien des perfonnes qu'ils affectionnent, me femblent
heureux jufques au dernier moment de
leur vie. Et quoi que j'apprehendaffe pour
vôtre fanté, pendant que vous perdiez le
manger & le repos pour fervir vous-même vôtre malade, j'euffe penfé commet-
tre un facrilege, fi j'euffe tâché à vous
divertir d'un office fi lpieux & fi doux.
Mais maintenant que vôtre deüil ne
lui pouvant plus être utile, ne fçauroit auffi être fi jufte qu'auparavant, ni

par conséquent accompagné de cette joye
& satisfaction interieure qui suit les actions
vertueuses , & fait que les sages se trouvent heureux en toutes les rencontres de
la fortune, si je pensois que vôtre raison
ne le pût vaincre, j'irois importunément
vous trouver , & tâcherois par tous moyens
à vous divertir , à cause que je ne sçache point d'autre remede pour un tel
mal. Je ne mets pas icy en ligne de compte
la perte que vous avez faite·entant qu'elle
vous regarde, & que vous êtes privé d'u-
ne compagnie que vous cherissiez extrê-
mement; car il me semble que les maux
qui nous touchent nous-mêmes ne sont
point comparables à ceux qui touchent
nos amis, & qu'au lieu que c'est une vertu d'avoir pitié des moindres afflictions
qu'ont les autres, c'est une espece de lâ-
cheté de s'affliger pour aucune des dis-
graces que la fortune nous peut envoyer;
outre que vous avez tant de proches qui
vous cherissent , que vous ne sçauriez
pour cela rien trouver à dire en vôtre fa-
mille, & que quand vous n'auriez que
Madame de V. pour sœur, je crois qu'elle
seule est suffisante pour vous délivrer de
la solitude & des soins d'un ménage, qu'un
autre que vous pourroit craindre, après
avoir perdu sa compagnie. Je vous supplie d'excuser la liberté que je prens de

mettre icy mes sentimens en Philosophe,
au même moment que je viens de recevoir un pacquet de vôtre part par Mr
G. où je ne comprens point le procedé du
P. M. car il ne m'envoye encore aucun
privilege, & semble vouloir m'obliger,
en faisant tout le contraire de ce dont je
le prie. Je suis, &c.

A MONSIEUR ***.

LETTRE XXXVIII.

MONSIEUR,

Je viens d'apprendre la triste nouvelle
de vôtre affliction, & bien que je ne me
promette pas de rien mettre en cette lettre, qui ait grande force pour adoucir
vôtre douleur, je ne puis toutefois m'abstenir d'y tâcher, pour vous témoigner
au moins que j'y participe. Je ne suis pas
de ceux qui estiment que les larmes & la
tristesse n'appartiennent qu'aux femmes,
& que pour paroître homme de cœur,
on se doive contraindre à montrer toujours un visage tranquille ; j'ai senti depuis peu la perte de deux personnes qui

m'étoient très-proches , & j'ai éprouvé
que ceux qui me vouloient défendre la
tristesse l'irritoient , au lieu que j'étois
soulagé par la complaisance de ceux que
je voyois touchez de mon déplaisir. Ainsi
je m'assure que vous me souffrirez mieux,
si je ne m'oppose point à vos larmes, que
si j'entreprenois de vous détourner d'un
ressentiment que je crois juste ; mais il
doit neanmoins y avoir quelque mesure ;
& comme ce seroit être barbare que de
ne se point affliger du tout ; lors qu'on
en a du sujet , aussi seroit-ce être trop
lâche de s'abandonner entierement au déplaisir , & ce seroit faire fort mal son
compte , que de ne tâcher pas de tout
son pouvoir à se delivrer d'une passion
si incommode. La profession des armes en
laquelle vous êtes nourri , accoutume les
hommes à voir mourir inopinément leurs
meilleurs amis , & il n'y a rien au monde de si fâcheux , que l'accoutumance ne
le rende supportable. Il y a, ce me semble, beaucoup de rapport entre la perte
d'une main & d'un frere , vous avez ci-
devant souffert la premiere sans que j'aye
jamais remarqué que vous en fussiez af-
fligé, pourquoi le seriez-vous davantage
de la seconde. Si c'est pour vôtre propre
interest , il est certain que vous la pouvez
mieux reparer que l'autre , en ce que

l'acquisition d'un fidele ami peut autant
valoir que l'amitié d'un bon frere; & si
c'est pour l'interest de celui que vous re-
grettez, comme sans doute vôtre generosité ne vous permet pas d'être touché
d'autre chose, vous sçavez qu'il n'y a
aucune raison ni religion, qui fasse craindre du mal après cette vie, à ceux qui
ont vêcu en gens d'honneur, mais qu'au
contraire l'une & l'autre leur promet des
joyes & des recompenses. Enfin, Monsieur, toutes nos afflictions, quelles qu'elles soient, ne dépendent que fort peu
des raisons ausquelles nous les attribuons,
mais seulement de l'émotion & du trouble
interieur que la nature excite en nous-
mêmes; car lorsque cette émotion est
appaisée, encore que toutes les raisons
que nous avions auparavant demeurent
les mêmes, nous ne nous sentons plus
affligez. Or je ne veux point vous con-
seiller d'employer toutes les forces de vôtre resolution & constance, pour arrêter
tout d'un coup l'agitation interieure que
vous sentez, ce seroit peut-être un remede plus fâcheux que la maladie, mais je
ne vous conseille pas aussi d'attendre que
le tems seul vous guerisse, & beaucoup
moins d'entretenir & prolonger vôtre mal
par vos pensées; je vous prie seulement
de tâcher peu à peu de l'adoucir, en ne

regardant ce qui vous eſt arrivé que du
biais qui vous le peut faire paroître le plus
ſupportable, & en vous divertiſſant le plus
que vous pourrez par d'autres occupations. Je ſçai bien que je ne vous apprens
ici rien de nouveau, mais on ne doit pas
mépriſer les bons remedes pour être vulgaires, & m'étant ſervi de cettui-ci avec
fruit, j'ai crû être obligé de vous l'écrire : car je ſuis, &c.

A MONSIEUR ***.

LETTRE XXXIX.

Monsieur,

Je ſçai que vous avez tant d'occupations, qui valent mieux que de vous arrêter à lire des complimens d'un homme
qui ne frequente ici que des Païſans,
que je n'oſe m'ingerer de vous écrire,
que lors que j'ai quelque occaſion de vous
importuner. Celle qui ſe preſente maintenant eſt pour vous donner ſujet d'exercer
vôtre charité en la perſonne d'un pauvre
païſan de mon voiſinage, qui a eu le
malheur d'en tuër un autre. Ses parens

ont deffein d'avoir recours à la clemence
de fon Alteffe, afin de tâcher d'obtenir
fa grace, & ils ont defiré auffi que je
vous en écriviffe, pour vous fupplier de
vouloir feconder leur requefte d'un mot
favorable, en cas que l'occafion s'en prefente. Pour moi, qui ne recherche rien
tant que la fecurité & le repos, je fuis
bien aife d'être en un païs où les crimes
foient châtiez avec rigueur, pource que
l'impunité des méchans leur donne trop
de licence ; mais pource que tous les mouvemens de nos paffions n'étant pas toujours en nôtre pouvoir, il arrive quelquefois que les meilleurs hommes commet-
tent de très-grandes fautes, pour cela
l'ufage des graces eft plus utile que celui
des loix, à caufe qu'il vaut mieux qu'un
homme de bien foit fauvé, que non pas
que mille méchans foient punis ; auffi
eft-ce l'action la plus glorieufe & la plus
augufte que puiffent faire les Princes que
de pardonner. Le païfan pour qui je vous
prie eft icy en reputation de n'être nullement querelleur, & de n'avoir jamais
fait de déplaifir à perfonne avant ce malheur. Tout ce qu'on peut dire le plus à
fon défavantage, eft que fa mere étoit
mariée avec celui qui eft mort ; mais fi
on ajoute qu'elle en étoit auffi fort outra-
geufement battuë, & l'avoir été pendant

plufieurs années qu'elle avoit tenu ménage avec lui, jufqu'à ce qu'enfin elle s'en
étoit feparée , & ainfi ne le confideroit
plus comme fon mari., mais comme fon
perfecuteur & fon ennemi, lequel même
pour fe vanger de cette feparation , la
menaçoit d'ôter la vie à quelqu'un de fes
enfans (l'un defquels eft cettuy-ci) on
trouvera que cela même fert beaucoup à
l'excufer. Et comme vous fçavez que j'ai
coutume de philofopher fur tout ce qui
fe prefente , je vous dirai que j'ai voulu
rechercher la caufe qui a pû porter ce pauvre homme à faire une action, de laquelle fon humeur paroiffoit fort éloignée;
& j'ai fçû qu'au temps que ce malheur lui
eft arrivé , il avoit une extrême affliction,
à caufe de la maladie 'd'un fien enfant
dont il attendoit la mort à chaque moment, & que pendant qu'il étoit auprès de
lui , on le vint appeller pour fecourir
fon beaufrere, qui étoit attaqué par leur
commun ennemy. Ce qui fait que je ne
trouve nullement étrange, de ce qu'il ne
fut pas maître de foi-même en telle rencontre : car lors qu'on a quelque grande
affliction, & qu'on eft mis au défefpoir
par la triftefle , il eft certain qu'on fe
laiffe bien plus empo ter à la colere, s'il
en furvient alors quelque fujet, qu'on ne
feroit en un autre temps. Et ce font ordinairement

dinairement les meilleurs hommes , qui
voyans d'un côté la mort d'un fils, & de
l'autre le peril d'un frere, en sont le plus
violemment émûs. C'est pourquoi les fautes ainsi commises sans aucune malice
prémeditée, sont, ce me semble , les
plus excusables ; aussi lui fut-il pardonné
par tous les principaux parens du mort,
au jour même qu'ils étoient assemblez
pour le mettre en terre. Et de plus les
Juges d'icy l'ont absous, mais par une faveur trop precipitée, laquelle ayant obligé le Fiscal à se porter appellant de leur
sentence, il n'ose pas se presenter derechef devant la Justice, laquelle doit suivre la rigueur des loix, sans avoir égard
aux personnes , mais il supplie que l'innocence de sa vie passée , lui puisse faire
obtenir grace de son Altesse. Je sçai bien
qu'il est très-utile de laisser quelquefois
faire des exemples , pour donner de la
crainte aux méchans; mais il me semble
que le sujet qui se presente n'y est pas propre ; car outre que le criminel étant absent, tout ce qu'on lui peut faire n'est que
de l'empêcher de revenir dans le pays,
& ainsi punir sa femme & ses enfans
plus que lui, j'apprens qu'il y a quantité
d'autres Païsans en ces Provinces qui ont
commis des meurtres moins excusables,
& dont la vie est moins innocente, qui

ne laiffent pas d'y demeurer, fans avoir aucun pardon de fon Alteffe (& le mort étoit de ce nombre); ce qui me fait croire, que fi on commençoit par mon voifin à faire un exemple, ceux qui font plus accoutumez que lui à tirer le couteau, diroient qu'il n'y a que les innocens & les idiots, qui tombent entre les mains de la Juftice, & feroient confirmez par là en leur licence. Enfin fi vous contribuez quelque chofe à faire que ce pauvre homme puiffe revenir auprès de fes enfans, je puis dire que vous ferez une bonne action, & que ce fera une nouvelle obligation que vous aura, &c.

A MONSIEUR ***.

LETTRE XL.

MONSIEUR,

Le foin qu'il vous a plû avoir de vous enquerir des jugemens qu'on a fait de mes écrits au lieu où vous êtes, eft un effet de vôtre amitié, pour lequel je vous ai beaucoup d'obligation ; mais encore que lors qu'on a publié quelque livre, l'on foit

toujours bien aife de fçavoir ce que les
lecteurs en difent, je vous puis toutefois
affurer que c'eft une chofe dont je me
foucie fort peu ; & même je penfe connoître fi bien la portée de la plufpart de
ceux qui paffent pour doctes, que j'aurois mauvaife opinion de mes penfées, fi
je voyois qu'ils les approuvaffent. Je ne
veux pas dire que celui dont vous m'avez
envoyé le jugement foit de ce nombre,
mais voyant qu'il dit que la façon dont
j'ai expliqué l'Arc-en-Ciel eft commune,
& que mes Principes de Phyfique font
tirez de Democrite, je crois qu'il ne les
a pas beaucoup lûs ; ce que me confirment auffi fes objections contre la rarefaction ; car s'il avoit pris garde à ce que
j'ai écrit de celle qui fe fait dans les Æolipiles, ou dans les machines où l'air eft
preffé violemment, & dans la poudre à
canon, il ne me propoferoit pas celle
qui fe fait en fa fontaine artificielle. Et
s'il avoit remarqué la façon dont j'ai expliqué que l'idée que nous avons du corps
en general, ou de la matiere, ne differe
point de celle que nous avons de l'efpace, il ne s'arrêteroit point à vouloir faire concevoir la penetration des dimenfions, par l'exemple du mouvement : car
nous avons une idée très-diftincte des diverfes vîteffes du mouvement, mais il

implique contradiction, & est impossible
de concevoir que deux espaces se penetrent
l'un l'autre. Je ne répons rien à celui qui
dit que les démonstrations manquent en
ma Geometrie, car il est vrai que j'en ai
obmis plusieurs, mais vous les sçavez
toutes, & vous sçavez aussi que ceux
qui se plaignent que je les ai obmises,
pource qu'ils ne les sçauroient inventer
d'eux-mêmes, montrent par là qu'ils ne
sont pas fort grands Geometres. Ce que
je trouve le plus étrange est la conclusion
du jugement que vous m'avez envoyé, à
sçavoir, que ce qui empêchera mes Principes d'être reçûs dans l'école, est qu'ils
ne sont pas assez confirmez par l'experience, & que je n'ai point refuté les raisons des autres. Car j'admire que nonobstant que j'aye de montré en particulier, presque autant d'experiences qu'il y
a de lignes en mes écrits, & qu'ayant
generalement rendu raison dans mes Principes de tous les Phénomenes de la nature, j'aye expliqué par même moyen
toutes les experiences qui peuvent être
faites touchant les corps inanimez, &
qu'au contraire on n'en ait jamais bien
expliqué aucune par les principes de la
Philosophie vulgaire, ceux qui la suivent
ne laissent pas de m'objecter le défaut
d'experiences. Je trouve fort étrange aussi

qu'ils defirent que je refute les argumens
de l'école, car je crois que fi je l'entreprenois, je leur rendrois un mauvais office;
& il y a long-temps que la malignité de
quelques-uns m'a donné fujet de le faire,
& peut-être qu'enfin ils m'y contraindront.
Mais pource que ceux qui y ont le plus
d'intereft font les Peres Jefuites, la confideration du Pere C. qui eft mon parent,
& qui eft maintenant le premier de leur
Compagnie, depuis la mort du General,
duquel il étoit affiftant, & celle du Pere
D. & de quelques autres des principaux
de leur Corps, lefquels je crois être veritablement mes amis, a été caufe que je
m'en fuis abftenu jufques icy, & même
que j'ai tellement compofé mes Principes, qu'on peut dire qu'ils ne contrarient
point du tout à la Philofophie commune,
mais feulement qu'ils l'ont enrichie de
plufieurs chofes qui n'y étoient pas ; car
puifqu'on y reçoit une infinité d'autres
opinions qui font contraires les unes aux
autres, pourquoi n'y pourroit-on pas auffi-
bien recevoir les miennes. Je ne voudrois pas toutefois les en prier ; car fi elles font fauffes, je ferois marry qu'ils
fuffent trompez ; & fi elles font vrayes,
ils ont plus d'intereft à les rechercher,
que moi à les recommander. Quoi qu'il
en foit, je vous fuis très-obligé de la

souvenance que vous avez de moi, je
m'affure que M. Van. Z. vous mandera
ce qui fe paffe à Utrecht, ce qui eft caufe
que je n'ajouterai icy autre chofe, finon
que le temps & l'abfence ne diminuëront
jamais rien du zele que j'ai à être toute
ma vie, &c.

A MONSIEUR ***.

LETTRE XLI.

MONSIEUR,

Encore que le Pere Merfenne ait fait
directement contre mes prieres, en difant
mon nom, je ne fçaurois toutefois lui
vouloir mal, de ce que par fon moyen
j'ai l'honneur d'être connu d'une perfonne de vôtre merite. Mais j'ai bien fujet
de m'infcrire en faux, contre un projet
du privilege qu'il me mande vouloir tâcher d'impetrer pour moy ; car il m'y
introduit me loüant moi-même, & me
qualifiant inventeur de plufieurs belles
chofes, & me fait dire que j'offre de donner au public d'autres traitez, que ceux
qui font déja imprimez, ce qui eft con-

traire à ce que j'ai écrit tant au commencement de la 77. page du discours qui sert de Préface, qu'ailleurs. Mais je m'assure qu'il vous fera voir ce que je lui mande, puisque j'apprens par celle que vous m'avez fait l'honneur de m'écrire, que c'est vous qui m'avez obligé de lui suggerer quelques - unes des objections aufquelles je lui fais réponse. Pour le traité de Physique dont vous me faites la faveur de me demander la publication, je n'aurois pas été si imprudent que d'en parler en la façon que j'ai fait, si je n'avois envie de le mettre au jour, en cas que le monde le desire, & que j'y trouve mon compte & mes sûretez. Mais je veux bien vous dire, que tout le dessein de ce que je fais imprimer à cette fois, n'est que de lui préparer le chemin, & sonder le gué. Je propose à cet effet une Methode generale, laquelle veritablement je n'enseigne pas, mais je tâche d'en donner des preuves par les trois traitez suivans, que je joins au discours où j'en parle, ayant pour le premier un sujet mêlé de Philosophie & de Mathematique ; pour le second, un tout pur de Philosophie ; & pour le troisième un tout pur de Mathematique, dans lesquels je puis dire que je me suis abstenu de parler d'aucune chose, (au moins de celles qui peuvent être

connuës par la force du raisonnement)
pource que j'ai crû ne la pas sçavoir ;en
sorte qu'il me semble par là donner occasion de juger que j'use d'une methode
par laquelle je pourrois expliquer aussi-
bien toute sautre matiere , en cas que
j'eusse les experiences qui y seroient necessaires , & le temps pour les considerer.
Outre que pour montrer que cette methode s'étend à tout , j'ai inseré briéve-
ment quelque chose de Metaphysique ;
de Physique & de Medecine dans le premier discours ; Que si je puis faire avoir
au monde cette opinion de ma Methode ,
je croirai alors n'avoir plus tant de sujet
de craindre que les principes de ma Physique soient mal reçûs ; & si je ne ren-
controis que des juges aussi favorables
que vous , je ne le craindrois pas dès
maintenant.

Vous me demandez *in quo genere causæ*
Deus disposuit æternas veritates : Je vous
répons que c'est *in eodem genere causæ* ,
qu'il a créé toutes choses , c'est-à-dire
ut efficiens & totalis causa. Car il est certain qu'il est aussi-bien Auteur de l'essence
comme de l'existence des creatures : or
cette essence n'est autre chose que ces
veritez éternelles , lesquelles je ne conçois point émaner de Dieu , comme les
rayons du soleil ; mais je sçai que Dieu

eſt Auteur de toutes choſes , & que ces
veritez ſont quelque choſe , & par conſéquent qu'il en eſt Auteur. Je dis que je
le ſçai , & non pas que je le conçois ni
que je le comprens ; car on peut ſçavoir
que Dieu eſt infini & tout-puiſſant, encore que nôtre ame étant finie je ne le
puiſſe comprendre ni concevoir ; de même que nous pouvons bien toucher avec
les mains une montagne , mais non pas
l'embraſſer comme nous ferions un arbre , ou quelque autre choſe que ce ſoit,
qui n'excedât point la grandeur de nos
bras : car comprendre , c'eſt embraſſer
de la penſée ; mais pour ſçavoir une choſe , il ſuffit de la toucher de la penſée.
Vous demandez auſſi qui a neceſſité Dieu
à créer ces veritez ; & je dis qu'il a été
auſſi libre qu'il ne fût pas vrai que toutes lignes tirées du centre à la circonference fuſſent égales , comme de ne pas
créer le monde : Et il eſt certain que ces
veritez ne ſont pas plus neceſſairement
conjointes à ſon eſſence , que les autres
creatures. Vous demandez ce que Dieu a
fait pour les produire. Je dis que *ex hoc
ipſo quod illas ab atterno eſſe voluerit & in-
tellexerit , illas creavit ,* ou bien (ſi vous
n'attribuez le mot de *creavit* qu'à l'exiſtence des choſes) *illas diſpoſuit & fecit.* Car
c'eſt en Dieu une même choſe de vou-

loir, d'entendre & de créer, sans que l'un precede l'autre, *ne quidem ratione.* 2. Pour la question *an Dei bonitati fit conveniens homines in æternum damnare*, cela est de Theologie : c'est pourquoi absolument vous me permetrez s'il vous plaît de n'en rien dire, non pas que les raisons des libertins en ceci ayent quelque force, car elles me semblent frivoles & ridicules : mais pour ce que je tiens que c'est faire tort aux veritez qui dépendent de la foi, & qui ne peuvent être prouvées par démonstration naturelle, que de les vouloir affermir par des raisons humaines, & probables seulement. 3. Pour ce qui touche la liberté de Dieu, je suis tout à-fait de l'opinion que vous me mandez avoir été expliquée par le P. Gibieuf, je n'avois point sçû qu'il eût fait imprimer quelque chose, mais je tâcherai de faire venir son traité de Paris à la premiere commodité, afin de le voir, & je suis grandement aise que mes opinions suivent les siennes, car cela m'assure au moins qu'elles ne sont pas si extravagantes, qu'il n'y ait de très-habiles hommes qui les soutiennent. Les 4. 5. 6. 8. 9. & derniers points de vôtre Lettre sont tous de Theologie, c'est pourquoi je m'en tairai, s'il vous plaît. Pour le septiéme point touchant les marques qui s'impriment aux

enfans par l'imagination de la mere , &c.
j'avoue bien que c'eſt une choſe digne
d'être examinée , mais je ne m'y ſuis pas
encore ſatisfait. Pour le dixiéme point ,
où ayant ſuppoſé que Dieu mene tout à
ſa perfection , & que rien ne s'aneantit,
vous demandez enſuite , quelle eſt donc
la perfection des bêtes brutes , & que
deviennent leurs ames après la mort ? il
n'eſt pas hors de mon ſujet, & j'y répons
que Dieu mene tout à ſa perfection, c'eſt-
à-dire tout *collectivé* , non pas chaque
choſe en particulier ; car cela même, que
les choſes particulieres periſſent, & que
d'autres renaiſſent en leur place , c'eſt
une des principales perfections de l'univers. Pour les ames , & les autres formes
& qualitez , ne vous mettez pas en peine
de ce qu'elles deviendront, je ſuis après à
l'expliquer en mon Traité , & j'eſpere de
le faire entendre ſi clairement , que perſonne n'en pourra douter.

Pour ce que vous inferez , que ſi la
nature de l'homme n'eſt que de penſer ,
il n'a donc point de volonté , je n'en vois
pas la conſéquence ; car vouloir , entendre , imaginer , ſentir , &c. ne ſont que
des diverſes façons de penſer , qui appartiennent toutes à l'ame. Vous rejettez ce
que j'ai dit , qu'il ſuffit de bien juger pour
bien faire ; & toutefois il me ſemble que

la doctrine ordinaire de l'école est que *voluntas non fertur in malum, nisi quatenus ei sub aliqua ratione boni reprasentatur ab intellectu ;* d'où vient ce mot , *omnis peccans est ignorans ;* enforte que si jamais l'entendement ne représentoit rien à la volonté comme bien , qui ne le fût , elle ne pourroit manquer en son élection. Mais il lui représente souvent diverses choses en même temps ; d'où vient le mot *video meliora proboque* , qui n'est que pour les esprits foibles , dont j'ai parlé en la page 26. Et le bien faire dont je parle ne se peut entendre en termes de Theologie , où il est parlé de la Grace , mais seulement de Philosophie morale & naturelle , où cette Grace n'est point considerée ; enforte qu'on ne me peut accuser pour cela de l'erreur des Pelagiens , non plus que si je disois qu'il ne faut qu'avoir un bon sens pour être honnête homme , on ne m'objecteroit pas qu'il faut aussi avoir le sexe qui nous distingue des femmes , pource que cela ne vient point alors à propos ; tout de même en disant qu'il est vraisemblable (à sçavoir selon la raison humaine) que le monde a été créé tel qu'il devoit être , je ne nie point pour cela qu'il ne soit certain par la foy qu'il est parfait. Enfin pour ceux qui vous ont demandé de quelle Religion j'étois , s'ils

avoïent pris garde , que j'ai écrit en la
page 29. que je n'euſſe pas crû me devoir contenter des opinions d'autrui un
ſeul moment , ſi je ne me fuſſe propoſé
d'employer mon propre jugement à les
examiner lors qu'il ſeroit temps, ils verroient qu'on ne peut inferer de mon diſcours, que les infideles doivent demeurer en la religion de leurs parens. Je ne
trouve plus rien en vos deux lettres qui
ait beſoin de réponſe , ſinon qu'il ſemble
que vous craigniez que la publication de
mon premier diſcours , ne m'engage de
parole à ne point faire voir ci-après ma
Phyſique , de quoi toutesfois il ne faut
point avoir peur ; car je n'y promets en
aucun lieu de ne la point publier pendant
ma vie; mais je dis que j'ai eu ci-devant
deſſein de la publier, que depuis pour
les raiſons que j'allegue, je me ſuis propoſé de ne le point faire pendant ma vie,
& que maintenant je prens reſolution de
publier les traitez contenus en ce volu-
me , d'où tout de même , l'on peut inferer, que ſi les raiſons qui m'empêchent
de la publier étoient changées , je pourrois prendre une autre reſolution , ſans
pour cela être changeant ; car *ſublatâ
causâ tollitur effeĉtus.* Vous dites auſſi ,
qu'on peut attribuer à vanterie ce que je
dis de ma Phyſique , puiſque je ne la don-

ne pas, ce qui peut avoir lieu pour ceux qui ne me connoiſſent point, & qui n'auront vû que mon premier diſcours, mais pour ceux qui verront tout le livre, ou qui me connoiſſent, je ne crains pas qu'ils m'accuſent de ce vice, non plus que de celui que vous me reprochez, de mépriſer les hommes, à cauſe que je ne leur donne pas étourdiment, ce que je ne ſçai pas encore s'ils veulent avoir : car enfin je n'ai parlé comme j'ai fait de ma Phyſique, qu'afin de convier ceux qui la deſireront, à faire changer les cauſes qui m'empêchent de la publier. Derechef je vous prie de nous envoyer ou le Privilege ou ſon refus, le plus promptement qu'il ſera poſſible, & plûtôt en la façon la plus ſimple un jour devant, qu'en la meilleure le jour d'après. Je ſuis, &c.

AU REVEREND PERE

MERSENNE.

LETTRE XLII.

MON REVEREND PERE,

Cette propofition d'une nouvelle langue, femble plus admirable à l'abord, que je ne la trouve en y regardant de près; car il n'y a que deux chofes à apprendre en toutes les langues, à fçavoir la fignification des mots, & la Grammaire. Pour la fignification des mots, il n'y promet rien de particulier, car il dit en la quatriéme propofition, *linguam illam interpretari ex dictionario*; qu'eft-ce qu'un homme un peu verfé aux langues peut faire fans lui en toutes les langues communes? Et je m'affure que vous donniez à Monfieur Hardy un bon Dictionnaire en Chinois, ou en quelqu'autre langue que ce foit, & un livre écrit en la même langue, qu'il entreprendra d'en tirer le fens. Ce qui empêche que tout le monde ne le pourroit pas faire, c'eft la difficulté de la Grammai-

re, & je devine que c'eſt tout le ſecret
de vôtre homme ; mais ce n'eſt rien qui
ne ſoit très-aiſé ; car faiſant une langue,
où il n'y ait qu'une façon de conjuguer,
de decliner, & de conſtruire les mots,
qu'il n'y en ait point de defectifs ni d'ir-
reguliers, qui ſont toutes choſes venuës
de la corruption de l'uſage ; & même par
l'inflexion des noms ou des verbes & la
conſtruction ſe faſſent par affixes, ou devant ou après les mots primitifs, leſquelles affixes ſoient toutes ſpecifiées dans le
Dictionnaire, ce ne ſera pas merveille
que les eſprits vulgaires, apprennent en
moins de ſix heures à compoſer en cette
langue avec l'aide du Dictionnaire, qui eſt
le ſujet de la premiere propoſition. Pour
la ſeconde, à ſçavoir, *cognitâ hâc linguâ
cæteras omnes, ut ejus dialectos, cognoſcere,*
ce n'eſt que pour faire valoir la drogue;
car il ne met point en combien de temps
on les pourroit connoître, mais ſeulement
qu'on les conſidereroit comme des diale-
ctes de celle-ci, c'eſt-à-dire que n'y ayant
point en celle-ci d'irregularitez de Grammaire comme aux autres, il la prend pour
leur primitive. Et de plus il eſt à noter
qu'il peut en ſon Dictionnaire, pour les
mots primitifs, ſe ſervir de ceux qui ſont
en uſage en toutes les langues, comme de
ſynonimes. Comme par exemple, pour
ſignifier

signifier *l'amour*, il prendra *aimer, amare, φιλειν*, &c. Et un François en ajoûtant l'affixe, qui marque le nom substantif, à *aimer*, fera *l'amour*, un Grec ajoûtera le même à *φιλειν*, & ainsi des autres. Ensuite de quoi la sixiéme proposition est fort aisée à entendre, *scripturam invenire*, &c. car mettant en son Dictionnaire un seul chiffre, qui se rapporte à *aimer, amare, φιλειν*, & tous les synonimes, le livre qui sera écrit avec ces caracteres pourra être interpreté par tous ceux qui auront ce Dictionnaire. La cinquiéme proposition n'est aussi ce semble que pour loüer sa marchandise, & si-tôt que je vois seulement le mot d'*arcanum* en quelque proposition, je commence à en avoir mauvaise opinion; mais je crois qu'il ne veut dire autre chose; sinon que pource qu'il a fort philosophé sur les Grammaires de toutes ces langues qu'il nomme, pour abreger la sienne, il pourroit plus facilement les enseigner que les maîtres ordinaires. Il reste la troisiéme proposition, qui m'est tout-à-fait un *arcanum* : car de dire qu'il expliquera les pensées des Anciens, par les mots desquels ils se sont servis, en prenant chaque mot pour la vraye définition de la chose, c'est proprement dire qu'il expliquera les pensées des Anciens en prenant leurs paroles en autre sens.

qu'ils ne les ont jamais prifes ; ce qui répugne, mais il l'entend peut-être autrement. Or cette penfée de reformer la Grammaire, ou plûtôt d'en faire une nouvelle qui fe puiffe apprendre en cinq ou fix heures, & laquelle on puiffe rendre commune pour toutes les langues, ne laifferoit pas d'être une invention utile au public, fi tous les hommes fe vouloient accorder à la mettre en ufage, fans deux inconveniens que je prévois. Le premier eft pour la mauvaife rencontre des lettres, qui feroient fouvent des fons défagréables & infupportables à l'oüie : car toute la difference des inflexions des mots ne s'eft faite par l'ufage que pour éviter ce défaut, & il eft impoffible que vôtre Auteur ait pû remedier à cet inconvenient, faifant fa Grammaire univerfelle pour toutes fortes de Nations ; car ce qui eft facile & agreable à nôtre langue, eft rude & infupportable aux Allemans, & ainfi des autres : Si bien que tout ce qui fe peut, c'eft d'avoir évité cette mauvaife rencontre des fyllabes en une ou deux langues ; & ainfi la langue univerfelle ne feroit que pour un pays ; mais nous n'avons que faire d'apprendre une nouvelle langue, pour parler feulement avec les François. Le fecond inconvenient eft pour la difficulté d'apprendre les mots de cette

langue ; car si pour les mots primitifs chacun se sert de sa langue, il est vrai qu'il
n'aura pas tant de peine, mais il ne sera
aussi entendu que par ceux de son pays,
sinon par écrit, lors que celui qui le voudra entendre prendra la peine de chercher
tous les mots dans le Dictionnaire, ce
qui est trop ennuyeux pour esperer qu'il
passe en usage. Que s'il veut qu'on ap-
prenne des mots primitifs, communs pour
toutes les langues, il ne trouvera jamais
personne qui veüille prendre cette peine, &
il seroit plus aisé de faire que tous les
hommes s'accordassent à apprendre la latine, ou quelqu'autre de celles qui sont
en usage, que non pas celle-ci, en laquelle il n'y a point encore de livres écrits,
par le moyen desquels on se puisse exercer, ni d'hommes qui la sçachent, avec
qui l'on puisse acquerir l'usage de la parler. Toute l'utilité donc que je vois qui
peut réüssir de cette invention, c'est pour
l'écriture : A sçavoir, qu'il fist imprimer
un gros Dictionnaire en toutes les langues ausquelles il voudroit être entendu ;
& mist des caracteres communs pour chaque mot primitif, qui répondissent au sens,
& non pas aux syllabes, comme un même
me caractere pour *aimer, amare,* & φιλειν ;
& ceux qui auroient ce Dictionnaire, &
sçauroient sa Grammaire, pourroient en

cherchant tous ces caracteres l'un après
l'autre interpreter en leur langue ce qui
seroit écrit ; mais cela ne seroit bon que
pour lire des mysteres & des revelations ;
car pour d'autres choses, il faudroit n'a-
voir gueres à faire, pour prendre la peine
de chercher tous les mots dans un Dictionnaire, & ainsi je ne vois pas ceci de
grand usage ; mais peut-être que je me
trompe, seulement vous ai-je voulu écrire
tout ce que je pouvois conjecturer sur ces
six propositions que vous m'avez envoyées,
afin que lors que vous aurez vû l'invention, vous puissiez dire si je l'aurai bien
déchifrée. Au reste je trouve qu'on pourroit ajouter à ceci une invention, tant
pour composer les mots primitifs de cette langue, que pour leurs caracteres ; en
sorte qu'elle pourroit être enseignée en
fort peu de temps, & ce par le moyen de
l'ordre, c'est-à-dire, établissant un ordre
entre toutes les pensées qui peuvent entrer en l'esprit humain, de même qu'il y
en a un naturellement établi entre les
nombres; & comme on peut apprendre en
un jour à nommer tous les nombres jusques à l'infini, & à les écrire en une langue inconnuë, qui sont toutefois une infinité de mots differens, qu'on pust faire le
même de tous les autres mots necessaires
pour exprimer toutes les autres choses qui

tombent en l'esprit des hommes. Si cela étoit trouvé, je ne doute point que cette langue n'eût bien-tôt cours parmi le monde, car il y a force gens qui employeroient volontiers cinq ou six jours de temps pour se pouvoir 'faire entendre par tous les hommes. Mais je ne crois pas que vôtre Auteur ait pensé à cela, tant pource qu'il n'y a rien en toutes ses propositions qui le témoigne, que pour ce que l'invention de cette langue dépend de la vraye Philosophie ; car il est impossible autrement de dénombrer toutes les pensées des hommes, & de les mettre par ordre, ni seulement de les distinguer ensorte qu'elles soient claires & simples, qui est à mon avis le plus grand secret qu'on puisse avoir pour acquerir la bonne science ; & si quelqu'un avoit bien expliqué les idées simples qui sont en l'imagination des hommes, desquelles se compose tout ce qu'ils pensent, & que cela fût reçû par tout le monde, j'oserois esperer ensuite une langue universelle fort aisée à apprendre, à prononcer, & à écrire ; & ce qui est le principal, qui aideroit au jugement, lui representant si distinctement toutes choses, qu'il lui seroit presque impossible de se tromper, au lieu que tout au rebours, les mots que nous avons n'ont quasi que des significations confuses, ausquelles l'esprit des

hommes s'étant accoutumé de longue
main, cela est cause qu'il n'entend presque rien parfaitement. Or je tiens que
cette langue est possible, & qu'on peut
trouver la science de qui elle dépend, par
le moyen de laquelle les païsans pourroient mieux juger de la verité des choses, que ne font maintenant les Philosophes. Mais n'esperez pas de la voir jamais
en usage, cela présuppose de grands changemens en l'ordre des choses, & il faudroit que tout le monde ne fût qu'un pa-
radis terrestre, ce qui n'est bon à proposer
que dans le pays des Romans.

Maintenant pour vos questions de Musique, ce que j'avois dit que le sault de la
quinte en la basse n'est pas plus que celui
de la tierce au dessus, est ce me semble
fort aisé à juger, sur ce que la basse va
naturellement par de plus grands intervalles que le dessus ; car de même qu'un
homme qui marche à plus grand pas qu'un
enfant de quatre ans, on peut dire que le
sault de quinze semelles sera moindre
pour lui, que celui de dix à un enfant de
trois ou quatre ans. Vous demandez ensuite pourquoi les choses égales reveillent
plus l'attention en montant qu'en descen-
dant : Je ne me souviens plus de ce que
je vous avois écrit ; toutefois je vous dirai
que ce n'est point pource qu'elles sont éga-

les ou inegales, mais generalement le son
aigu qui se fait en montant, frappe plus
l'oreille que le grave ; & en un concert de
Musique, si les voix vont toujours également, ou qu'elles s'abbaissent, & allen-
tissent peu à peu, cela endormira les Auditeurs ; mais si au contraire ou rehausse
la voix tout d'un coup, ce sera le moyen
de les reveiller. Selon diverses considera-
tions on peut dire que le son grave est
plus ou moins sage que l'aigu, car il consiste en plus d'étenduë, se peut entendre
de plus loin, &c. mais il est dit fondement de la Musique principalement pource
qu'il a ses mouvemens plus lents, & par
conséquent qui peuvent être divisez en
plus de parties ; car on nomme fondement, ce qui est comme le plus ample,
& le moins diversifié, & qui peut servir
de sujet sur lequel on peut bâtir le reste.
Pour vôtre façon d'examiner la bonté
des consonances, vous m'avez appris ce
que j'en devois dire, qu'elle est trop subtile pour être distinguée de l'oreille, qui
est seule juge de cela. Et pour le passage
de la tierce majeure à l'union, je me tiens
à la raison des Praticiens.

Il n'y a point de doute en quelque sens
que vous mettiez un soliveau ou colomne, qu'elle peze toujours & tire contre
bas, & nôtre tête peze sur nos épaules,

& tout nôtre corps fur nos jambes, encore
que nous n'y prenions pas garde. Il ne refte
plus que quelque chofe touchant la vîteffe du mouvement, que vous dites que
Monfieur Beecman vous a mandé, mais
cela viendra mieux en répondant à vôtre
derniere. Pour la proportion de vîteffe felon laquelle defcendent les poids, je vous
en ai écrit ce que j'en fçavois en la précedente, *faltem in vacuo, fed in aëre* ; ce que
vous a mandé Monfieur Beecman eft verí-
table, pourvû que vous fuppofiez que plus
le poids defcend vîte, plus l'air lui réfifte,
car fi cela eft, de quoi je ne fuis pas encore
du tout affuré, enfin il arrivera que l'air empêchera juftement autant que la pefanteur
ajouteroit de vîteffe au mouvement *in va-*
cuo, & cela étant, le mouvement demeurera toujours égal ; mais cela ne fe peut determiner que de la penfée ; car en pratique
il ne le faut pas efperer. Et pour vos experiences, qu'un poids defcendant de cin-
quante pieds, employe autant de temps à
parcourir les vingt-cinq derniers que les
premiers, *falvâ pace*, je ne me fçaurois
perfuader qu'elles font juftes : car *in vacuo*,
je trouve qu'il ne mettra que le tiers du
temps à parcourir les vingt-cinq derniers,
& je ne puis croire que l'empêchement de
l'air foit fi notable qu'il rende cette diffe-
rence-là imperceptible, Je fuis, &c.

A. U.

AU REVEREND PERE
MERSENNE.

LETTRE XLIII.

MON REVEREND PERE,

Je vous remercie de l'obſervation de la Couronne qui a été faite par Monſieur Gaſſendi. Pour le méchant Livre je ne vous prie plus de m e l'envoyer ; car je me ſuis maintenant propoſé d'autres occupations, & je crois qu'il ſeroit trop tard pour executer le deſſein qui m'avoit obligé de vous mander à l'autre voyage , que ſi c'étoit un livre bien fait, & qu'il tombât entre mes mains, je tâcherois d'y faire ſur le champ quelque réponſe ; c'eſt que je penſois qu'encore qu'il n'y eût que trente-cinq exemplaires de ce livre , toutefois s'il étoit bien fait, qu'on en feroit une ſeconde impreſſion , & qu'il auroit grand cours entre les curieux , quelques défenſes qui en puſſent être faites. Or je m'étois imaginé un remede pour empêcher cela, qui me ſembloit plus fort que tou-

tes les défenses de la justice ; qui étoit,
avant qu'il se fist une autre impression de
ce livre en cachette, d'en faire faire une
avec permission, & ajouter après chaque
periode, ou chaque chapitre, des raisons
qui prouvassent tout le contraire des siennes, & qui en découvrissent les fausse-
tez. Car je pensois que s'il se vendoit
ainsi tout entier publiquement avec sa réponse, on ne daigneroit pas le vendre
en cachette sans réponse, & ainsi que
personne n'en apprendroit la fausse doctrine qui n'en fût désabusé au même tems;
au lieu que les réponses separées qu'on
fait à semblables livres sont d'ordinaire
de peu de fruit , pource que chacun ne
lisant que les livres qui plaisent à son humeur, ce ne sont pas les mêmes qui ont
lû les mauvais livres , qui s'amusent à
examiner les réponses. Vous me direz, je
m'assure , que c'est à sçavoir si j'eusse pû
répondre aux raisons de cet Auteur ; à
quoi je n'ai rien à dire , sinon que j'y eusse
au moins fait tout mon possible, & qu'ayant
plusieurs raisons qui me persuadent , &
qui m'assurent le contraire de ce que vous
m'avez mandé être en ce livre, j'osois esperer qu'elles le pourroient aussi persuader à quelques autres , & que la verité
expliquée par un esprit mediocre, devoit
être plus forte que le mensonge , fût-il

maintenu par les plus habiles gens qui
fussent au monde.

Pour les veritez éternelles, je dis derechef que *sunt tantum vera aut possibiles,
quia Deus illas veras aut possibiles cognoscit,
non autem contra veras à Deo cognosci, quasi
independenter ab illo sint vera.* Et si les hommes entendoient bien le sens de leurs paroles, ils ne pourroient jamais dire sans
blasphéme, que la verité de quelque chose précede la connoissance que Dieu en a,
car en Dieu ce n'est qu'un de vouloir &
de connoître ; de sorte que *ex hoc ipso
quod aliquid velit, ideò cognoscit, & ideò
tantùm talis res est vera.* Il ne faut donc pas
dire que *si Deus non esset, nihilominus istæ
veritates essent veræ* ; car l'existence de
Dieu est la premiere & la plus éternelle
de toutes les veritez qui peuvent être, &
la seule d'où procedent toutes les autres.
Mais ce qui fait qu'il est aisé en ceci de se
méprendre, c'est que la plûpart des hommes ne considerent pas Dieu comme un
être Infini & incomprehensible, & qui est
le seul Auteur duquel toutes choses dépendent ; mais ils s'arrêtent aux syllabes
de son nom, & pensent que c'est assez le
connoître, si on sçait que *Dieu* veut dire le
même que ce qui s'appelle *Deus* en latin,
& qui est adoré par les hommes. Ceux
qui n'ont point de plus hautes pensées

que cela, peuvent aisément devenir athées;
& pource qu'ils comprennent parfaitement les veritez mathematiques , & non
pas celle de l'existence de Dieu , ce n'est
pas merveille s'ils ne croyent pas qu'elles en dépendent. Mais ils devroient juger au contraire , que puisque Dieu est
une cause dont la puissance surpasse les
bornes de l'entendement humain , & que
la necessité de ces veritez n'excede point
nôtre connoissance , qu'elles sont quelque
chose de moindre , & de sujet à cette
puissance incomprehensible. Ce que vous
dites de la production du *Verbe* ne répugne
point , ce me semble , à ce que je dis; mais
je ne veux pas me mêler de la Theologie; j'ai peur même que vous ne jugiez
que ma Philosophie s'émancipe trop, d'o-
ser dire son avis touchant des matieres si
relevées.

Pour le libre arbitre , je suis entierement d'accord avec le R. P. Et pour expliquer encore plus nettement mon opinion , je desire premierement que l'on remarque , que *l'indifference* me semble signifier proprement cet état dans lequel la
volonté se trouve , lors qu'elle n'est point
portée par la connoissance de ce qui est
vrai , ou de ce qui est bon , à suivre un
parti plûtôt que l'autre; & c'est en ce sens
que je l'ai prise , quand j'ai dit que le

plus bas degré de la liberté consistoit à se
pouvoir déterminer aux choses ausquelles
nous sommes tout-à-fait indifferens. Mais
peut-être que par ce mot *d'indifference* il y
en a d'autres qui entendent cette faculté
positive que nous avons de nous déterminer à l'un ou à l'autre de deux contraires, c'est-à-dire, à poursuivre ou à fuïr,
à affirmer ou à nier une même chose.
Sur quoi j'ai à dire que je n'ai jamais
nié que cette faculté positive se trouvât en
la volonté ; tant s'en faut, j'estime qu'elle s'y rencontre, non-seulement toutes
les fois qu'elle se détermine à ces sortes
d'actions, où elle n'est point emportée par
le poids d'aucune raison vers un côté plûtôt que vers un autre ; mais même qu'elle se trouve mêlée dans toutes ses autres
actions ; enforte qu'elle ne se détermine
jamais qu'elle ne la mette en usage ; jufques là que lors même qu'une raison fort
évidente nous porte à une chose, quoi que
moralement parlant il soit difficile que nous
puissions faire le contraire ; parlant neanmoins *absolument*, nous le pouvons : car il
nous est toujours libre de nous empêcher
de poursuivre un bien qui nous est clairement connu, ou d'admettre une verité
évidente, pourvû seulement que nous
pensions que c'est un bien de témoigner
par là la liberté de nôtre franc arbitre.

A a a iij

De plus, il faut remarquer que la liberté peut être confiderée dans les actions de la volonté, ou avant qu'elles foient exercées, ou au moment même qu'on les exerce. Or il eft certain, qu'étant confiderée dans les actions de la volonté avant qu'elles foient exercées, elle emporte avec foi *l'indifférence*, prife dans le fecond fens que je la viens d'expliquer, & non point dans le premier. C'eft-à-dire, qu'avant que nôtre volonté fe foit determinée, elle eft toujours libre, ou a la puiffance de choifir l'un ou l'autre de deux contraires, mais elle n'eft pas toûjours indifférente ; au contraire, nous ne deliberons jamais qu'à deffein de nous ôter de cet état où nous ne fçavons quel parti prendre, où pour nous empêcher d'y tomber. Et bien qu'en oppofant nôtre propre jugement aux commandemens des autres, nous ayons coutume de dire que nous fommes plus libres à faire les chofes dont il ne nous eft rien commandé, & où il nous eft permis de fuivre nôtre propre jugement, qu'à faire celles qui nous font commandées ou défenduës ; toutefois en oppofant des jugemens, ou nos connoiffances les unes aux autres, nous ne pouvons pas ainfi dire que nous foyons plus libres à faire les chofes qui ne nous femblent ni bonnes ni mauvaifes, ou dans

lefquelles nous voyons autant de mal que
de bien , qu'à faire celles où nous appercevons beaucoup plus de bien que de
mal. Car la grandeur de la liberté confifte , ou dans la grande facilité que l'on a
à fe déterminer , ou dans le grand ufage
de cette puiffance pofitive que nous avons
de fuivre le pire , encore que nous con-
noiffions le meilleur. Or eft-il que fi nous
embraffons les chofes que nôtre raifon
nous perfuade être bonnes, nous nous de-
terminons alors avec beaucoup de facilité ; que fi nous faifons le contraire ,
nous faifons alors un plus grand ufage de
cette puiffance pofitive ; & ainfi nous
pouvons toujours agir avec plus de liberté touchant les chofes où nous voyons
plus de bien que de mal, que touchant
celles que nous appellons *in differentes*. Et
en ce fens-là auffi, il eft vrai de dire que
nous faifons beaucoup moins librement
les chofes qui nous font commandées , &
aufquelles fans cela nous ne nous porte-
rions jamais de nous-mêmes , que nous
ne faifons celles qui ne nous font point
commandées ; d'autant que le jugement,
qui nous fait croire que ces chofes-la font
difficiles , s'oppofe à celui qui nous dit
qu'il eft bon de faire ce qui nous eft commandé ; lefquels deux jugemens , d'autant plus également ils nous meuvent,

plus mettent-ils en nous de cette Indifférence prise dans le sens que j'ai le premier expliqué, c'est-à-dire, qui met la volonté dans un état à ne sçavoir à quoi se déterminer. Maintenant la liberté étant considerée dans les actions de la volonté au moment même qu'elles sont exercées, alors elle ne contient aucune indifference, en quelque sens qu'on la veüille prendre, parce que ce qui se fait, ne peut pas ne se point faire, dans le tems même qu'il se fait : mais elle consiste seulement dans la facilité qu'on a d'operer, laquelle à mesure qu'elle croît, à mesure aussi la liberté augmente ; & alors faire *librement* une chose, ou la faire *volontiers*, ou bien la faire *volontairement*, ne sont qu'une même chose. Et c'est en ce sens-là que j'ai écrit, que je me portois d'autant plus *librement* à une chose, que j'y étois poussé par plus de raisons, parce qu'il est certain que nôtre volonté se meut alors plus facilement, & avec plus d'impetuosité.

Je trouve que vous avez bien mauvaise opinion de moi, & que vous me jugez bien peu ferme & peu resolu en mes actions, de penser que je doive deliberer sur ce que vous me mandez de changer mon dessein, & de joindre mon premier discours à ma Physique, comme si je la

devois donner au Libraire dès aujourd'hui
à lettre vûë ; & je n'ai pû m'empêcher de
rire en lisant l'endroit où vous dites, que
j'oblige le monde à n e tuer, afin qu'on
puisse voir plûtôt mes écrits ; à quoi je
n'ai autre chose à répondre , sinon qu'ils
sont déja en lieu & en état que ceux qui
m'auroient tué, ne les pourroient jamais
avoir , & que si je ne meurs fort à loisir,
& fort satisfait des hommes qui vivent,
ils ne se verront assurément de plus de
cent ans après ma mort. Je vous ai beaucoup d'obligation des objections que vous
m'écrivez, & je vous supplie de continuer à me mander toutes celles que vous
oyrez, & ce en la façon la plus défa-
vantageuse pour moi qu'il se pourra ; ce
sera le plus grand plaisir que vous me
puissiez faire, car je n'ai point coutume
de me plaindre pendant qu'on panse mes
blessures , & ceux qui me feront la faveur de m'instruire, & qui m'enseigne-
ront quelque chose, me trouveront toujours fort docile. Mais je n'ai sçû bien
entendre ce que vous objectez touchant
le titre ; car je ne mets pas Traité de la
Methode , mais Discours de la Methode ; ce qui est le même que Preface ou
Avis touchant la Methode , pour montrer que je n'ai pas dessein de l'enseigner ,
mais seulement d'en parler. Car comme

on peut voir de ce que j'en dis , elle
consiste plus en Pratique qu'en Theorie ,
& je nomme les Traitez suivans des essais
de cette Methode , pour ce que je prétens que les choses qu'ils contiennent
n'ont pû être trouvées sans elle , & qu'on
peut connoître par eux ce qu'elle vaut ,
comme aussi j'ai inseré quelque chose de
Metaphysique , de Physique & de Medecine dans le premier discours , pour montrer qu'elle s'étend à toutes sortes de matieres. Pour vôtre seconde objection , à
sçavoir que je n'ai pas expliqué assez au
long , d'où je connois que l'ame est une
substance distincte du corps , dont la nature n'est que de penser , qui est la seule
chose qui rend obscure la démonstration
touchant l'existence de Dieu , j'avouë
que ce que vous en écrivez est très-vrai ,
& aussi que cela rend ma démonstration
touchant l'existence de Dieu mal-aisée à
entendre ; mais je ne pouvois mieux traiter cette matiere , qu'en expliquant amplement la fausseté ou l'incertitude qui se
trouvent en tous les jugemens qui dépendent du sens ou de l'imagination , afin de
montrer ensuite quels sont ceux qui ne
dépendent que de l'entendement pur , &
combien ils sont évidens & certains. Ce
que j'ai obmis tout à dessein , & par
consideration , & principalement à cause

que j'ay écrit en langue vulgaire , de peur
que les esprits foibles venant à embrasser
d'abord avidement les doutes & scrupu-
les qu'il m'eust fallu proposer , ne pûssent
après comprendre en même façon les
raisons par lesquelles j'eusse tâché de les
ôter , & ainsi que je les eusse engagez
dans un mauvais pas , sans peut-être les
en tirer. Mais il y a environ huit ans que
j'ai écrit en latin un commencement de
Metaphysique , où cela est déduit assez au
long , & si l'on fait une version latine de
ce livre , comme on s'y prépare , je l'y
pourrai faire mettre. Cependant je me
persuade que ceux qui prendront bien garde à mes raisons touchant l'existence de
Dieu , les trouveront d'autant plus dé-
monstratives , qu'ils mettront plus de peine à en chercher les défauts ; & je les prétens plus claires en elles-mêmes qu'aucune
des démonstrations des Geometres ; ensorte qu'elles ne me semblent obscures , qu'au
regard de ceux qui ne sçavent pas *abducere
mentem à sensibus* , suivant ce que j'ai écrit
en la p. 36.

Je vous ai une infinité d'obligations
de la peine que vous vous offrez de prendre pour l'impression de mes écrits ; mais
s'il y falloit faire quelque dépense , je
n'aurois garde de souffrir que d'autres que
moi la fissent , & ne manquerois pas de

vous envoyer tout ce qu'il faudroit. Il est vrai que je ne crois pas qu'il en fust grand besoin, au moins y a-t'il eu des Librai-res qui m'ont fait offrir un present, pour leur mettre ce que je ferois entre les mains, & cela dès auparavant même que je sortisse de Paris, ni que j'eusse commencé à rien écrire. De sorte que je juge qu'il y en pourra encore avoir d'assez fous pour les imprimer à leurs dépens, & qu'il se trouvera aussi des Lecteurs assez faciles pour en acheter les exemplaires, & les relever de leur folie. Car quoi que je fasse je ne m'en cacherai point comme d'un crime; mais seulement pour éviter le bruit, & me retenir la même liberté que j'ai euë jusques icy, de sorte que je ne craindrai pas tant si quelques-uns sçavent mon nom; mais maintenant je suis bien aise qu'on n'en parle point du tout, afin que le monde n'attende rien, & que ce que je ferai ne soit pas moindre que ce qu'on auroit attendu. Je me moque avec vous des imaginations de ce Chymiste dont vous m'écrivez, & crois que semblables chimeres ne méritent pas d'occuper un seul moment les pensées d'un honnête homme. Je suis, &c.

A
UN REVEREND PERE
JESUITE.

LETTRE XLIV.

MON REVEREND PERE,

Je sçai que vous avez tant d'occupations, qui valent mieux que de lire les lettres d'une personne qui n'est point capable de vous rendre aucun service, que je fais scrupule de vous importuner des miennes, lors que je n'ai point d'autre sujet de vous écrire, que pour vous assurer du zele que j'ai à vous honorer. Mais pource qu'il y a icy quelques personnes, qui me veulent persuader, que plusieurs des Peres de vôtre Compagnie parlent désavantageusement de mes écrits, & que cela incite un de mes amis à écrire un Traité dans lequel il veut faire une ample comparaison de la Philosophie qui s'enseigne en vos écoles, avec celle que j'ai publiée, afin qu'en montrant ce qu'il pense être mauvais en l'une,

il faſſe d'autant mieux voir ce qu'il juge
meilleur en l'autre ; j'ai crû ne devoir
pas conſentir à ce deſſein, que je ne vous
en euſſe auparavant averti, & ſupplié de
me preſcrire ce que vous jugez que je dois
faire. L'obligation que j'ai à vos Peres de
toute l'inſtitution de ma jeuneſſe, l'inclination très-particuliere que j'ai toujours euë
à les honorer, & celle que j'ai auſſi à preferer les voyes douces & amiables, à celles
qui peuvent déplaire, ſeroient des raiſons aſſez fortes pour m'obliger à prier
cet ami de vouloir exercer ſa plume ſur
quelque autre ſujet, où je ne fuſſe point
mêlé, ſi je n'étois comme forcé de pancher de l'autre côté, par le tort qu'on
dit que cela me fait, & par la regle de
prudence, qui m'apprend qu'il vaut beaucoup mieux avoir des ennemis declarez,
que couverts ; principalement en telle
occaſion, où n'étant queſtion que d'honneur, d'autant que la querelle éclattera
plus, d'autant ſera-t'elle plus avantageuſe
à celui qui aura juſte cauſe. Mais le reſpect
que je vous dois, & l'affection que vous
m'avez toujours fait la faveur de me témoigner, a plus de force ſur moi, qu'aucune
autre choſe, & fait que je deſire attendre
vos commandemens ſur ce ſujet ; & je ne
ſouhaite rien tant que de vous pouvoir montrer par effet que je ſuis, &c.

A

UN REVEREND PERE

JESUITE.

LETTRE XLV.

MON REVEREND PERE,

Je suis ravi de la faveur que vous m'avez faite, de voir si soigneusement le Livre de mes Essais, & de m'en mander vos sentimens avec tant de témoignages de bienveillance ; je l'eusse accompagné d'une lettre en vous l'envoyant, & eusse pris cette occasion de vous assurer de mon très-humble service, n'eût été que j'esperois le faire passer par le monde sans que le nom de son Auteur fût connu; mais puisque ce dessein n'a pas pû réüssir, je dois croire que c'est plûtôt l'affection que vous avez euë pour le Pere, que le merite de l'enfant qui est cause du favorable accueil qu'il a reçû chez vous, & je suis très-particulierement obligé de vous en remercier. Je ne sçai si c'est que je me

flatte de plusieurs choses extrémement à mon avantage, qui sont dans les deux lettres que j'ai reçûës de vôtre part, mais je vous dirai franchement, que de tous ceux qui m'ont obligé de m'apprendre le jugement qu'ils faisoient de mes écrits, il n'y en a aucun, ce me semble, qui m'ait rendu si bonne justice que vous, je veux dire si favorable, sans corruption, & avec plus de connoissance de cause. En quoi j'admire que vos deux lettres ayent pû s'entresuivre de si près, car je les ai presque reçûës en même temps, & voyant la premiere je me persuadois ne devoir attendre la seconde, qu'après vos vacances de la S. Luc. Mais afin que j'y réponde ponctuellement, je vous dirai premierement, que mon dessein n'a point été d'enseigner toute ma Methode dans le discours où je la propose, mais seulement d'en dire assez pour faire juger que les nouvelles opinions qui se verroient dans la Dioptrique & dans les Meteores, n'étoient point conçûës à la legere, & qu'elles valoient peut-être la peine d'être examinées. Je n'ai pû aussi montrer l'usage de cette Methode dans les 3. traitez que j'ai donnez, à cause qu'elle prescrit un ordre pour chercher les choses qui est assez different de celui dont j'ai crû devoir user pour les expliquer. J'en ai toutefois montré

tré quelque échantillon en décrivant l'arc-
en ciel, & si vous prenez la peine de le
relire, j'espere qu'il vous contentera plus
qu'il n'aura pû faire la premiere fois, car
la matiere est de soy assez difficile. Or ce
qui m'a fait joindre ces trois traitez au
discours qui les précede, est que je me
suis persuadé qu'ils pourroient suffire,
pour faire que ceux qui les auront soigneusement examinez, & conferez avec
ce qui a été ci-devant écrit des mêmes
matieres, jugent que je me sers de quelqu'autre Methode que le commun, &
qu'elle n'est peut-être pas des plus mauvaises. Il est vrai que j'ai été trop obscur
en ce que j'ai écrit de l'existence de Dieu
dans ce Traité de la Methode, & bien
que ce soit la piece la plus importante,
j'avouë que c'est la moins élabourée de
tout l'ouvrage, ce qui vient en partie de
ce que je ne me suis resolu de l'y joindre que sur la fin, & lors que le Libraire
me pressoit. Mais la principale cause de
son obscurité, vient de ce que je n'ai osé
m'étendre sur les raisons des sceptiques,
ni dire toutes les choses qui sont necessaires *ad abducendam mentem à sensibus*: car
il n'est pas possible de bien connoître la
certitude & l'évidence des raisons, qui
prouvent l'existence de Dieu selon ma
façon, qu'en se souvenant distinctement

Tome II.   B b b

de celles qui nous font remarquer de l'incertitude en toutes les connoissances que nous avons des choses materielles; & ces pensées ne m'ont pas semblé être propres à mettre dans un livre, où j'ai voulu que les femmes mêmes pussent entendre quelque chose, & cependant que les plus subtils trouvassent aussi assez de matiere pour occuper leur attention. J'avoüe aussi que cette obscurité vient en partie, comme vous avez fort bien remarqué, de ce que j'ai supposé que certaines notions, que l'habitude de penser m'a rendu familieres & évidentes, le devoient être aussi à un chacun; comme par exemple, que nos idées ne pouvant recevoir leurs formes ni leurs êtres, que de quelques objets exterieurs, ou de nous-mêmes, ne peuvent representer aucune realité ou perfection, qui ne soit en ces objets, ou bien en nous, & semblables; sur quoi je me suis proposé de donner quelque éclaircissement dans une seconde impression.

J'ai bien pensé que ce que j'ai dit avoir mis en mon Traité de la Lumiere, touchant la creation de l'univers, seroit incroyable; car il n'y a que dix ans, que je n'eusse pas moi-même voulu croire que l'esprit humain eût pû atteindre jusqu'à de telles connoissances, si quelqu'autre l'eût écrit; mais ma conscience & la force de

la verité m'a empêché de craindre d'a-
vancer une chose, que j'ai crû ne pouvoir
obmettre sans trahir mon propre parti, &
de laquelle j'ai déja icy aflez de témoins ;
outre que fi la partie de ma Phyfique,
qui eft achevée, & mife au net il y a déja
quelque temps, voit jamais le jour, j'ef-
pere que nos neveux n'en pourront douter.

Je vous ai obligation du foin que vous
avez pris d'examiner mon opinion touchant le mouvement du cœur ; fi vôtre
Medecin a quelques objections à y faire,
je ferai très-aifé de les recevoir, & ne
manquerai pas d'y répondre ; il n'y a que
8. jours que j'en ai reçû 7. ou 8. fur la même
matiere d'un Profefleur en Medecine de
Louvain, qui eft de mes amis, auquel
j'ai renvoyé deux feuilles de réponfe, &
je fouhaiterois que j'en puffe recevoir de
même façon, touchant toutes les difficultez qui fe rencontrent en ce que j'ai tâché
d'expliquer ; je ne manquerois pas d'y
répondre foigneufement, & je m'affure
que ce feroit fans défobliger aucun de
ceux qui me les auroient propofées. C'eft
une chofe que plufieurs enfemble pourroient plus commodément faire qu'un
feul, & il n'y en a point qui le puffent
mieux, que ceux de yôtre Compagnie. Je
tiendrois à très-grand honneur & faveur,

qu'ils vouluffent en prendre la peine, ce feroit fans doute le plus court moyen pour découvrir toutes les erreurs, ou les veritez de mes écrits.

Pour ce qui eft de la lumiere, fi vous prenez garde à la quatriéme page de la Dioptrique, vous verrez que j'ai mis là expreffément que je n'en parlerai que par hypothefe; & en effet, à caufe que le traité qui contient tout le corps de ma Phyfique porte le nom *de la Lumiere*, & qu'elle eft la chofe que j'y explique le plus amplement & le plus curieufement de toutes, je n'ai point voulu mettre ailleurs les mêmes chofes que là, mais feulement en reprefenter quelque idée par des comparaifons & des ombrages, autant qu'il m'a femblé neceffaire pour le fujet de la Dioptrique.

Je vous fuis obligé de ce que vous témoignez être bien aife, que je ne me fois pas laiffé devancer par d'autres en la publication de mes penfées, mais c'eft de quoi je n'ai jamais eu aucune peur : car outre qu'il m'importe fort peu, fi je fuis le premier ou le dernier à écrire les chofes que j'écris, pourvû feulement qu'elles foient vrayes, toutes mes opinions font fi jointes enfemble, & dépendent fi fort les unes des autres, qu'on ne s'en fçauroit approprier aucune fans les fçavoir

routes. Je vous prie de ne point differer
de m'apprendre les difficultez que vous
trouvez en ce que j'ai écrit de la refra-
ction, ou d'autre chose ; car d'attendre
que mes sentimens plus particuliers touchant la lumiere soient publiez, ce seroit
peut-être attendre long-temps. Quant à
ce que j'ai supposé au commencement
des Meteores, je ne le sçaurois démontrer *à priori*, sinon en donnant toute ma
Physique ; mais les experiences que j'en
ai déduites necessairement, & qui ne peuvent être déduites en même façon d'aucuns
autres principes ; me semblent le démontrer assez *à posteriori*. J'avois bien prévû
que cette façon d'écrire choqueroit d'a-
bord les lecteurs, & je crois que j'eusse
pù aisément y remedier, en ôtant seulement le nom de suppositions aux premieres choses dont je parle, & ne les decla-
rant qu'à mesure que je donnerois quelques raisons pour les prouver ; mais je
vous dirai franchement que j'ai choisi cette façon de proposer mes pensées, tant
pource que croyant les pouvoir déduire
par ordre des premiers principes de ma
Metaphysique, j'ai voulu negliger toutes
autres sortes de preuves, que pource que
j'ai desiré essayer si la seule exposition de
la verité seroit suffisante pour la persuader ; sans y mêler aucunes disputes ni re-

futations des opinions contraires. En quoi
ceux de mes amis qui ont lû le plus foigneufement mes Traitez de Dioptrique
& des Meteores , m'affurent que j'ai
réüffi : car bien que d'abord ils n'y trou-
vaffent pas moins de difficulté que les
autres , toutefois après les avoir lûs &
relûs trois ou quatre fois , ils difent n'y
trouver plus aucune chofe qui leur femble pouvoir être revoquée en doute :
comme en effet il n'eft pas toujours neceffaire d'avoir des raifons *à priori* pour
perfuader d'une verité ; & Thales , ou
qui que ce foit , qui a dît le premier que
la Lune reçoit fa lumiere du Soleil , n'en a
donné fans doute aucune autre preuve,
finon qu'en fuppofant cela , on explique
fort aifément toutes les diverfes faces
de fa lumiere : Ce qui a été fuffifant pour
faire que depuis cette opinion ait paffé par
le monde fans contredir. Et la liaifon de
mes penfées eft telle , que j'ofe efperer
qu'on trouvera mes Principes auffi bien
prouvez par les conféquences que j'en
tire, lors qu'on les aura affez remarquées
pour fe les rendre familieres , & les confiderer toutes enfemble , que l'emprunt
que la Lune fait de fa lumiere eft prouvé
par fes croiffances & décroiffances. Je n'ai
plus à vous répondre que touchant la publication de ma Phyfique & Metaphyfi-

que , sur quoi je vous prie de dire en
un mot , que je la desire autant ou plus
que personne; mais neanmoins avec les
conditions sans lesquelles je serois imprudent de la desirer. Et je vous dirai que
je ne crains aussi nullement au fond qu'il
s'y trouve rien contre la foy ; car au contraire j'ose me vanter qu'elle n'a jamais
été si fort appuyée par les raisons humaines , qu'elle peut être , si l'on suit mes
Principes , & particulierement la Tran-
substantiation, que les Calvinistes repren-
nent , comme impossible à expliquer par
la Philosophie ordinaire , est très - facile
par la mienne. Mais je ne vois aucune
apparence que les conditions qui peuvent
m'y obliger s'accomplissent , au moins de
long-temps ; & me contentant de faire de
mon côté tout ce que je crois être de
mon devoir , je me remets du reste à la
providence qui regit le monde ; car sçachant que c'est elle qui m'a donné les petits commencemens dont vous avez vû
des essais , j'espere qu'elle me fera la
grace d'achever , s'il est utile pour sa gloire , & s'il ne l'est pas , je me veux abstenir de le desirer. Au reste je vous assure
que le plus doux fruit que j'aye recüeilli
jusqu'à present , de ce que j'ai fait imprimer , est l'approbation que vous m'obli-
gez de me donner par vôtre Lettre , car

elle m'eſt particulierement chere & agréable , pource qu'elle vient d'une perſonne
de vôtre merite & de vôtre robbe , &
du lieu même où j'ai eu le bonheur de
recevoir toutes les inſtructions de ma
jeuneſſe , & qui eſt le ſéjour de mes Maîtres , envers leſquels je ne manquerai jamais de reconnoiſſance. Et je ſuis, &c.

A

UN REVEREND PERE

JESUITE.

LETTRE XLVI.

MON REVEREND PERE,

Je ſçai qu'il eſt très-mal-aiſé d'entrer
dans les penſées d'autrui , & l'experience
m'a fait connoître combien les miennes
ſemblent difficiles à pluſieurs ; ce qui fait
que je vous ai grande obligation de la
peine que vous avez priſe à les examiner ;
& je ne puis avoir que très-grande opinion de vous , en voyant que vous les
poſſedez

poſſedez de telle ſorte , qu'elles ſont maintenant plus vôtres que miennes. Et les difficultez qu'il vous a plû me propoſer, ſont plûtôt dans la matiere, & dans le défaut de mon expreſſion, que dans aucun défaut de vôtre intelligence ; car vous avez joint la ſolution des principales , mais je ne laiſſerai pas de dire ici mes ſentimens de toutes.

J'avouë bien que dans les cauſes Phyſiques & Morales , qui ſont particulieres & limitées , on éprouve ſouvent que celles qui produiſent quelque effet, ne ſont pas capables d'en produire pluſieurs autres qui nous paroiſſent moindres ; ainſi un homme qui peut produire un autre homme ne peut pas produire une fourmi, & un Roy qui ſe fait obéïr par tout un peuple , ne ſe peut quelquefois faire obéïr par un cheval. Mais quand il eſt queſtion d'une cauſe univerſelle & indeterminée , il me ſemble que c'eſt une notion commune très-évidente, que *quod poteſt plus, poteſt etiam minus*, auſſi-bien que *totum eſt majus ſua parte*. Et même cette notion étenduë , s'étend auſſi à toutes les cauſes particulieres tant morales que phyſiques; car ce ſeroit plus à un homme de pouvoir produire des hommes & des fourmis, que de ne pouvoir produire que des hommes, & ce ſeroit une plus grande puiſfance à un Roy de commander même aux chevaux, que de ne commander qu'à fon peuple; comme on feint que la Mufique d'Orphée pouvoit émouvoir même les bêtes, pour lui attribuer d'autant plus de force.

Il importe peu que ma feconde démonftration fondée fur nôtre propre exiftence foit confiderée comme differente de la premiere, ou feulement comme une explication de cette premiere. Mais ainfi que c'eft un effet de Dieu de m'avoir créé, auffi en eft-ce un d'avoir mis en moi fon idée, & il n'y a aucun effet venant de lui, par lequel on ne puiffe démontrer fon exiftence. Toutesfois il me femble que toutes ces démonftrations prifes des effets reviennent à une, & même qu'elles ne font pas accomplies fi ces effets ne nous font évidens; (c'eft pourquoi j'ai plûtôt confideré ma propre exiftence, que celle du ciel & de la terre, de laquelle je ne fuis pas fi certain,) & fi nous n'y joignons l'idée que nous avons de Dieu; car mon ame étant finie, je ne puis connoître que l'ordre des caufes n'eft pas infini, finon entant que j'ai en moi cette idée de la premiere caufe; & encore qu'on admette une premiere caufe qui me conferve, je ne puis dire qu'elle foit Dieu, fi je n'ai veritablement l'idée

de Dieu : ce que j'ai infinué en ma réponfe
aux premieres objections, mais en peu de
mots, afin de ne point méprifer les raifons des autres, qui admettent communément que *non datur progreffus in infinitum*, & moi je ne l'admets pas, au contraire, je crois que *datur reverâ talis progreffus in divifione partium materia*, comme
on verra dans mon traité de Philofophie
qui s'acheve d'imprimer.

Je ne fçache point avoir determiné
que Dieu fait toujours ce qu'il connoît
être le plus parfait, & il ne me femble
pas qu'un efprit fini puiffe juger de cela ;
mais j'ai tâché d'éclaircir la difficulté propofée touchant la caufe des erreurs, en
fuppofant que Dieu ait créé le monde très-
parfait, & il ne me femble pas qu'un efprit fini puiffe juger de cela : mais j'ai tâché d'éclaircir la difficulté propofée touchant la caufe des erreurs, en fuppofant
que Dieu ait créé le monde très-parfait,
pource que fuppofant le contraire, cette
difficulté ceffe entierement.

Je vous fuis bien obligé de ce que vous
m'apprenez les endroits de faint Auguftin
qui peuvent fervir pour autorifer mes opinions, quelques autres de mes amis avoient
déja fait le femblable ; & j'ai très-grande
fatisfaction de ce que mes penfées s'accordent avec celles d'un fi faint & excel-

lent perſonnage. Car je ne ſuis nullement de ceux qui deſirent que leurs opinions paroiſſent nouvelles ; au contraire , j'accommode les miennes à celles des autres, autant que la verité me le permet.

Je ne mets autre difference entre l'ame & ſes idées, que comme entre un morceau de cire , & les diverſes figures qu'il peut recevoir ; & comme ce n'eſt pas proprement une action , mais une paſſion en la cire, de recevoir diverſes figures ; il me ſemble que c'eſt auſſi une paſſion en l'ame de recevoir telle ou telle idée, & qu'il n'y a que ſes volontez qui ſoient des actions ; & que ſes idées ſont miſes en elle , partie par les objets qui touchent les ſens, partie par les impreſſions qui ſont dans le cerveau , & partie auſſi par les diſpoſitions qui ont precedé en l'ame même & par les mouvemens de ſa volonté ; ainſi que la cire reçoit ſes figures , partie des autres corps qui la preſſent, partie des figures ou autres qualitez qui ſont déja en elle, comme de ce qu'elle eſt plus ou moins peſante ou molle, &c. & partie auſſi de ſon mouvement , lors qu'ayant été agitée, elle a en ſoi la force de continuer à ſe mouvoir.

Pour la difficulté d'apprendre les ſciences, qui eſt en nous, & celle de nous repreſenter clairement les idées qui nous

font naturellement connuës , elle vient
des faux préjugez de nôtre enfance , &
des autres caufes de nos erreurs , que j'ai
tâché d'expliquer affez au long en l'écrit
que j'ai fous la preffe. Pour la memoire ,
je crois que celle des chofes materielles
dépend des veftiges qui demeurent dans le
cerveau , après que quelque image y a été
imprimée : & que celle des chofes intel-
lectuelles dépend de quelques autres veftiges qui demeurent en la penfée même ;
mais ceux-ci font tout d'un autre genre
que ceux-là , & je ne les fçaurois expliquer par aucun exemple tiré des chofes
corporelles , qui n'en foit fort different :
au lieu que les veftiges du cerveau le
rendent propre à mouvoir l'ame , en la
même façon qu'il l'avoit mûë auparavant,
& ainfi à la faire fouvenir de quelque
chofe , tout de même que les plis qui
font dans un morceau de papier , ou dans
un linge , font qu'il eft plus propre à être
plié derechef comme il a été auparavant ,
que s'il n'avoit jamais été ainfi plié.

L'erreur morale qui arrive quand on
croit avec raifon une chofe fauffe, pource
qu'un homme de bien nous l'a dite , &c.
ne contient aucune privation, lors que nous
ne l'affurons que pour regler les actions
de nôtre vie , en chofe que nous ne pouvons moralement fçavoir mieux ; & ainfi

ce n'eſt point proprement une erreur, mais
c'en ſeroit une, ſi nous l'aſſurions comme
une verité de Phyſique, pour ce que le
témoignage d'un homme de bien ne ſuffit
pas pour cela.

Pour le libre arbitre, je n'ai point vû
ce que le R. P. Petau en a écrit ; mais
de la façon que vous expliquez vôtre opinion ſur ce ſujet, il ne me ſemble pas que
la mienne en ſoit fort éloignée. Car premierement je vous ſupplie de remarquer,
que je n'ai point dit que l'homme ne ſût
indifferent que là où il manque de connoiſſance ; mais bien qu'il eſt d'autant plus
indifferent qu'il connoît moins de raiſons
qui le pouſſent à choiſir un parti plûtôt
que l'autre, ce qui ne peut, ce me ſemble,
être nié de perſonne. Et je ſuis d'accord
avec vous, en ce que vous dites qu'on
peut ſuſpendre ſon jugement ; mais j'ai
tâché d'expliquer le moyen par lequel on
le peut ſuſpendre : car il eſt ce me ſemble
certain que *ex magnâ luce in intellectu ſe-
quitur magna propenſio in voluntate*; enſorte
que voyant très-clairement qu'une choſe
nous eſt propre, il eſt très-mal-aiſé, &
même comme je crois impoſſible, pendant qu'on demeure en cette penſée, d'arreſter le cours de nôtre deſir. Mais pource
que la nature de l'ame eſt de n'être quaſi
qu'un moment attentive à une même cho-

fé, fi-tôt que nôtre attention fe détourne des raifons qui nous font connoître que cette chofe nous eft propre, & que nous retenons feulement en nôtre memoire qu'elle nous a paru defirable, nous pouvóns reprefenter à nôtre efprit quelqu'autre raifon qui nous en fafle douter, & ainfi fufpendre nôtre jugement, & même auffi peut-être en former un contraire. Ainfi puifque vous ne mettez pas la liberté dans l'indifference précifément, mais dans une puiffance réelle & pofitive de fe déterminer, il n'y a de difference entre nos opinions que pour le nom ; car j'avoüe que cette puiffance eft en la volonté: mais pource que je ne vois point qu'elle foit autre, quand elle eft accompagnée de l'indifference, laquelle vous avoüez être une imperfection, que quand elle n'en eft point accompagnée, & qu'il n'y a rien dans l'entendement que de la lumiere, comme dans celui des bien-heureux qui font confirmez en grace, je nomme generalement libre, tout ce qui eft vólontaire, & vous voulez reftraindre ce nom à la puiffance de fe déterminer, qui eft accompagnée de l'indifference. Mais je ne defire rien tant, touchant les noms, que de fuivre l'ufage & l'exemple.

Pour les animaux fans raifon, il eft évident qu'ils ne font pas libres, à caufe qu'ils n'ont pas cette puiſſance poſitive de ſe determiner ; mais c'eſt en eux une pure negation de n'être pas forcez ni contraints. Rien ne m'a empêché de parler de la liberté que nous avons à ſuivre le bien ou le mal, ſinon que j'ai voulu éviter autant que j'ai pû les controverſes de la Theologie, & me tenir dans les bornes de la Philoſophie naturelle. Mais je vous avouë qu'en tout ce où il y a occaſion de pecher, il y a de l'indifference, & je ne crois point que pour mal faire il ſoit beſoin de voir clairement que ce que nous faiſons eſt mauvais, il ſuffit de le voir confuſément, ou ſeulement de ſe ſouvenir qu'on a jugé autrefois que cela l'étoit, ſans le voir en aucune façon, c'eſt-à-dire, ſans avoir attention aux raiſons qui le prouvent ; car ſi nous le voyïons clairement, il nous ſeroit impoſſible de pecher, pendant le temps que nous le verrions en cette ſorte ; c'eſt pourquoi on dit que *Omnis peccans eſt ignorans.* Et on ne laiſſe pas de meriter, bien que voyant très-clairement ce qu'il faut faire, on le faſſe infailliblement, & ſans aucune indifference, comme a fait JESUS-CHRIST en cette vie; car l'homme pouvant n'avoir pas toujours une parfaite attention aux choſes qu'il doit faire, c'eſt une bonne action que de l'avoir, & de faire par ſon moyen, que

nôtre volonté suive si fort la lumiere de
nôtre entendement, qu'elle ne soit point
du tout indifferente. Au reste, je n'ai
point écrit que la grace empêchât entierement l'indifference, mais seulement qu'elle nous fait pancher davantage vers un côté que vers l'autre, &
ainsi qu'elle la diminuë, bien qu'elle ne
diminuë pas la liberté; d'où il suit, ce me
semble, que cette liberté ne consiste point
en l'indifference.

Pour la difficulté de concevoir, comment il a été libre & indifferent à Dieu
de faire qu'il ne fût pas vrai, que les trois
angles d'un triangle fussent égaux à deux
droits, ou generalement que les contradictoires ne peuvent être ensemble, on
la peut aisément ôter, en considerant que
la puissance de Dieu ne peut avoir aucunes
bornes, puis aussi en considerant que nôtre esprit est fini, & créé de telle nature
qu'il peut concevoir comme possibles les
choses que Dieu a voulu être veritablement possibles, mais non pas de telle,
qu'il puisse aussi concevoir comme possibles, celles que Dieu auroit pû rendre
possibles, mais qu'il a voulu toutefois
rendre impossibles. Car la premiere consideration nous fait connoître que Dieu
ne peut avoir été determiné à faire qu'il
fût vrai, que les contradictoires ne peu-

vent être ensemble, & que par conséquent il a pû faire le contraire ; puis l'autre nous assure que bien que cela soit
vrai, nous ne devons point tâcher de le
comprendre, pour ce que nôtre nature
n'en est pas capable. Et encore que Dieu
ait voulu que quelques veritez fussent
necessaires, ce n'est pas à dire qu'il les ait
necessairement voulués ; car c'est toute autre chose de vouloir qu'elles fussent necessaires, & de le vouloir necessairement,
ou d'être necessité à le vouloir. J'avouë
bien qu'il y a des contradictions qui sont si
évidentes, que nous ne les pouvons representer à nôtre ésprit, sans que nous les
jugions entierement impossibles, comme
celle que vous proposez. Que Dieu auroit pû faire que les creatures ne fussent
point dépendantes de lui ; mais nous ne
nous les devons point representer pour
connoître l'immensité de sa puissance, ni
concevoir aucune preference ou priorité
entre son entendement & sa volonté : car
l'idée que nous avons de Dieu nous apprend qu'il n'y a en lui qu'une seule action toute simple & toute pure ; ce que
ces mots de Saint Augustin expriment
fort bien, *Quia vides ea, sunt*, &c. pour
ce qu'en Dieu *videre* & *velle* ne sont
qu'une même chose.

Je distingue les lignes des superficies,

& les points des lignes, comme un mode
d'un autre mode, mais je diftingue le
corps des fuperficies, des lignes, &
des points qui le modifient, comme une
fubftance de fes modes ; & il n'y a point
de doute que quelque mode qui appar-
tenoit au pain, demeure au Saint Sacrement, vû que fa figure exterieure,
qui eft un mode, y demeure. Pour l'extenfion de JESUS-CHRIST en ce
Saint Sacrement, je ne l'ai point expliquée, pource que je n'y ai pas été obligé, & que je m'abftiens le plus qu'il
m'eft poffible des queftions de Theologie, & même que le Concile de Trente
a dit qu'il y eft *ea exiftendi ratione quam
verbis exprimere vix poffumus* ; lefquels
mots j'ai inferez à deffein, à la fin de
ma réponfe aux quatriémes objections,
pour m'exempter de l'expliquer. Mais
j'ofe dire, que fi les hommes étoient un
peu plus accoutumez qu'ils ne font à ma
façon de philofopher, on pourroit leur
faire entendre un moyen d'expliquer ce
myftere, qui fermeroit la bouche aux
ennemis de nôtre Religion, & auquel ils
ne pourroient contredire.

Il y a grande difference entre *l'abftra-*
ction & *l'exclufion* ; fi je difois feulement
que l'idée que j'ai de mon ame ne me
la reprefente pas dépendante du corps,

& identifiée avec lui, ce ne seroit qu'une
abſtraction , de laquelle je ne pourrois
former qu'un argument negatif , qui con-
cluroit mal ; mais je dis que cette idée me
la repreſente comme une ſubſtance qui
peut exiſter, encore que tout ce qui appartient au corps en ſoit exclus ; d'où je
forme un argument poſitif , & conclus
qu'elle peut exiſter ſans le corps. Et cette
excluſion de l'extenſion ſe voit fort clairement en la nature de l'ame , de ce qu'on
ne peut concevoir de moitié d'une choſe
qui penſe, ainſi que vous avez très-bien
remarqué. Je ne voudrois pas vous donner la peine de m'envoyer ce qu'il vous
a plû écrire ſur le ſujet de mes Meditations , pource que j'eſpere aller en France
bien-tôt , où j'aurai, ſi je puis, l'honneur
de vous voir, & cependant je vous ſuplie
de me croire , &c.

A

UN REVEREND PERE

JESUITE.

Lɪttrɪ XLVII.

Mon Reverend Pere,

Je ne me fouviens point que jamais perfonne m'ait dit que vous aviez deffein de cenfurer mes écrits, & je n'en ai eu auffi aucune opinion ; car je ne fuis pas d'humeur à m'imaginer des chofes dont je n'ai point de preuves, principalement de celles qui me pourroient être déplaifantes, comme je vous avouë que feroit celle-là, pource que vous ayant en très-grande eftime, je ne pourrois penfer que vous euffiez deffein de me blâmer, que je ne cruffe par même moyen le meriter ; Et bien que je ne doute point que ce qué j'ai écrit ne contienne plufieurs fautes, je me fuis toutefois perfuadé qu'il contenoit auffi quelques veritez, qui donneroient fujet aux efprits de la trempe du

vôtre, & qui auroient autant de franchise
que vous, d'en excuser les défauts. Ce que
je me suis persuadé de telle sorte, qu'en
écrivant il y a quatre ou cinq mois au R.
P. Charlet, touchant les objections du P.
Bourdin, je le priai, si ses occupations
le lui permettoient qu'il examinât lui-
même les pieces de mon procez, qu'il
vous en voulût croire, vous & vos semblables, plûtôt que les semblables
de mon adversaire, & ne nom-
mant que vous en ce lieu-là, il me semble que je montrois assez, que vous êtes
celui de tous ceux de vôtre Compagnie
que j'ai l'honneur de connoître, duquel
j'ai esperé le plus favorable jugement.
Il y a quatre ou cinq ans que vous me
fîtes l'honneur de m'écrire une lettre qui
me donna cette esperance, & j'ai été
maintenant ravi d'en recevoir une seconde qui me la confirme. Je vous supplie
très-humblement de croire, que ce n'a
été qu'avec une très-grande répugnance
que j'ai répondu à ces septiémes objections qui précedent ma lettre au R. P.
Dinet, laquelle vous avez vûë ; & il
m'y a fallu employer là même résolution,
qu'à me faire couper un bras, ou une
jambe, si j'y avois quelque mal auquel je
ne sçusse point de remede plus doux ; car
j'ai toujours eu une grande veneration &

affection pour vôtre Compagnie ; mais
ayant sçû le peu d'estime qu'on avoit fait
de mes écrits, en des disputes publiques
à Paris, il y a deux ans ; & voyant que
nonobstant les très-humbles prieres que
j'avois faites, qu'on me voulût avertir
de mes fautes, si on les connoissoit, afin
que je les corrigeasse, plûtôt que de les
blâmer en mon absence, & sans m'oüir,
on continuoit à les mépriser d'une façon
qui pourroit me rendre ridicule, auprès
de ceux qui ne me connoissent pas, je
n'ai pû imaginer de meilleur remede, que
celui dont je me suis servi. Je me tiens
extrémement obligé au R. P. Dinet, de la
franchise & de la prudence qu'il a temoi-
gnée en cette occasion, & je ne me promets pas moins de faveur du R. P. Fil-
leau, qui lui a succedé, bien que je n'aye
point eu ci-devant l'honneur de le connoître ; car je sçai que ce ne sont que les
plus éminens en prudence & en vertu,
qu'on a coutume de choisir pour la charge
qu'il a. Je crains seulement que mon adversaire n'ait des amis à Paris, qui fassent
entendre la chose aux superieurs, d'autre
façon qu'elle n'est. Je souhaitterois pour
ce sujet, que vous y fussiez plûtôt qu'à
Orleans, car je m'assure que vous me les
rendriez favorables. Je ne sçaurois trouver étrange que plusieurs n'entendent
pas mes Meditations, puisque même

Monfieur de Beaune y a de la difficulté;
car j'eftime extrémement fon efprit ; &
encore qu'on les entendît, je croirois être
injufte, fi je defirois qu'on les approu-
vât, avant qu'on fçache comment elles
feront reçûës du public ; ou bien qu'on
fe declarât pour ma Philofophie, avant
que de l'avoir toute vûë & entenduë. Ce
n'eft pas cette faveur-là que je demande,
mais feulement qu'on s'abftienne de blâmer ce qu'on n'entend pas , & fi on a
quelque chofe à dire contre mes écrits,
ou contre moi, qu'on me la veüille dire
à moi-même, plûtôt que d'en médire en
mon abfence, & y employer des moyens,
qui ne peuvent tourner qu'à la honte & à
la confufion de ceux qui s'en fervent.

Pour ce qui eft de la diftinction entre
l'eflence & l'exiftence, je ne me fouviens
pas du lieu où j'en ai parlé ; mais je diftingue *Inter modos propriè dictos, & attributa fine quibus res quarum funt attributa
effe non poffunt ; five inter modos rerum
ipfarum, & modos cogitandi* ; pardonnez-
moi fi je change ici de langue, pour tâcher de m'exprimer mieux.) *Ita figura &
motus funt modi propriè dicti fubftantiæ Corporeæ, quia idem corpus poteft exiftere, nunc
cum hac figura, nunc cum alia ; nunc cum
motu, nunc fine motu, quamvis ex adverfo
neque hæc figura, neque hic motus, poffint*

effe

*effe fine hoc corpore ; Ita amor, odium, affir-
matio, dubitatio, &c. funt veri modi in mente : exiftentia autem, duratio, magnitudo, numerus, & univerfalia omnia, non
mihi videntur effe modi propriè dicti, ut neque etiam in Deo juftitia, mifericordia,
&c. Sed latiori vocabulo dicuntur attributa,
five modi cogitandi, quia intelligimus quidem alio modo rei alicujus effentiam, abftra-
hendo ab hoc, quod exiftat, vel non exiftat,
& alio, confiderando ipfam ut exiftentem ;
fed res ipfa fine exiftentiâ fuâ effe non poteft extra noftram cogitationem, ut neque etiam
fine fua duratione, vel fua magnitudine; &c.
Atque ideo dico quidem figuram, & alios
fimiles modos, diftingui propriè modaliter à
fubftantia cujus funt modi, fed inter alia attributa effe minorem diftinctionem, quæ non-
nifi latè ufurpando nomen modi, vocari poteft
modalis, ut illam vocavi in fine meæ refponfio-
nis ad primas objectiones, & melius fortè di-
cetur Formalis ; fed ad confufionem evitan-
dam, in prima parte mea Philofophia, articulo 60. in qua de ipfa expreffè ago, illam
voco diftinctionem Rationis, (nempe rationis
Ratiocinatæ ;) & quia nullam agnofco rationis Ratiocinantis, hoc eft, quæ non habeat
fundamentum in rebus (neque enim quicquam
poffumus cogitare abfque fundamento) idcirco
in illo articulo verbum Ratiocinatæ non addo.
Nihil autem aliud mihi videtur in hac mate-*

*ria parere difficultatem, nisi quod non satis
distinguamus res extra cogitationem nostram
existentes, à rerum ideis, quæ sunt in nostra
cogitatione: Ita cum cogito essentiam trianguli, & existentiam ejusd.m trianguli, duæ ista
cogitationes, quatenus sunt cogitationes, etiam
objectivè sumpta, modaliter differunt, strictè
sumendo nomen modi; sed non idem est de
triangulo extra cogitationem existente, in quo
manifestum mihi videtur, essentiam & existentiam nullo modo distingui; & idem est de
omnibus universalibus; ut cum dico, Petrus
est homo, cogitatio quidem quâ cogito Petrum,
differt modaliter ab ea quâ cogito hominem,
sed in ipso Petro nihil aliud est esse hominem,
quam esse Petrum, &c. Sic igitur pono tantùm tres distinctiones; Realem, quæ est inter
duas substantias; Modalem, & Formalem,
sive rationis ratiocinata; quæ tamen res, si
opponantur distinctioni rationis Ratiocinantis,
dici possunt Reales, & hoc sensu, dici poterit essentia, realiter distingui ab existentiâ;
Ut etiam, cum per essentiam intelligimus rem,
prout objectivè in intellectu, per existentiam
vero rem eandem, prout est extra intellectum,
manifestum est illa duo realiter distingui.* Ainsi
la figure & le mouvement sont des modes
proprement dits de la substance corporelle, parce que le même corps peut exister
tantôt sous une figure, & tantôt sous une
autre; tantôt avec du mouvement, tantôt

sans mouvement ; au lieu que ni cette figure , ni ce mouvement , ne sçauroient
être sans corps. De même l'amour , la
haine , l'affirmation, le doute , &c. sont
de veritables modes dans l'ame ; mais je
ne crois pas que l'existence , la durée , la
grandeur , le nombre , & tous les universaux soient proprement des modes , non
plus que la justice , la misericorde, &c en
Dieu ; mais on les appelle d'un nom plus
general Attributs , ou manieres de penser :
car il y a de la difference entre connoître
l'essence de quelque chose , sans considerer si elle existe , ou non , & connoître ce
même être comme existant ; mais cette même chose ne sçauroit être hors de nôtre
pensée sans existence , non plus que sans
durée ou grandeur , &c.

C'est pourquoi je dis que la figure &
les autres modes sont proprement distin-
guez modalement de la substance dont
ils sont modes , & qu'entre les autres attributs il y a une moindre distinction qui
ne sçauroit être appellée modale , qu'en
prenant le nom de mode d'une maniere
plus generale , comme je l'ai appellée à la
fin de ma réponse sur les premieres objo-
ctions , & qui meriteroient peut-être mieux
le nom de formelles : mais pour éviter la
confusion dans la premiere partie de ma
Philosophie art. 60. où je traite expressé-

ment cette queſtion , je l'appelle diſtinction de raiſon , c'eſt-à-dire , raiſonnée ; & comme je ne connoi-
aucune diſtinction de raiſon raiſont
nante, c'eſt-à-dire qui n'ait aucun fondement dans les choſes , car nous ne ſçau-
rions rien penſer ſans fondement ; c'eſt
pourquoi je n'ajoute point dans cet article le nom de raiſonnée , & la ſeule choſe qui me paroît faire une difficulté ſur
cette matiere , eſt que nous ne diſtin-
guons pas aſſez les choſes qui exiſtent hors
de nôtre penſée, des idées des choſes qui
ſont dans nôtre penſée ; ainſi lorſque je
penſe à l'eſſence d'un triangle , & à ſon
exiſtence , ces deux penſées , en tant que
penſées, même priſes objectivement , different modalement en prenant le nom de
mode d'une maniere moins generale; mais
il n'en eſt pas de même du triangle qui
exiſte hors de la penſée , dans lequel il
me paroît clairement que l'eſſence & l'exiſtence ne ſont diſtinguées en aucune façon : diſons la même choſe de tous les
univerſaux : comme lors que je dis que
Pierre eſt homme , la penſée par laquelle
je penſe à Pierre , differe modalement de
celle par laquelle je penſe à un homme ;
mais dans Pierre , homme & Pierre ſont la
même choſe , &c. Ainſi je n'admets que
trois diſtinctions , la réelle qui eſt entre

deux subſtances, la modale & la formelle
ou de raiſon raiſonnée, qui toutes trois
neanmoins, en tant qu'oppoſées à la diſtinction de raiſon raiſonnante, peuvent
être appellées réelles, & en ce ſens on
pourra dire que l'eſſence eſt réellement
diſtinguée de l'exiſtence; enſorte que lors
que par l'eſſence nous entendons une choſe en tant qu'elle eſt objectivement dans
l'intellect, & que par exiſtence nous entendons la même choſe en tant qu'elle eſt
hors de l'intellect, il eſt certain que ces
deux choſes ſont réellement diſtinctes :
ainſi quaſi toutes les controverſes de la
Philoſophie, ne viennent que de ce qu'on
ne s'entend pas bien les uns les autres.
Excuſez ſi ce diſcours eſt trop confus, le
Meſſager va partir, & ne me donne le
temps que d'ajouter icy, que je me tiens
extrémement vôtre obligé, de la ſouve-
nance que vous avez de moi, & que je
ſuis, &c.

A MONSIEUR
CLERSELIER.

LETTRE XLVIII.

MONSIEUR,

La raison qui me fait dire qu'un corps
qui est sans mouvement ne sçauroit jamais
être mû par un autre plus petit que lui, de
quelque vîtesse que ce plus petit se puisse mouvoir, est, que c'est une loi de la
nature, qu'il faut que le corps qui en
meut un autre ait plus de force à le mouvoir, que l'autre n'en a pour resister ; mais
ce plus ne peut dépendre que de sa grandeur ; car celui qui est sans mouvement
a autant de degrez de resistance, que l'autre qui se meut en a de vîtesse : Dont la raison est, que s'il est mû par un corps qui se
meuve deux fois plus vîte qu'un autre, il
doit en recevoir deux fois autant de mouvement, mais il resiste deux fois davantage à ces deux fois autant de mouvement.
Par exemple, le corps B. (*Voyez fig. 24. t.
2.*) ne peut pousser le corps C qu'il ne le

faſſe mouvoir auſſi vîte qu'il ſe mouvera
ſoi-même après l'avoir pouſſé. A ſçavoir,
ſi B eſt à C comme 5. & 4. de 9. degrez
de mouvement qui ſeront en B. il faut
qu'il en transfere 4. à C pour le faire aller
auſſi vîte que lui ; ce qui lui eſt aiſé, car
il a la force de transferer juſques à 4. &
demi, (c'eſt-à-dire la moitié de tout ce
qu'il a) plûtôt que de refléchir ſon mouvement de l'autre côté. Mais ſi B eſt à
C comme 4. à 5. B ne peut mouvoir C,
ſi de ces neuf degrez de mouvement il ne
lui en transfere 5. qui eſt plus de la moitié
de ce qu'il a, & par conſéquent à quoi
le corps C reſiſte plus que B n'a de force
pour agir : c'eſt pourquoi B ſe doit reflechir de l'autre côté, plûtôt que de mouvoir C. Et ſans cela jamais aucun corps ne
ſeroit refléchi par la rencontre d'un autre.
Au reſte, je ſuis bien aiſe de ce que la
premiere & la principale difficulté que
vous avez trouvée en mes Principes eſt
touchant les regles, ſuivant leſquelles ſe
change le mouvement des corps qui ſe
rencontrent ; car je juge de là que vous
n'en avez point trouvé en ce qui les precede, & que vous n'en trouverez pas auſſi
beaucoup de reſte, ni en ces regles non
plus, lors que vous aurez pris garde qu'elles ne dépendent que d'un ſeul principe,
qui eſt, *Que lors que deux corps ſe rencon-*

trent qui ont en eux des modes incompatibles, il se doit veritablement faire quelque change-ment en ces modes pour les rendre compati-bles, mais que ce changement est toujours le moindre qui puisse être, c'est-à-dire, que si certaine quantité de ces modes étant changée ils peuvent devenir compatibles, il ne s'en changera point une plus grande quantité. Et il faut considerer dans le mouvement deux divers modes, l'un est la motion seule ou la vîtesse, & l'autre est la détermination de cette motion vers certain côté, les-quels deux modes se changent aussi diffici-lement l'un que l'autre. Ainsi donc pour entendre les quatre, cinq & sixiéme re-gles, où le mouvement du corps B & le re-pos du corps C sont incompatibles, il faut prendre garde qu'ils peuvent devenir compatibles en deux façons, à sçavoir, *si B change toute la determination de son mou-vement, ou bien, s'il change le repos du corps C, en lui transferant telle partie de son mouvement qu'il le puisse chasser devant soi aussi vîte qu'il ira lui-même.* Et je n'ai dit autre chose en ces trois regles, sinon que lors que C est plus grand que B (*Voy. fig.* 24. *t.* 2.) c'est la premiere de ces deux fa-çons qui a lieu ; & quand il est plus petit, que c'est la seconde ; & enfin quand ils sont égaux, que ce changement se fait moitié par l'une & moitié par l'autre. Car lors

que

que C est plus grand , B ne le peut pousser
devant soi , si ce n'est qu'il lui transfere
plus de la moitié de sa vitesse , & ensemble plus de la moitié de sa détermination
à aller de la main droite vers la gauche,
d'autant que cette détermination est jointe
à sa vitesse ; au lieu que se reflèchissant
sans mouvoir le corps C , il change seulement toute sa détermination , ce qui est un
moindre changement que celui qui se feroit
de plus de la moitié de cette même détermination , & de plus de la moitié de la
vîtesse. Au contraire , si C est moindre
que B , il doit estre poussé par lui ; car
alors B lui donne moitié de sa vîtesse , &
moins que la moitié de la détermination
qui lui est jointe, ce qui fait moins que toute
cette détermination , laquelle il devroit
changer , s'il se reflechissoit ; Et ceci ne
repugne point à l'experience ; car par un
corps qui est sans mouvement , j'entens un
corps qui n'est point en action pour separer sa superficie de celle des autres corps
qui l'environnent , & par conséquent qui
fait partie d'un autre corps dur qui est
plus grand : car j'ai dit ailleurs , que lors
que les superficies des deux corps se séparent , tout ce qu'il y a de positif en la
nature du mouvement , se trouve aussi-
bien en celui qu'on dit vulgairement ne
se point mouvoir , qu'en celui qu'on dit se

mouvoir, & j'ai expliqué par après pourquoi un corps suspendu en l'air peut estre mû par la moindre force. Mais il faut pourtant icy que je vous avouë que ces regles ne sont pas sans difficulté, & je tâcherois de les éclaircir davantage si j'en estois maintenant capable ; mais pource que j'ai l'esprit occupé par d'autres pensées, j'attendray, s'il vous plaist à une autre fois à vous en mander plus au long mon opinion. Je vous ay bien de l'obligation des victoires que vous gagnez pour moi aux occasions, & vôtre solution de l'argument que *Pagani habuerunt ideam plurium deorum, &c. est très-vraie; car encore que l'idée de Dieu soit tellement empreinte en l'esprit humain*, qu'il n'y ait personne qui n'ait en soy la faculté de le connoître, cela n'empêche pas que plusieurs personnes n'ayent pû passer toute leur vie sans jamais se représenter distinctement cette idée ; & en effet, ceux qui la pensent avoir de plusieurs dieux, ne l'ont point du tout ; car il implique contradiction d'en concevoir plusieurs souverainement parfaits, comme vous avez très-bien remarqué ; & quand les anciens nommoient plusieurs dieux, ils n'entendoient pas plusieurs tous-puissans, mais seulement plusieurs fort puissans, au dessus desquels ils imaginoient un seul Jupiter comme souverain, & auquel seul par conséquent ils appliquoient l'idée du vrai Dieu, qui se presentoit confusément à eux.

A MONSIEUR

CLERSELIER.

LETTRE XLIX.

MONSIEUR,

L'esperance que j'ai d'estre bien-tost à Paris, est cause que je suis moins soigneux d'écrire à ceux que j'espere avoir l'honneur d'y voir. Ainsi il y a déja quelque tems que j'ai reçû celle que vous avez pris la peine de m'écrire; mais j'ai pensé que vous ne vous souciyez pas fort d'avoir réponse à la question qu'il vous a plû m'y proposer, touchant ce qu'on doit prendre pour *le premier principe*, à cause que vous y avez déja répondu mieux que je ne sçaurois faire. J'ajoute seulement que le mot de *principe* se peut prendre en divers sens, & que c'est autre chose de chercher *une notion commune*, qui soit si claire & si generale qu'elle puisse servir de principe pour prouver l'existence de tous les

Estres, & les *Entia*, qu'on connoîtra par après ; & autre chose de chercher *un Estre*, l'existence duquel nous soit plus connuë que celle d'aucuns autres, ensorte qu'elle nous puisse servir *de principe* pour les connoître : Au premier sens, on peut dire que *impossibile est idem simul esse & non esse* est un principe, & qu'il peut generalement servir, non pas proprement à faire connoître l'existence d'aucune chose, mais seulement à faire que lors qu'on la connoît, on en confirme la verité par un tel raisonnement. *Il est impossible que ce qui est ne soit pas;Or, je connois que telle chose est; donc,je connois qu'il est impossible qu'elle ne soit pas.* Ce qui est de bien peu d'importance, & ne nous rend de rien plus sçavans : En l'autre sens, le premier principe est *que nostre Ame existe*, à cause qu'il n'y a rien dont l'existence nous soit plus notoire. J'ajoute aussi que ce n'est pas une condition qu'on doive requerir au premier principe, que d'estre tel que toutes les autres propositions se puissent réduire & prouver par luy, c'est assez qu'il puisse servir à en trouver plusieurs , & qu'il n'y en ait point d'autre dont il dépende, ni qu'on puisse plûtost trouver que lui. Car il se peut faire qu'il n'y ait point au monde aucun principe auquel seul toutes les choses se puissent réduire; & la façon dont on réduit les autres propositions à celle-cy, *impossibile est idem simul esse & non esse* est superfluë & de nul usage ; au lieu que c'est avec très-grande utilité qu'on commence à s'assurer de *l'existence de Dieu*, & ensuite de celle de toutes les creatures, *par la consideration de sa propre existence.*

Le Pere Mersenne m'avoit mandé que M. le Conte a pris la peine de faire quelques objections contre ma Philosophie, mais je ne les ay point encore vûës, je vous prie de l'assurer que je les attens, & que je tiens à faveur qu'il ait pris la peine de les écrire.

L'Achille de Zenon ne sera pas difficile à soudre, si on prend garde que si à la 10e partie de quelque quantité, on ajoute la 10e de cette 10e, qui est une 100e, & encore la dixiéme de cette derniere, qui n'est qu'une milliéme de la premiere; & ainsi à l'infiny; toutes ces dixiémes jointes ensemble, quoi qu'elles soient suposées réellement infinies, ne composent toutefois qu'une quantité finie, sçavoir une neuviéme de la premiere quantité, ce qui peut facilement être demontré. Car, par exemple, si de la ligne A B on oste la dixiéme partie du côté qui est vers A (*Voy. fig. 25.*) à sçavoir A C, & qu'au même temps on en oste huit fois autant de l'autre côté, à sçavoir B D, il ne reste entre deux que C D qui est égal à A C, puis derechef si de CD on oste sa

dixiéme partie vers A, à sçavoir CE, &
huit fois autant de l'autre costé, à sçavoir
DF, il ne restera entre deux que EF, qui
est la dixiéme de la toute CD, & si on continuë indefiniment à oster du costé marqué
A un dixiéme de ce qu'on avoit osté auparavant, & huit fois autant de l'autre côté,
on trouvera toujours entre les deux dernieres lignes qu'on aura ostées, qu'il restera une dixiéme partie de toute la ligne
dont elles auront esté ostées, de laquelle
dixiéme on pourra derechef oster deux autres lignes en même façon ; mais si on
suppose que cela ait esté fait un nombre
de fois actuellement infini, alors il ne restera plus rien du tout entre les deux dernieres lignes qui auront ainsi esté ostées, &
on sera justement parvenu des deux costez
au point G, supposant que A G est la neuviéme partie de la toute A B, & par conséquent que B G est octuple de A G ; car
puisque ce qu'on aura osté du costé de B
aura toujours esté octuple de ce qu'on aura
osté du costé de A, il faut que l'*aggregatum*,
ou la somme de toutes ces lignes ostées
du costé de B, qui toutes ensemble composent la ligne B G soit aussi octuple de AG
qui est l'aggregé de toutes celles qui ont
esté ostées du costé de A ; & par conséquent, si à la ligne AC on ajoûte C E, qui
est la dixiéme partie, & de plus une dixié-

me de cette dixiéme, & ainſi à l'infini, toutes ces lignes jointes enſemble ne compo-
ſeront que la ligne AG qui eſt la neuviéme
de la route AB, ainſi que j'avois entrepris
de démontrer. Or cela eſtant ſçû, ſi quelqu'un dit qu'une tortuë qui a dix lieuës
d'avance ſur un cheval, qui va dix fois
auſſi vîte qu'elle, ne peut jamais être de-
vancée par luy, à cauſe que pendant que
le cheval fait ces dix lieuës, la tortuë en
fait une de plus, & que pendant que le
cheval fait cette lieue, la tortuë avance
encore de la dixiéme partie d'une lieuë, &
ainſi à l'infini, il faut répondre que veritablement le cheval ne la devancera
point pendant qu'elle fera cette lieuë, &
cette dixiéme & $\frac{1}{100}$ & $\frac{1}{1000}$ &c. de lieuë,
mais qu'il ne ſuit pas de là qu'il ne la de-
vance jamais · pource que cette $\frac{1}{10}$ & $\frac{1}{100}$ &
$\frac{1}{1000}$ &c. ne font que $\frac{1}{9}$ d'une lieuë, au bout
de laquelle le cheval commencera de la
devancer ; & la caption eſt en ce qu'on
imagine que cette neuviéme partie d'une
lieuë eſt une quantité infinie, à cauſe
qu'on la diviſe par ſon imagination en des
parties infinies. Je ſuis infiniment, &c.

A MONSIEUR
CLERSELIER.

LETTRE L.

Monsieur,

Je ne m'étendray point icy à vous remercier de tous les soins & des précautions dont il vous a plû user, afin que les lettres que j'ai eu l'honneur de recevoir du païs du Nord ne manquassent pas de tomber entre mes mains, car je vous suis d'ailleurs si acquis, & j'ai tant d'autres preuves de vôtre amitié, que cela ne m'est pas nouveau Je vous dirai seulement qu'il ne s'en est égaré aucune, & que je me résous au voyage auquel j'ai été convié par les dernieres, bien que j'y aye eu d'abord plus de répugnance que vous ne pourriez peut-être imaginer. Celui que j'ai fait à Paris l'esté passé m'avoit rebuté, & je vous puis assurer que l'estime extraordinaire que je fais de Monsieur Chanut, & l'assurance que j'ai de son amitié, ne sont pas les moins principales raisons qui m'ont fait résoudre.

Pour le traité des passions, je n'espere pas qu'il soit imprimé qu'après que je serai en Suede, car j'ai esté negligent à le revoir, & y ajoûter les choses que vous avez jugé y manquer, lesquelles l'augmenteront d'un tiers; car il contiendra trois parties, dont la premiere sera des passions en general, & par occasion de la nature de l'Ame, &c. la seconde des six passions primitives, & la troisiéme de toutes les autres.

Pour ce qui est des difficultez qu'il vous a plû me proposer, je répons à la premiere, qu'ayant dessein de tirer une preuve de l'existence de Dieu, de l'idée ou de la pensée que nous avons de luy, j'ai crû être obligé de distinguer premierement toutes nos pensées en certains genres, pour remarquer lesquelles ce sont qui peuvent tromper; & en montrant que les chimeres même n'ont point en elles de fausseté, prévenir l'opinion de ceux qui pourroient rejetter mon raisonnement, sur ce qu'ils mettent l'idée qu'on a de Dieu au nombre des chimeres. J'ai dû aussi distinguer entre les idées qui sont nées avec nous, & celles qui viennent d'ailleurs, ou sont faites par nous, pour prévenir l'opinion de ceux qui pourroient dire que l'idée de Dieu est faite par nous, ou acquise parce que nous en avons oüi dire. De plus, j'ai insisté sur le peu de certitude que nous avons de ce que nous perſuadent toutes les idées que nous penſons venir d'ailleurs , pour montrer qu'il n'y en a aucune qui faſſe rien connoître de ſi certain que celle que nous avons de Dieu. Enfin , je n'aurois pû dire *qu'il ſe preſente encore une autre voye* , &c. ſi je n'avois auparavant rejetté toutes les autres , & par ce moyen préparé les lecteurs à mieux concevoir ce que j'avois à écrire.

2. Je répons à la ſeconde , qu'il me ſemble voir très-clairement qu'il ne peut y avoir de progrès à l'infini , au regard des idées qui ſont en moi , à cauſe que je me ſens fini , & qu'au lieu où j'ai écrit cela , je n'admets en moi rien de plus que ce que je connois y eſtre ; mais quand je n'oſe par après nier le progrés à l'infini , c'eſt au regard des œuvres de Dieu , lequel je ſçay être infini , & par conſéquent que ce n'eſt pas à moy à preſcrire aucune fin à ſes ouvrages.

3. A ces mots , *ſubſtantiam , durationem , numerum* , &c. J'aurois pû ajouter *veritatem, perfectionem, ordinem,* & pluſieurs autres dont le nombre n'eſt pas aiſé à définir , & on peut diſputer de toutes, ſi elles doivent eſtre diſtinguées , ou non, des premieres que j'ai nommées ; car *veritas* non diſtinguitur *à re verâ, ſive ſubſtantiâ , nec perfectio à re perfectâ,* &c. c'eſt pourquoi je me ſuis contenté de mettre, *& ſi qua alia ſint ejuſmodi.*

4. *Per infinitam substantiam, intelligo, sub-*
stantiam perfectiones veras & reales actu infi-
nitas & immensas habentem. Quod non est ac-
cidens notioni substantiæ superadditum, sed ipsa
essentia substantiæ absoluta sumpta, nullisque
defectibus terminata, qui defectus ratione sub-
stantiæ accidentia sunt, non autem infinitas,
vel infinitudo. Et il faut remarquer que je
ne me fers jamais du mot *d'infini*, pour fignifier feulement n'avoir point de fin, ce
qui est négatif, & à quoi j'ai appliqué le
mot *d'indefini*, mais pour fignifier une chofe réelle, qui est incomparablement plus
grande que toutes celles qui ont quelque
fin. 5. Or je dis que la notion que j'ay de
l'infini, est en moy avant celle du *finy*; pour
ce que de cela feul que je conçoy *l'eftre* ou
ce qui eft, fans penfer s'il eft fini ou infini,
c'eft l'eftre *infini* que je conçois ; mais afin
que je puiffe concevoir un eftre *fini*, il faut
que je retranche quelque chofe de cette
notion generale de l'eftre, laquelle par conféquent doit préceder.

6. *Eft inquam hæc idea fummè vera*, &c. La
verité confifte en *l'eftre* & la fauffeté au *non*
eftre feulement, enforte que l'idée de l'infini comprenant tout l'eftre, comprend
tout ce qu'il y a de vrai dans les chofes, &
ne peut avoir en foy rien de faux, encore
que d'ailleurs on veüille fupofer qu'il n'eft
pas vrai que cet *eftre* infini exifte.

7. *Et sufficit, me hoc ipsum intelligere.*
Nempe sufficit me intelligere *hoc ipsum quod
Deus à me non comprehendatur* ut Deum juxta rei veritatem & qualis est intelligam,
modo præterea judicem omnes in eo esse
perfectiones quas clarè intelligo, & insuper
multò plures, quas comprehendere non
possum.

8. *Quantum ad parentes, ut omnia vera sint,*
&c. & c'est-à-dire, encore que tout ce que
nous avous coûtume de croire d'eux soit
peut-être vrai, à sçavoir, qu'ils ont en-
gendré nos corps, je ne puis pas toutefois
imaginer qu'ils m'ayent fait, en tant que je
ne me considere que comme une chose
qui pense, à cause que je ne voy aucun ra-
port entre l'action corporelle par laquelle
j'ai coûtume de croire qu'ils m'ont engen-
dré, & la production d'une substance qui
pense.

*Omnem fraudem à defectu pendere, mihi est
lumini naturale manifestum : quia ens in quo
nulla est imperfectio non potest tendere in non
ens, hoc est, pro fine & instituto suo habere
non ens, sive non bonum, sive non verum, hæc
enim tria idem sunt. In omni autem fraude
esse falsitatem manifestum est, falsitatemque
esse aliquid non verum, & ex consequenti
non ens & non bonum.* Excusez si j'ai entre-
lardé cette Lettre de latin, le peu de loisir

que j'ai eu l'écrivant ne me permet pas
de penſer aux paroles , & j'ai ſeulement
deſir de vous aſſurer que je ſuis , &c.

Fin du ſecond Tome.

TABLE
DES LETTRES
CONTENUES
Dans ce ſecond Volume.

Fin de la Table du second Tome.

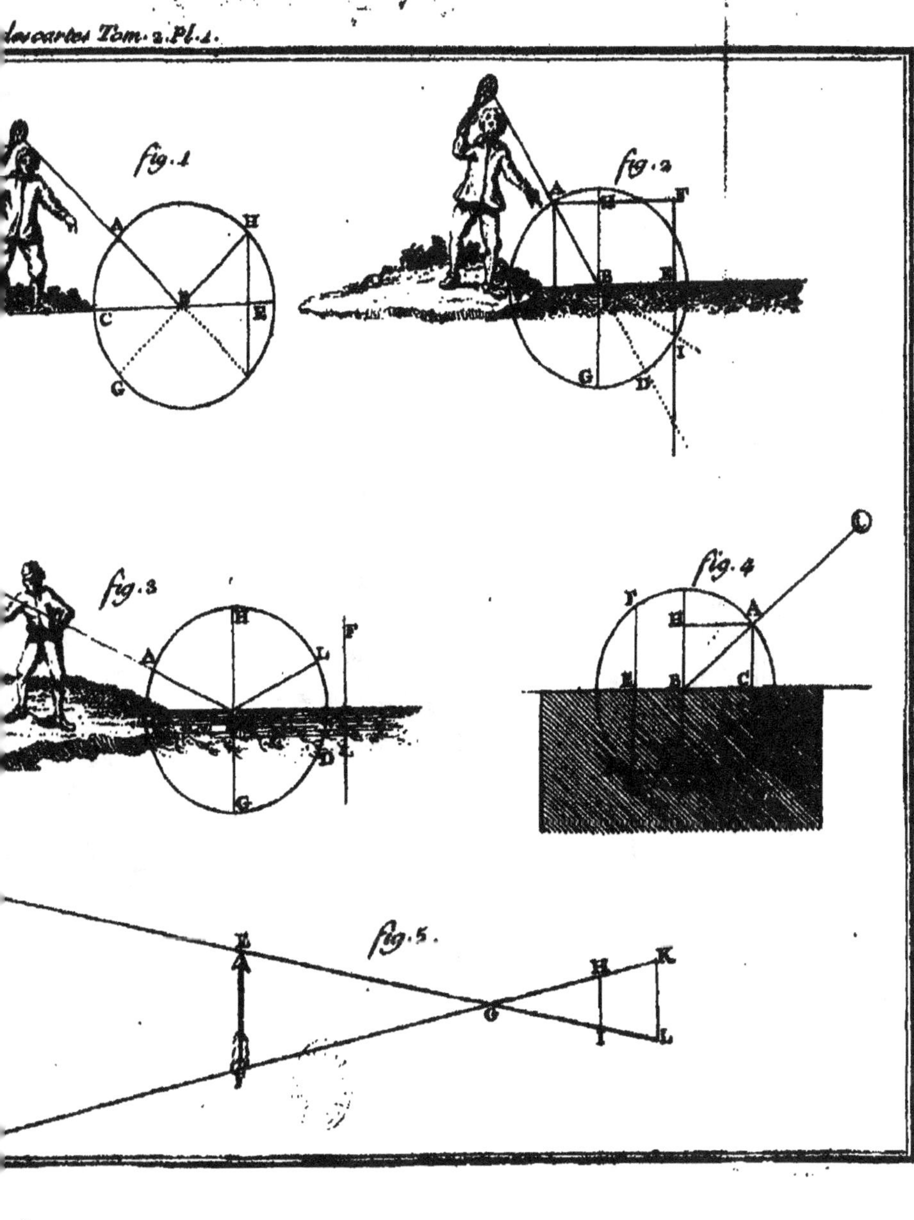

fig. 1
A
H
C
E
G
fig. 2
A
B
E
F
G
D
I
fig. 3
H
A
L
F
C
D
G
fig. 4
I
H
A
M
B
C
fig. 5
E
H
K
G
L

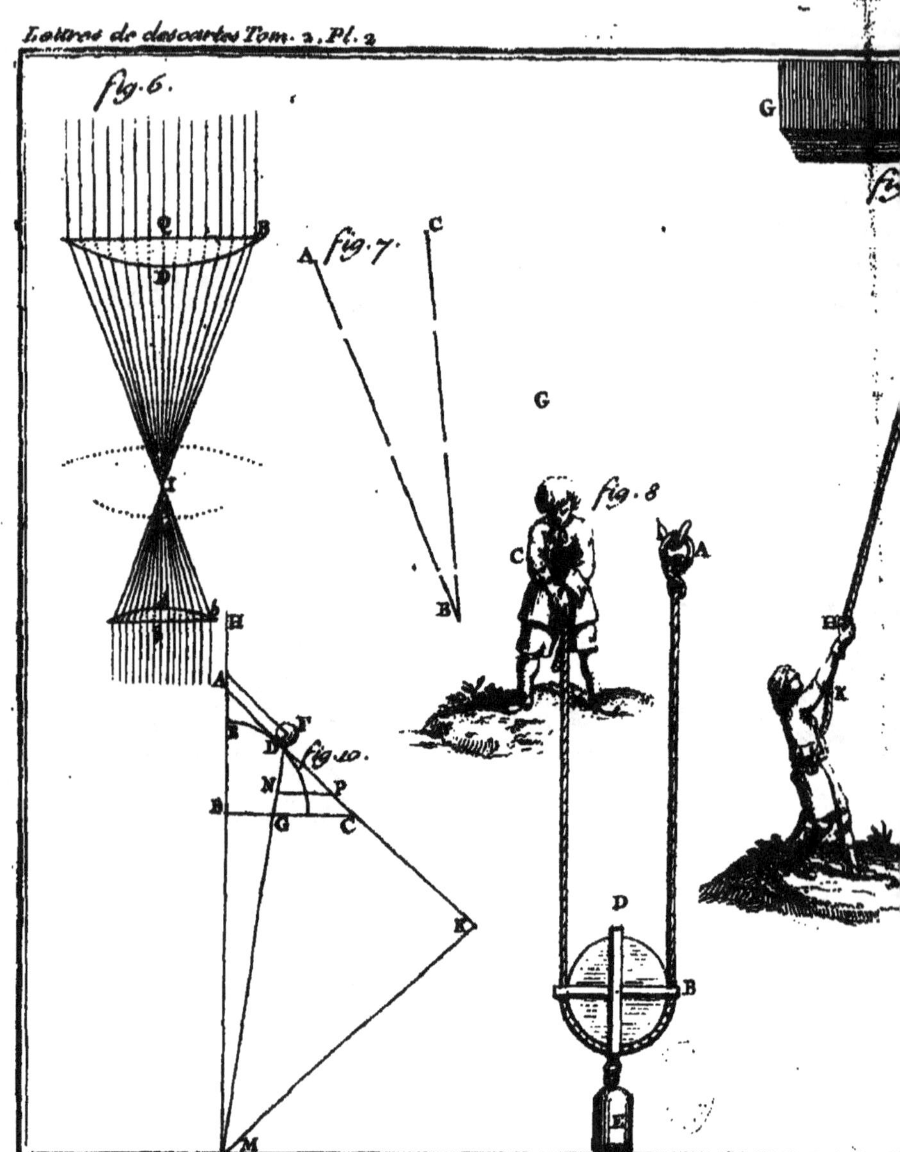
fig. 6.
fig. 7.
fig. 8.
fig. 10.
A
B
C
D
G
H
I
M
N
P
K

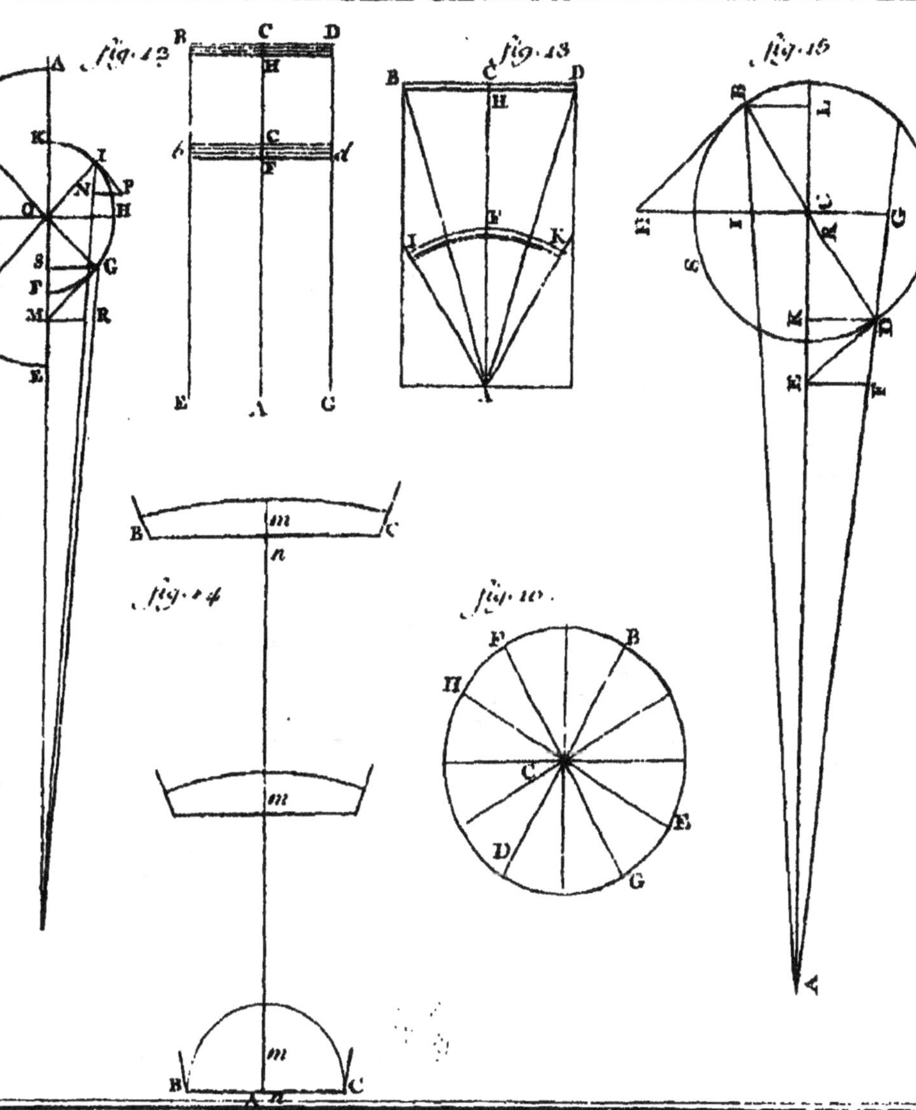
fig. 12
fig. 13
fig. 15
fig. 14
fig. 16

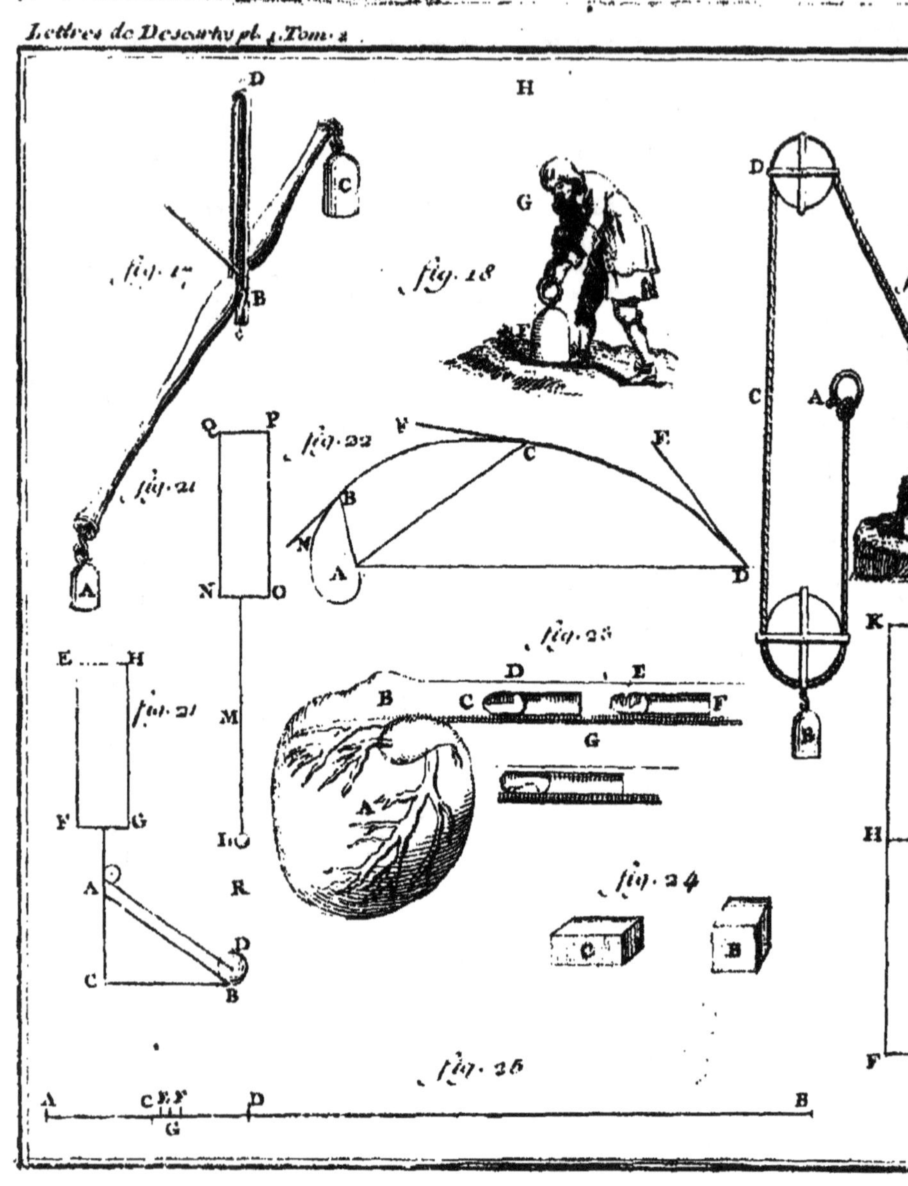
D
H
C
fig. 17
B
c
G
fig. 18
F
D
f
Q P
fig. 22
F
C
F
fig. 21
B
M
E
A
D
N O
A
fig. 23
E H
D E
fig. 21
B
C
F
M
G
F G
A
H
L O
fig. 24
R
A
K
D
C
B
C
B
B
fig. 25
A CEF D B
G